高分子材料与工程专业系列教材

聚合物改性

（第四版）

王国全　王秀芬　编著

中国轻工业出版社

图书在版编目（CIP）数据

聚合物改性／王国全，王秀芬编著. --4 版.
北京：中国轻工业出版社，2025. 7. --ISBN 978-7
-5184-5590-4

Ⅰ. TQ316. 6

中国国家版本馆 CIP 数据核字第 2025WL3996 号

责任编辑：杜宇芳　　责任终审：腾炎福
文字编辑：刘梓萱　　责任校对：刘小透　晋　洁　　封面设计：锋尚设计
策划编辑：杜宇芳　　版式设计：致诚图文　　责任监印：张京华

出版发行：中国轻工业出版社（北京鲁谷东街 5 号，邮编：100040）
印　　刷：三河市万龙印装有限公司
经　　销：各地新华书店
版　　次：2025 年 7 月第 4 版第 1 次印刷
开　　本：787×1092　1/16　印张：11
字　　数：268 千字
书　　号：ISBN 978-7-5184-5590-4　定价：49. 80 元
邮购电话：010-85119873
发行电话：010-85119832　010-85119912
网　　址：http://www.chlip.com.cn
Email：club@chlip.com.cn

220976J1X401ZBW

第四版修订说明

绪论中增加了对人工智能在聚合物改性中应用的前景展望。

第 2 章进行了大幅度的修改，对全章结构进行了梳理，新增了共混理论的整体框架、人工智能在复合材料图像处理中的应用、图像处理软件在共混体系中的应用进展，以及多组分共混体系的形态、共混物的结晶结构等内容，对共混物形态调控的内容作了全面的增补。删去了已过时的内容，突出了实用性，对不够实用的内容予以删减。

第 3 章增加了聚合物共混改性在高精尖技术领域的应用（概述）。

第 4 章增加了纳米复合材料的溶液法制备及其应用实例。

第 5 章增补了部分内容，进行了文字修订，增加了化学改性研究进展。

第 6 章在概述中增补了聚合物表面改性的定义等内容，进行了文字修订，增加了聚合物表面改性的研究进展。

编者

2024 年 11 月

第一版编写说明

本书为高分子材料与工程本科专业系列教材之一，作为21世纪人类创造的奇迹之一，有机高分子物质将展现出奇特的化学、物理特性，开辟出一片崭新的科技天地。作为一类材料，高分子与金属、陶瓷并称为三大材料，应用在人类生产、生活的每一个角落。而作为生物现象、生命现象以及信息的载体，有机高分子物质中更潜藏着新的突破。有关高分子的科学与技术，不是囿于材料一隅，而是一个以高分子为中心，向各个科学领域辐射的综合性学科。根据教育部拓宽专业、加强素质教育的办学指导思想，我们将现有的与聚合物有关的窄专业，如“高分子材料”“高分子化工”“塑料成型加工”“橡塑工程”以及“复合材料”专业中的一部分，统合起来成为一个全面覆盖高分子科学技术的“大高分子”宽专业。

通过对有机高分子物质的合成、结构与性能关系、加工应用及工程设计的内容进行系统的归纳，我们制订了这一宽专业的教学框架，并组织编写了本套系列教材：《材料导论》《高分子化学》《高分子物理》《聚合物改性》《聚合物制备工程》《聚合物加工工程》《聚合物复合材料》《聚合物材料》《聚合物研究方法》。由于时间紧、任务重，仓促之中可能会有谬误之处，望广大读者及教育界同行不吝指教，以便再版时修正。

《高分子材料与工程专业系列教材》编写组

2000年3月

第二版修订说明

《聚合物改性》一书作为高等学校专业教材于2000年出版后，受到广大院校的欢迎和使用，迄今已重印了6次。

此次修订，订正了2000版中的文字疏误，并对部分章节做了必要的修改。修改的部分包括第2章中的相容性概念、分散度表征、表面张力的计算、增韧机理、共混过程等，以及第3章中的PP共混改性体系、PE共混改性体系等，并在每章后面附了习题。

仍望广大读者和教育界同行不吝指教。

本书此次修订得到北京化工大学教材建设立项的资助，在此致谢！

编者

2008年1月

第三版修订说明

《聚合物改性》一书作为高等学校专业教材于2000年出版，2008年修订再版，受到各地院校的欢迎和使用，第二版迄今已重印8次。

此次修订，重点增补了近年来聚合物改性应用领域的新进展。其中，第3章主要补充了关于工程塑料共混改性的一些内容，第4章增补了纳米复合材料等内容，第5章对接枝共聚物、嵌段共聚物的性能与应用作了增补，第6章对等离子体表面改性部分作了补充。

仍希望广大读者和教育界同行不吝指教。

编者

2015年12月

第一版前言

聚合物改性的方法多种多样，包括共混改性、填充改性、复合材料、化学改性、表面改性等内容。以往，上述改性方法多是分别进行研究，并分别出版专著的。但随着研究的广泛进行，各种不同门类的改性方法之间的相互关联、相互依托的关系日益显现出来。这种相互关联不仅体现在理论范畴，而且体现在应用领域。因此，很有必要编写一本全面介绍各种聚合物改性方法的著作。这样一本书不仅可作为材料学科的本科生、研究生的教材，而且对涉足这一领域的工程技术人员具有参考价值。

本书是关于聚合物改性的一本基础性的书籍，不可能面面俱到。在编写中，是以聚合物的共混改性为主体，兼及其他改性方法。

近年来，关于聚合物改性的新的研究成果层出不穷。本书在注重介绍聚合物改性的基本概念、基本规律及主要应用体系的基础上，也适当介绍一些这一领域的新进展。在理论方面，本书也收入了一些新进展，如非弹性体增韧理论。

本书第 1 章~第 4 章由王国全编写，第 5 章、第 6 章由王秀芬编写。华幼卿教授对全书进行了审阅。

编者

2000 年 3 月

目　录

第 1 章　绪　　论

高分子聚合物作为 20 世纪发展起来的材料，因其优越的综合性能、相对简便的成型工艺，以及极为广泛的应用领域，获得了迅猛的发展。

然而，高分子材料仍有诸多需要克服的缺点。以塑料为例，许多塑料品种性脆而不耐冲击，有些耐热性差而不能在高温下使用。还有一些新开发的耐高温聚合物，又因为加工流动性差而难以成型。再以橡胶为例，提高强度、改善耐老化性能、改善耐油性等，都是橡胶材料领域人们关注的问题。而且，传统橡胶的硫化工艺也已制约了其发展。

诸如此类的问题，都要求对聚合物进行改性。可以说，聚合物科学与工程学就是在不断对聚合物进行改性中发展起来的。聚合物改性使聚合物材料的性能大幅度提高，或者赋予其新的功能，进一步拓宽了高分子聚合物的应用领域，大大提高了高分子聚合物的工业应用价值。

1.1　聚合物改性的主要方法

高分子聚合物的改性方法多种多样，总体上可划分为共混改性、填充改性、化学改性、表面改性四类。

1.1.1　共混改性

聚合物的共混改性的产生与发展，与冶金工业的发展颇为相似。在冶金工业发展的初期，人们致力于去发现新的金属。然而，地球上能够大量开采且有利用价值的金属品种很少。于是，人们转而采用合金的方法，获得了多种性能各异的金属材料。

在高分子聚合物领域，情况与冶金领域相似。尽管已经合成的聚合物达数千种，但有工业应用价值的只有几百种，其中能够大规模工业生产的只有几十种。因此，人们发现聚合物领域也应该走与冶金领域发展合金相似的道路，也就是开发聚合物共混物。这样的思路为聚合物改性领域的技术创新开辟了广阔的空间。

聚合物共混是指两种或两种以上聚合物经混合制成宏观均匀材料的过程。广义的共混包括物理共混、化学共混和物理/化学共混。其中，物理共混就是通常意义上的混合，也可以说就是聚合物共混的本义。化学共混如互穿聚合物网络（IPN）则应属于化学改性研究的范畴。物理/化学共混则是在物理共混的过程中发生某些化学反应，一般也在共混改性领域中加以研究。

毫无疑问，共混改性是聚合物改性最为简便且卓有成效的方法。共混改性可以在密炼机、挤出机等聚合物加工设备中完成，工艺过程易于实施和调控，可供配对共混的聚合物又多种多样，就为共混改性的科学研究和工业应用提供了广阔的运作空间。

将不同性能的聚合物共混，可以大幅度地提高聚合物的性能。聚合物的增韧改性，就是共混改性的一个颇为成功的范例。诸多具有卓越韧性的材料通过共混改性的方式被制造出来，并获得广泛的应用。聚合物共混还可以使共混组分在性能上实现互补，开发出综合性能优越的材料。对于某些高聚物性能上的不足，如耐高温聚合物加工流动性差，也可以通过共混加以改善。将价格昂贵的聚合物与价格低廉的聚合物共混，若能不降低或只是稍降低前者的性能，则可成为降低成本的极好的途径。由于以上的诸多优越性，共混改性在近几十年来一直是高分子材料科学研究和工业应用的一个热门领域。

1.1.2 填充改性

在聚合物的加工成型过程中，多数情况下，是可以加入数量不等的填充剂的。这些填充剂大多是无机物粉末。在聚合物中添加填充剂有时只是为了降低成本，但也有很多时候是为了改善聚合物的性能，这就是填充改性。由于填充剂大多是无机物，所以填充改性涉及有机高分子材料与无机物在性能上的差异与互补，这就为填充改性提供了广阔的研究空间和应用领域。在填充改性体系中，炭黑对橡胶的补强是最为卓越的范例。正是这一补强体系，促进了橡胶工业的发展。在塑料领域，填充改性不仅可以改善性能，而且在降低成本方面发挥了重要作用。

纤维增强复合材料是一类性能卓越的材料。其突出的轻质高强特点，使其获得了广泛的应用。短纤维增强复合材料可以采用与填充改性相似的方式加工成型，故可归入填充改性研究的范畴。近年来，聚合物基纳米复合材料获得广泛应用，也可采用共混方式制备，与填充改性在成型方法上类似。

1.1.3 化学改性

化学改性包括嵌段和接枝共聚、交联、互穿聚合物网络等，是一个门类繁多的庞大体系。聚合物本身就是一种化学合成材料，因而也就易于通过化学的方法进行改性。化学改性的产生甚至比共混还要早。橡胶的交联就是一种早期的化学改性方法。嵌段和接枝共聚的方法在聚合物改性中应用广泛。嵌段共聚物的成功范例之一是热塑性弹性体，它使人们获得了既能像塑料一样加工成型又具有橡胶般弹性的新型材料。接枝共聚产物中，应用最为普及的当属丙烯腈-丁二烯-苯乙烯共聚物（ABS）。这一材料优异的性能和相对低廉的价格，使它在诸多领域广为应用。互穿聚合物网络（IPN）可以被视为一种通过化学方法实现的共混。在 IPN 中，两种聚合物相互贯穿，形成两相连续的网络结构。

1.1.4 表面改性

材料的表面特性是材料最重要的特性之一。随着高分子材料工业的发展，对高分子材料不仅要求其内在性能要好，而且对表面性能的要求也越来越高。如印刷、黏接、涂装、染色、电镀、防雾等，都要求高分子材料有适当的表面性能。由此，表面改性方法就逐渐发展和完善起来。时至今日，表面改性已成为包括化学、电学、光学、热学和力学等诸多性能，涵盖诸多学科的研究领域，成为聚合物改性中不可或缺的一个组成部分。

1.2 聚合物改性发展的重要时间点

世界上最早的聚合物共混物制成于 1912 年，最早的接枝共聚物制成于 1933 年，最早的 IPN 制成于 1942 年，最早的嵌段共聚物制成于 1952 年。

第一个实现工业化生产的共混物是 1942 年投产的聚氯乙烯与丁腈橡胶的共混物。1948 年，高抗冲聚苯乙烯（HIPS）研制成功。同年，ABS 也问世。迄今，ABS 已成为应用最广泛的高分子材料之一。

1960 年，聚苯醚（PPO）与聚苯乙烯（PS）的共混体系研制成功。这种共混物现已成为重要的工程材料。

1964 年，四氧化锇染色法问世，应用于电子显微镜观测，使人们能够从微观上精细研究聚合物两相体系形态，成为聚合物改性研究中的重要里程碑。

1965 年，热塑性弹性体问世。

1975 年，美国杜邦（DuPont）公司开发了超韧尼龙，抗冲击强度比尼龙有了大幅度提高。这种超韧尼龙是聚酰胺与聚烯烃或橡胶的共混物。

在理论方面，聚合物改性理论也在不断发展。以塑料增韧理论为例，20 世纪 70 年代以前，增韧机理研究偏重于橡胶增韧脆性塑料的研究。80 年代以来，则对韧性聚合物基体进行了研究，非弹性体增韧机理的研究也开展起来。新材料的不断出现，也为聚合物改性开辟了新的研究课题。在填充改性方面，纳米粒子的开发，使塑料的增韧改性有了新的途径。碳纤维、芳纶纤维等新型纤维，则使复合材料研究提高到新的水平和档次。可以预见，在今后，聚合物改性仍将是高分子材料科学与工程最活跃的领域之一。

1.3　人工智能在聚合物改性中的应用前景

近年来，人工智能（AI）在诸多领域获得广泛应用，展示出可观的应用前景。AI 技术在复合材料形态研究中的应用已初见成果。采用机器深度学习方法进行图像处理，精度和速度均显著提升。在聚合物共混体系的图像处理中，图像处理软件的应用取得了新进展，这体现出该领域技术的进步。部分新型图像处理软件正是人工智能的产物。

然而，针对聚合物共混体系的图像处理，基于机器深度学习的 AI 技术应用尚未见报道。应用机器深度学习需要大量的样本，而聚合物共混体系，特别是熔融共混体系，获取大量样本在技术层面尚有欠缺。共混体系的形态观测和样品制备方法都有待改进。聚合物共混体系结构形态与性能之间的关系是具有更重要意义的研究内容。然而，迄今为止，对结构形态与性能的关系只能进行粗线条的分析，期待 AI 技术在这方面能发挥作用，取得突破。如果能在形态、性能、共混过程三者之间建立起定量或半定量的关系，将更具意义。

有理由期待，AI 技术在聚合物共混改性、填充改性、化学改性和表面改性中都能发挥重要作用。展望前景，AI 技术在聚合物改性中的应用将大大缩短新产品的研发周期，提升研发质量，乃至开发出全新的产品。

1.4　本课程学习目的

聚合物改性是一门理论与应用密切结合的课程。学习本课程的目的，是将聚合物改性理论应用于指导实际应用。因此，学习本课程首先要对改性理论有全面的了解。以共混改性为例，要深入掌握共混物结构形态、共混过程与共混物性能三者的关系。在此基础上，了解具体的改性体系和研究方法。通过本课程学习，要对主要的改性体系和常用的研究方法有初步的认知。在今后的工作中，遇到与聚合物改性相关的问题时，可以找到解决问题的思路与方法。

材料是人类赖以生存和发展的物质基础。20 世纪 70 年代，人们将信息、材料和能源作为社会文明的支柱。80 年代，随着高新技术产业的兴起，又将新材料与信息技术、生物技术并列作为新技术革命的重要标志。当今时代，材料已成为国民经济建设、国防现代化和人民生活水平提高的关键要素。高分子材料科学是材料科学的重要组成部分，而聚合物改性研究既是高分子材料研究中的活跃领域，又具实用意义。因此，学习本课程的最终目的，是运用聚合物改性方法，开发出更多的新型优质材料，特别是高性能材料和具有独特功能的材料，以满足经济社会发展的需求，为社会主义现代化建设贡献力量。

参 考 文 献

[1] 王国全. 科技创新思路与方法[M]. 北京：知识产权出版社，2013.
[2] 肖作顺. 塑料表面的改性[J]. 工程塑料应用，1987(3)：56-58.
[3] 曼森 J A. 聚合物共混物及复合材料[M]. 汤华远，李世荣，郑倩瑜，译. 北京：化学工业出版社，1983.
[4] 吴培熙，张留城. 聚合物共混改性[M]. 北京：中国轻工业出版社，1996.
[5] 钱奇伟，张昕，杨贞军，等. 基于 CT 图像深度学习的三维编织 C/C 复合材料微观组分与缺陷智能识别[J]. 复合材料学报，2024，41(7)：3536-3543.

第 2 章　共混改性基本原理与方法

2.1　基本概念

2.1.1　聚合物共混的概念

在对聚合物共混进行探讨之前，应该对聚合物共混的研究领域作出一个界定。然而，作出这样一个界定并非轻而易举。因为，在这里存在多种学科的交叉和互相涵盖。

首先，按广泛的聚合物共混概念，共混改性应包括物理共混、化学共混和物理/化学共混三大类型。其中，物理共混（主要方法是熔融共混）就是通常意义上的“混合”。物理/化学共混是兼有物理混合和化学反应的过程，包括反应共混和共聚-共混。其中，反应共混（如反应挤出）是以物理共混为主体，兼有化学反应，可以附属于物理共混；共聚-共混则是以共聚为主体，兼有物理混合。而化学共混，如互穿聚合物网络（IPN），则已超出通常意义上“混合”的范畴，而应被列入聚合物化学改性的范畴。

由于物理共混，特别是物理共混中的熔融共混，有着广泛的工业应用意义，因此，本书在共混改性部分主要介绍物理共混（重点是熔融共混），以及附属于物理共混的反应共混，而互穿聚合物网络（IPN）等内容将在化学改性部分（第 5 章）介绍。

如果将聚合物共混限定在物理共混的范畴之内，则可对聚合物共混作出如下定义：聚合物共混，是指两种或两种以上聚合物经混合制成宏观均匀物质的过程。共混的产物称作聚合物共混物。对这一聚合物共混的概念，还可以加以延伸，使聚合物共混的概念扩展到附属于物理共混的物理/化学共混的范畴。更广义的共混还包括以聚合物为基体的无机填充共混物。此外，聚合物共混的范围还可以进一步扩展到短纤维增强聚合物体系。

2.1.2　与共混相关的多元体系

关于聚合物多元体系的范畴，有多种划分和界定方式。与共混体系相关的聚合物多元体系的范畴如下。

（1）高分子合金　高分子合金（Macromolecule alloy）也是聚合物多元体系中一个常用的术语。如第 1 章绪论所述，聚合物共混改性的研究是受到冶金行业中合金制造的启发而发展起来的。高分子合金是指含多种组分的聚合物均相或多相体系，包括聚合物共混物及嵌段、接枝共聚物。但在工业应用中，高分子合金常被特指为聚合物共混物。而且高分子合金材料一般为塑料材料，通常应具有较高的力学性能，可用作工程塑料。因此，在塑料工业上又常常直接称其为塑料合金。

（2）复合材料　复合材料（Composite material）是由两个或两个以上独立的物理相组成的固体产物。其组成包括基体和增强材料两部分，其中，增强材料可以是粒状、纤维状或片状的。根据基体材料的不同，复合材料可以分为三大类：聚合物基复合材料、金属基复合材料和无机非金属基复合材料（如陶瓷基复合材料）。

在聚合物基复合材料中，以纤维增强塑料（特别是玻璃纤维增强塑料）用量最大，因此也最受重视。纤维增强塑料可以分为连续纤维（长纤维）增强复合材料和短纤维增强复合材料。其中，短纤维增强复合材料采用的复合工艺与共混工艺接近，可以借鉴共混过程的一些规律和方法。此外，起增强作用的粒子状物料（如一些无机粒子）与聚合物基体复合，也可制备复合材料，且同样可以借鉴共混方法。

（3）杂化材料　杂化材料（Hybrid material）的概念源于化学中的杂化轨道理论。当两个原子互相接近形成共价键时，处于低能级的 *s* 电子被激发到较高能级的 *p* 轨道，可形成 *sp* 杂化轨道。由化学中的杂化概念引申出的杂化材料，其定义为：两种以上不同种类的有机、无机、金属材料，在原子、分子水平上杂化，产生具有新型原子、分子集合结构的物质，含有这种结构要素的物质被称为杂化材料。与传统的复合材料不同，杂化材料要求将不同种类的材料在原子、分子水平上杂化（复合），产生具有新型原子、分子集合结构的材料，这是杂化材料的基本特征。杂化材料是将不同的组元在纳米尺寸和分子水平上进行组合的工程化领域。

杂化材料是材料学的一个新的研究领域，有关杂化材料的理论和制备方法都尚处于探索阶段。某些杂化材料，主要是无机纳米粒子/聚合物杂化材料，可以采用共混的方法制备。

2.1.3　共混改性的主要方法

如前所述，按照广义的聚合物共混概念，共混改性的基本方法可分为物理共混、物理/化学共混以及化学共混三大类。共混改性的方法又可按共混时物料的状态划分，分为熔融共混、溶液共混、乳液共混等。此外，还有新开发的共混方法，如釜内共混。

2.1.3.1　熔融共混

熔融共混是将聚合物组分加热到熔融状态后进行共混，是应用极为广泛的一种共混方法。在工业上，熔融共混是采用挤出机、密炼机、开炼机等加工机械进行的，是一种机械共混的方法。熔融共混是最具工业应用价值的共混方法，因而也是本书聚合物共混改性方法探讨的重点。工业应用的绝大多数聚合物共混物都是用熔融共混的方法制备的。

2.1.3.2　溶液共混

与熔融共混不同，溶液共混主要应用于基础研究领域。溶液共混是将聚合物组分溶于溶剂后，进行共混。该方法具有简便易行、用料量少等特点，特别适合于在实验室中进行某些基础研究工作。在实验室研究中，可将经溶液共混的物料浇铸成薄膜，测定其形态和性能。需要指出的是，经溶液共混制备的样品，其形态和性能与熔融共混的样品是有较大差异的。在工业上，溶液共混法可以用于一些溶液型涂料或黏合剂的制备。

2.1.3.3　乳液共混

乳液共混是将两种或两种以上的聚合物乳液进行共混的方法。在橡胶的共混改性中，可以采用两种胶乳进行共混。如果共混产品以乳液的形式应用（如用作乳液型涂料或黏合剂），也可考虑采用乳液共混的方法。

2.1.3.4　釜内共混

釜内共混（又称“釜内合金化”）为近年来新出现的共混方法，指两种（或两种以上）聚合物单体同在一个聚合釜中完成其聚合过程，在聚合的同时实现共混。通过这种方法得到的聚合产物也是共混产物，可以省去独立的共混工艺，有其优越性。然而，釜内共混对于聚合反应体系有特定要求，只适用于某些体系，因此无法取代熔融共混等方法。

2.1.4　聚合物共混物的分类

在聚合物共混物的研究与应用中，有许多分类方法，了解这些分类方法具有重要的意义。除了按广泛的共混概念将共混方法分为物理共混、化学共混以及物理/化学共混三大类型，还有如下分类方法。

2.1.4.1　按共混物形态分类

按共混物形态分类，可分为均相体系和两相体系。其中，两相体系主要是指“海-岛结构”两相体系。“海-岛结构”中，一相为连续相，另一相为分散相，分散相分散在连续相中，就像海岛分散在大海中，故称其为“海-岛结构”。“海-岛结构”两相体系在聚合物共混物中是普遍存在的。工业上应用的绝大多数聚合物共混物都属于“海-岛结构”两相体系。

此外，还有“海-海结构”两相体系，属于两相皆为连续相的结构形态，可见于互穿聚合物网络（IPN）。

2.1.4.2　按共混方法分类

按共混方法分类，可分为熔融共混物、溶液共混物、乳液共混物等。此外，采用共混机械进行的共混，其产物可称为机械共混物。

2.1.4.3　按改善的性能或用途分类

共混物也可按改善的性能或用途分类。例如，用作抗静电的，可称为共混抗静电材料；用于电磁屏蔽的，可称为共混电磁屏蔽材料，等等。

2.1.4.4　按聚合物的档次分类

聚合物按其档次可划分为若干大类。以塑料为例，可分为通用塑料、通用工程塑料和特种工程塑料。其中，通用塑料有聚氯乙烯（PVC）、聚苯乙烯（PS）、聚乙烯（PE）、聚丙烯（PP）、聚甲基丙烯酸甲酯（PMMA）等。通用工程塑料有尼龙（PA）、聚甲醛（POM）、聚苯醚（PPO）、聚碳酸酯（PC）、热塑性聚酯（PET、PBT）等。丙烯腈-丁二烯-苯乙烯（ABS）塑料介于通用塑料与通用工程塑料之间，既可作为通用塑料，也可算作通用工程塑料。特种工程塑料包括聚苯硫醚（PPS）、聚芳醚酮（聚醚酮 PEK、聚醚醚酮 PEEK 等）、聚苯醚砜（PES）、聚酰亚胺（PI）、聚芳酯（PAR）、液晶聚合物（LCP）等。

按照各种塑料档次的划分，相应地可将两种塑料的共混物划分为通用塑料/通用工程塑料共混物、通用工程塑料/通用工程塑料共混物、通用工程塑料/特种工程塑料共混物等。

2.1.4.5　按主体聚合物分类

聚合物共混物也可按照主体聚合物的品种进行分类。以塑料合金（即将塑料共混物用作工程塑料的通常称为塑料合金）为例，可分为 PA 合金、聚酯合金、PPO 合金、PC 合金、POM 合金、PPS 合金等。这是目前较为普遍采用的塑料合金分类方法。

2.1.5　共混物形态的基本概念

聚合物共混物的形态，是共混改性研究的一个重要内容。共混物形态的研究之所以非常重要，是因为共混物的形态与共混物的性能有密切关系，而共混物的形态又受到共混工艺条件和共混物组分配方的影响。于是，共混物的形态分析就成了研究共混工艺条件、共混物组分配方与共混物性能关系的重要中间环节。

2.1.5.1　共混物的均相体系与“海-岛结构”体系的区分

如前所述，共混物的形态可分为三种基本类型：均相体系、“海-岛结构”两相体系、“海-海结构”两相体系，这里讨论均相体系和“海-岛结构”两相体系的区分。

为区分均相体系与两相体系，首先要明确聚合物共混物体系中的“均相”概念。聚合物共混中形成的均相体系，显然不同于小分子混合时所可能达到的均相体系。在高分子领域，即使是在均聚物中，也会有非均相结构存在（例如，在结晶聚合物中，有晶相和非晶相）。概括地讲，如果一种共混物具有类似于均相材料所具有的性能，这种共混物就可以认为是具有均相结构的共混物。在大多数情况下，可以用玻璃化转变温度（T_g）作为判定的标准。如果两种聚合物共混后，形成的共混物具有单一的 T_g，则可以认为该共混物为均相体系。相应地，如果形成的共混物具有两个 T_g，则可以认为该共混物为两相体系。

在聚合物共混体系中，界面结合良好的“海-岛结构”两相体系比均相体系更具重要性。首先，是因为均相体系与两相体系在数量上的差异。研究结果表明，将两种聚合物（简称聚合物对）共混，能够形成均相体系的聚合物对是很少的，而与之相比能够形成两相体系的聚合物对却很多。因此，研究和应用两相体系就比均相体系有更多的选择余地。更重要的是，均相体系共混物的性能往往介于各聚合物组分单独存在时的性能之间，而“海-岛结构”两相体系的性能，则有可能超出（甚至是大大超出）各组分单独存在时的性能。换言之，“海-岛结构”两相体系的实际应用价值大大高于均相体系。因此，“海-岛结构”两相体系在研究与应用中比均相体系受到了更多的关注与重视。

如前所述，本书重点介绍的是工业应用中常用的熔融共混方法，而在熔融共混的产物中，更具应用价值的通常是具有“海-岛结构”的两相体系。因此，本书将主要介绍具有“海-岛结构”的熔融共混法两相体系。

2.1.5.2　共混物形态的基本要素及研究重点

对于“海-岛结构”两相体系，其形态的基本要素包括分散度和均一性，以及分散相粒子的形貌、相界面等。其中，分散度是指分散相物料的破碎程度，可以用分散相颗粒的平均粒径来表征。研究分散相颗粒的平均粒径和粒径分布具有重要意义。对于特定的共混体系，针对所关注的性能，通常有一个最佳的分散相平均粒径范围。分散相平均粒径在这个范围之内，共混物的某些重要性能（如力学性能）可以获得提高。此外，分散相粒子的形貌对共混物性能也有影响。

共混物的形态研究重点关注两个方面，其一是对共混物形态与性能关系的研究，以便针对特定的性能，确定最佳的分散相平均粒径范围，以及适宜的分散相粒子形貌；其二是对于共混工艺与过程的基本规律的研究，掌握哪些因素会影响分散相颗粒的平均粒径、粒径分布以及粒子形貌，从而因势利导，通过控制共混条件，使共混体系达到所需的分散相平均粒径和较窄的粒径分布，以及适宜的分散相粒子形貌。

在两相体系中，相界面也是共混物形态的一个要素。由于界面结合的状况对共混物性能有重要的影响，关于共混物相界面的研究已成为聚合物共混领域的热门课题。

2.1.5.3　两相体系概念的扩展

在两相体系研究中，采用连续相、分散相这两个术语，可以较为明了地对两相体系的行为进行描述，并构建出相应的理论框架。因此，连续相、分散相的概念已经被广泛接受。

但是，随着共混体系的扩大，许多接枝或嵌段共聚物作为共混组分的体系也被开发出来。这些接枝或嵌段共聚物本身也是两相体系。对于这个问题，通常的处理办法是：当接枝或嵌段共聚物与其他聚合物共混时，可以将共聚物作为一个整体，当作两相体系中的一相。这就形成了所谓“包藏结构”，是原有两相体系概念的扩展。

在多数情况下，共聚物本身的两相结构是较少受共混影响的，特别是两种聚合物含量相差较大，且两相之间没有强的相互作用时。所以，采用将共聚物作为一相的“两相体系”概念，可以描述含共聚物的共混体系的许多行为。需要注意的是，在讨论相容性时，共聚物的不同组成对另一种聚合物的相容性会有不同影响，要加以区别对待。

此外，对于三种（或三种以上）聚合物共混形成的多元共混体系，其“海-岛结构”较两种聚合物的二元体系要复杂。这样的体系会包含一个连续相和多个不同组分的分散相，虽然仍为单相连续的“海-岛结构”，但这时的“岛”已经不是单一的组分了。

在相关文献中，“连续相”也被称为“基体”。

2.1.6　相容性的基本概念

若要使两种（或两种以上）聚合物经混合制成宏观均匀的材料，聚合物之间的相容性是一个至关重要的因素。关于相容性的概念，有从理论角度提出的热力学相容性和从实用角度提出的广义相容性，现分述如下。

2.1.6.1　热力学相容性

热力学相容性，也可称作互溶性或溶解性（Solubility）。热力学相容体系是指满足热力学相容条件的体系，即达到了分子程度混合的均相共混物。热力学相容条件是混合过程的吉布斯自由能 $\Delta G_m<0$。

热力学因素是共混体系形成均相体系或发生相分离的内在动力，因此，相容热力学是聚合物共混的重要理论基础之一。然而，在实际应用中，能够实现热力学相容的共混体系是很少见的。

2.1.6.2　广义相容性

与热力学相容性有着重要区别的，是从实用角度提出的另一个相容性概念。

这个从实用角度提出的相容性概念，是指共混物各组分之间彼此相互容纳的能力。这一相容性概念表示了共混组分在共混中相互扩散的分散能力和稳定程度。这样定义的相容性，与共混的工艺过程密切相关，具有重要的实际应用意义。显然，这样定义的相容性并非热力学相容性，而是更为广泛意义上的相容性，本书称之为广义的相容性。

不同聚合物对之间相互容纳的能力有着显著差别。某些聚合物对之间具有极好的相容性；而另一些聚合物对之间则只有有限的相容性；还有一些聚合物对之间几乎没有相容性。由此，按相容的程度，相应的聚合物对可为完全相容体系、部分相容体系和不相容体系。

聚合物对之间的相容性，可以通过聚合物共混物的形态反映出来。完全相容的聚合物共混体系，其共混物可形成均相体系。因此，形成均相体系可作为聚合物对完全相容的判据。如前所述，如果两种聚合物共混后，形成的共混物具有单一的 T_g，则可以认为该共混物为均相体系，也可认为该聚合物对是完全相容的。如图 2-1（a）所示。

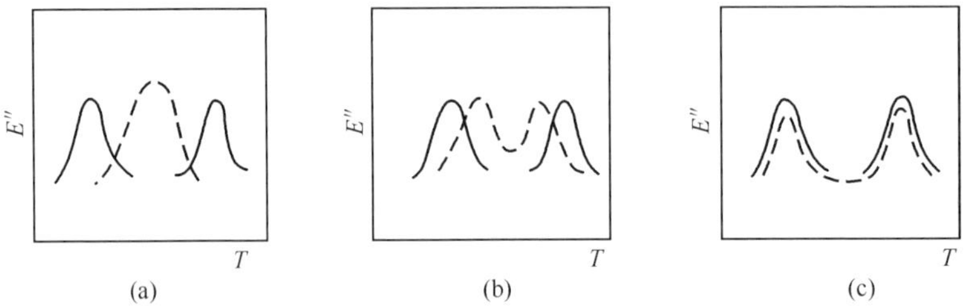

图 2-1　以 T_g 表征共混物相容性的示意图
——单一聚合物　----共混物
（a）完全相容　（b）部分相容　（c）不相容

部分相容的聚合物，其共混物为两相体系。对于两种聚合物的共混物，部分相容的判据是共混物具有两个 T_g，且两个 T_g 峰较每一种聚合物自身的 T_g 峰更为接近。如图 2-1（b）所示。

部分相容聚合物形成的两相体系，两相之间会有一定程度的分子（或链段）的相互扩散，形成一定厚度的界面层（又称过渡层）。部分相容聚合物两相体系的两个 T_g 峰较每一种聚合物自身的 T_g 峰更为接近，正是体现了两相之间一定程度的分子（或链段）的相互扩散。

还有许多聚合物对是不相容的。不相容聚合物的共混物也有两个 T_g 峰，而且两个 T_g 峰的位置与每一种聚合物自身的 T_g 峰基本相同。如图 2-1（c）所示。

从以上叙述中可以看出，“部分相容”是一个很宽泛的概念，它在两相体系的范畴之内，在“完全相容”与“不相容”之间，涵盖了不同程度的相容性。对部分相容体系（两相体系），相容性的优劣具体体现在界面结合的程度、实施共混的难易，以及共混组分的分散相粒径等方面。

“部分相容”的聚合物共混体系（两相体系）属于热力学不相容体系。但当两相体系具有较好的相容性（广义）时，其发生进一步的相分离的动力学过程是很缓慢的，因此，仍然可以获得结构与性能稳定的共混材料。这样的共混体系，处于动力学的相对稳定状态。

本书重点介绍共混物的两相体系，而相容热力学对于两相体系同样具有重要意义。相容热力学对于研究和预测聚合物共混体系（包括两相体系）的相容性，推导两相体系界面层厚度等都具有重要的作用。

2.1.7　界面层与相容剂

2.1.7.1　界面层及其结构

对于相容的聚合物组分，共混物的相界面上会存在一个两相组分相互渗透的“过渡层”，通常称作界面层。由此，可将聚合物共混物相界面的形态划分为两个基本模型，如图 2-2 所示。其中，图 2-2（a）所代表的是不相容体系，或相容性很小的体系。在这类体系中，Ⅰ组分与Ⅱ组分之间没有过渡层。图 2-2（b）则代表了两相组分之间具有一定相容性的情况，Ⅰ组分与Ⅱ组分之间存在一个过渡层。

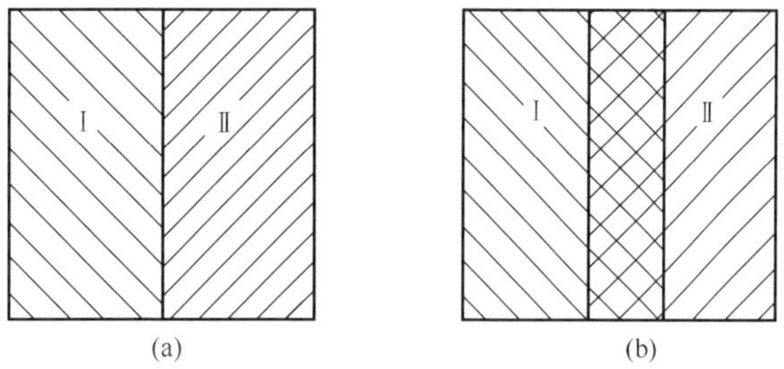

图 2-2　共混物相界面形态的两个基本模型
（a）两组分之间没有过渡层　（b）两组分之间存在一个过渡层

共混物相界面过渡层的结构示意图如图 2-3 所示。如前所述，两相共混体系的两相组分之间，很多都是部分相容的。从宏观整体来看，过渡层的存在正是体现了两相之间有限的相容性，或者说是部分相容性。另外，从过渡层这个微观局部来看，又存在着分子水平（或链段水平）相互扩散的状态。

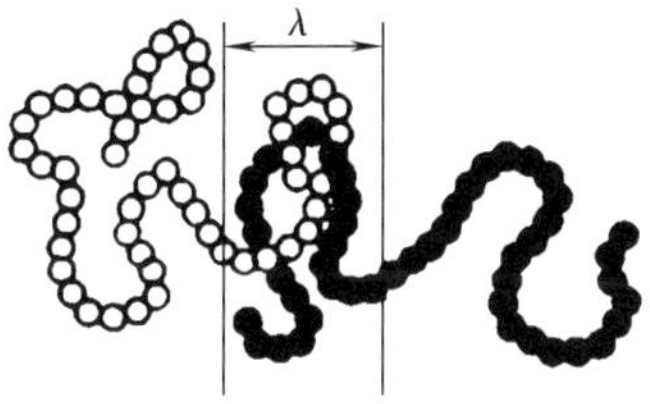

图 2-3　过渡层结构示意图
（λ 为过渡层厚度）

聚合物共混物的界面层（过渡层）厚度，与共混物组分的相容性有关。相容性好的，界面层也较厚。

2.1.7.2　相容剂

相容性，不仅是聚合物共混理论中最重要的概念，而且也是共混改性实施中需要考虑的最重要的因素。由于相当大一部分共混物的组成之间彼此的相容性欠佳，这就使改善相容性（又称“相容化”或“增容”）成了许多共混体系制备中成败的关键。改善聚合物两相体系的界面结合，提高两相之间的相容性，对提高共混物的性能至关重要。改善聚合物两相界面结合的方法有多种，包括制备互穿聚合物网络（IPN）、在聚合物大分子链上引入特殊官能团、进行交联，等等。在熔融共混中，最常采用的方法，是添加相容剂（又称增容剂）。

本节重点介绍共混改性用的相容剂。相容剂的作用机制是富集在两相界面处，改善两相之间的界面结合程度。此外，相容剂还可以促进分散相组分在共混物中的分散。相容剂对提高共聚物性能有重要意义。相容剂的类型有非反应性共聚物、反应性共聚物等，也可以采用原位聚合的方法制备。

（1）非反应性共聚物　在聚合物 A 与聚合物 B 的共混体系中，可以加入 A-B 型接枝或嵌段共聚物作为相容剂。其中，相容剂中的 A 组分与聚合物 A 相容性良好，B 组分与聚合物 B 相容性良好。A-B 型共聚物富集在两相界面处，可改善两相的界面结合。

如果 A-B 型共聚物难以合成，也可以加入 A-C 型共聚物。其中，C 组分与聚合物 B 有良好的相容性。当然，也有一些非反应性共聚物，不属于 A-B 型或 A-C 型，也能起相容剂作用。

非反应性共聚物作为相容剂，并不一定要用双嵌段共聚物。例如，在 PS/PP 共混体系中，分别采用苯乙烯-丁二烯-苯乙烯三嵌段共聚物（SBS）和苯乙烯-丁二烯双嵌段共聚物（SB）作为相容剂，结果表明，采用 SBS 的效果优于 SB。其原因是，采用 SB 作为相容剂时，分布在两相界面区域的 SB 很少，大多数 SB 以胶束形态分散在 PS 相中，因而难以达到良好的增容效果。而 SBS 在含量较低时，主要分布于两相界面区域。由此可见，双嵌段共聚物的增容效果不一定总是最好的。

（2）反应性共聚物　使用 A-C 型反应性共聚物，可以改善聚合物 A 与 B 的相容性。其中，共聚物的组分 C 可以与聚合物 B 发生化学反应。例如，在 PP/PA 共混体系中，可以采用马来酸酐（MAH）接枝到 PP 上作为相容剂。在共混过程中，MAH 可以与 PA 发生化学反应，从而改善 PP 与 PA 的相容性。也可以采用 D-C 型反应性共聚物，其中，共聚物的组分 C 可以与聚合物 B 发生化学反应，而组分 D 与聚合物 A 相容性良好。

2.2　共混物形态的观测研究方法及形态调控

2.2.1　共混物形态研究的意义

在聚合物共混材料开发中，通常要研究在一定的配方、设备和共混工艺条件下，制备出具有所需性能的材料。当所研制材料的性能不能满足需求时，通常要考虑调整共混物配方和共混工艺条件，或者对设备的结构（如双螺杆挤出机的组合式螺杆结构）进行调整，以提高材料性能。在进行这种调整时，共混物的形态具有重要的参照作用。共混物配方、共混工艺条件和设备的结构因素，都可以影响共混物的形态，进而影响共混物的性能。对于共混物形态的观测，可以指导对共混物配方、共混工艺条件等因素的调节。

共混物的形态与共混物的性能有密切关系。性能缺陷的原因往往可以从共混物的形态学研究中找到。通过形态的观测，可以揭示形态与性能的关系，从而通过改善共混物的形态，达到提高共混物性能的目的。例如，用橡胶增韧塑料的共混体系，橡胶为分散相，塑料为连续相；橡胶分散相粒子的粒径对增韧效果有重要影响。对分散相粒子的粒径进行调控，可以有效提高增韧效果。

共混物形态的研究，对于揭示共混改性的机制可以发挥关键性的作用。例如，在共混改性机制研究中，塑料增韧体系的增韧机制研究最为受到关注。而在增韧机制研究中，形态学研究发挥了重要作用。诸多增韧机理的提出，都是以形态学研究结果为依据的。

2.2.2　共混物形态的观测研究方法

共混物形态的观测方法很多。可分为两大类：其一是直接观测形态的方法，如电子显微镜法；其二是间接测定的方法，如动态力学性能测定法。

本书绪论中曾指出，四氧化锇染色法在电子显微镜观测共混物形态中的应用，是聚合物共混物研究中的一个突破性的进展。迄今，电子显微镜法仍是共混物形态研究中最重要的方法。间接测定的方法亦有重要意义，动态力学性能方法测定的共混物的 T_g，就是共混物为均相体系或两相体系的判据。

这里重点介绍直接观测形态的方法，特别是电子显微镜等形态研究的常规方法，包括制样方法。

2.2.2.1　电子显微镜观测及其制样方法

电子显微镜法是共混物形态观测的最主要的方法。电子显微镜分为扫描电镜（SEM）和透射电镜（TEM）两种。TEM 适合于观测共混物两相体系的形态，是共混物形态研究最有效的仪器。SEM 可以观察填充体系的形态、试样的冲击断面等。借助于刻蚀法等制样方法，也可以用 SEM 观察共混物两相体系的形态。

采用电子显微镜法观测共混物形态，其制样方法的选择无疑具有重要意义。首先是取样方法。取样可以在共混样品制备完成后进行，反映的是共混过程完成后样品的形态；也可以在共混过程中取样，以反映共混过程中共混体系的形态变化。采用 TEM，取样后需制备超薄切片，然后对样品进行适当处理，常用的制样方法为染色法。采用 SEM，是对样品断面进行观测，制样方法有刻蚀法、低温折断法等。

（1）染色法　染色法主要应用于 TEM。如四氧化锇（OsO_4）染色法，可适用于共混组分之一为含双键的橡胶的体系。该方法是用 OsO_4 处理样品，与样品中橡胶组分的双键发生反应，生成锇酸酯。这一反应一方面可使样品变硬，有利于制作用于 TEM 观测的超薄切片，同时对橡胶组分起了染色的作用，便于电镜观测。

以采用 OsO_4 处理的 PP/SBS 共混样品为例。该试样中，PP 为连续相，SBS 为分散相。SBS 大分子链上有双键，可以用 OsO_4 染色。

（2）刻蚀法　刻蚀法是使用适当的刻蚀剂，将两相体系共混物中的一种组分侵蚀掉，在样品表面形成两相体系图像。例如，对于 PS 与橡胶的共混体系，可采用铬酸作为刻蚀剂，将橡胶相刻蚀掉。刻蚀法可用于 TEM 观测，也可用于 SEM 观测。用于 SEM 观测时，可形成具有立体感的共混物结构形态图像。

以采用正己烷刻蚀的 PP/POE 共混样品为例。POE 为乙烯-1-辛烯共聚物，是一种聚烯烃弹性体。该试样中，PP 为连续相，POE 为分散相。正己烷可以刻蚀掉 PP/POE 共混样品中的弹性体 POE 相，从而可以通过扫描电镜观测到 POE 分散相颗粒被刻蚀后留下的空洞。

（3）低温折断法　低温折断法适用于橡胶与塑料的“海-岛结构”两相体系共混物。其方法是将共混样品冷冻，冷冻温度在塑料组分的脆化温度以下，橡胶组分的玻璃化转变温度以上。以橡胶为分散相的橡-塑共混体系为例，在此温度范围内将样品折断，塑料连续相将会脆断，而在断面上留下橡胶小球（或橡胶小球脱落后留下的空穴）。低温折断制样法可用于 SEM 观测。

（4）聚合物填充体系的试样　聚合物填充体系的微观形态，也可以用电镜进行观测。可将聚合物填充体系的试样制备成超薄切片，在 TEM 下观测；也可以用 SEM 观察聚合物填充体系试样的断面。

2.2.2.2　光学显微镜观测及其制样方法

电子显微镜是研究共混体系微观形态最重要的工具。光学显微镜的分辨率远不如电镜，因而在需要高分辨率的情况下，必须采用电镜。但在某些情况下，光学显微镜仍然可以发挥一定作用。

某些特殊的共混体系，难以进行染色，因而无法用透射电镜观测。例如，PP/EPR 共混体系中，二元乙丙橡胶（EPR）难以进行染色。对这样的共混体系，可以用相差显微镜观测其形态。相差显微镜是利用两相体系折射率的差异来显示图像的，只要两相组分的折射率不同，就可以用相差显微镜观测其形态。

此外，偏光显微镜可以反映结晶聚合物的结晶结构。对于结晶聚合物的共混体系，可以用偏光显微镜观察其结晶结构在共混中的变化。

采用光学显微镜观测的特点是简便易行。因此，光学显微镜观测的制样方法，通常也力求简便，可采用切片法或热压压片法。在溶液共混体系的研究中，采用溶液浇铸法制备的薄膜，也可用相差显微镜或偏光显微镜进行观测。

2.2.2.3 形态观测中应注意的问题

形态观测的结果，受诸多因素的影响。在形态观测的操作实施中，要注意各种因素的影响，力求准确、客观地反映聚合物共混体系的真实形态。形态观测中应注意如下问题：

① 制样时，要防止制样过程对试样结构形态的改变和破坏。对于一些结构较为脆弱的试样，制备切片时可能破坏其结构形态。遇到这样的情况，应调整制备条件以减少对结构形态的影响，或选用对结构形态影响较小的制样方法。也可以采用不同方法制样，分别观测，并将观测结果进行对比。

② 选点拍照时，应注意全面性和代表性。一般要分别拍摄整体（大视野）和局部（小视野）的照片。局部照片的选点应具有代表性，应能反映出该试样的具有普遍意义的结构形态特征。当试样不同部位（如表层和内部）的形态不同时，应分别观测，并且注明观测部位的位置。

③ 观测结果的分析，要结合聚合物共混物的制备过程以及共混物的性能等，综合进行分析。特别应注意，对于同一共混体系采用不同共混方法，共混物的结构形态是不同的。例如，溶液法共混物的结构形态，与熔融法共混物有很大的差异，应加以区别。

在采用显微镜对于共混物形态进行观测和拍照之后，就可以对于共混物的形态进行进一步的分析和研究。

2.2.3 影响共混物形态的因素及形态调控

共混物形态研究涉及的主要影响因素包括：影响连续相和分散相形成的因素、分散相的分散状况、分散相的形貌、相界面、多组分共混体系的形态及共混物的结晶结构等，分述如下。

2.2.3.1 影响连续相和分散相形成的因素

在聚合物共混两相体系中，哪一种聚合物为连续相，哪一种聚合物为分散相，是一个重要的问题。连续相和分散相对共混物性能的贡献是不同的。在两相体系中，连续相主要与共混材料的力学强度、模量、弹性相关；而分散相则主要与抗冲击性能（在增韧体系中）、光学性能、传热以及抗渗透（在相关体系中）相关。例如，橡胶与塑料的共混体系，若橡胶为连续相，则制成的共混材料将主要体现橡胶的特性（如弹性）；反之，若塑料为连续相，则共混材料将主要体现塑料的特性（如刚性）。

两种聚合物共混，哪一种聚合物会成为连续相，哪一种聚合物会成为分散相，这与两种聚合物的配比、共混过程中共混组分的熔体黏度等因素有关。

（1）共混组分配比的影响　共混组分之间的配比，是影响共混物形态的一个重要因素，也是决定哪一相为连续相，哪一相为分散相的重要因素。图 2-4 所示为采用熔融共混制备的丁苯橡胶（SBR）/PS 共混物中，共混体系的形态随两种组分的体积比变化的示意图。

从图 2-4 中可以看出，当 SBR/PS 体积比为 90∶10 和 60∶40 时，共混物形态都是组分含量较多的 SBR 为连续相，组分含量较少的 PS 为分散相的“海-岛结构”两相体系。

图 2-4　SBR/PS 共混物形态随体积比变化示意图
SBR/PS 体积比：
(a) 90∶10　(b) 60∶40　(c) 50∶50　(d) 40∶60　(e) 10∶90

在体积比为 50∶50 时，该共混物形态为两相连续的“海-海结构”。在 SBR/PS 体积比为 40∶60 时，PS 变为连续相，SBR 变为分散相。

影响共混物形态的因素很多，组分配比只是其中之一。由于影响共混物形态的因素的复杂性，使得在实际共混物中，组分含量多的一相未必就一定是连续相；组分含量少的一相也未必就一定是分散相。尽管如此，仍然可以对组分含量对共混物形态的影响，作出一个基本的界定。

在一定的理论假设基础上，可以求出连续相（或分散相）组分的理论临界含量。假设分散相颗粒是直径相等的球形，并且这些球形颗粒以“六方紧密填充”的方式排布（图 2-5），在此情况下，其最大填充分数（体积分数）为 74%。由此可以推论，若两相共混体系分散相满足图 2-5 所示的排布，且其中的某一组分含量（体积分数）大于 74%时，这一组分就不再可能是分散相，而将是连续相。同样，当某一组分含量（体积分数）小于 26%时，这一组分不再可能是连续相，而将是分散相。当组分含量介于 26%~74%时，哪一组分为连续相，不仅取决于组分含量之比，而且还要取决于其他因素，主要是两个组分的熔体黏度。

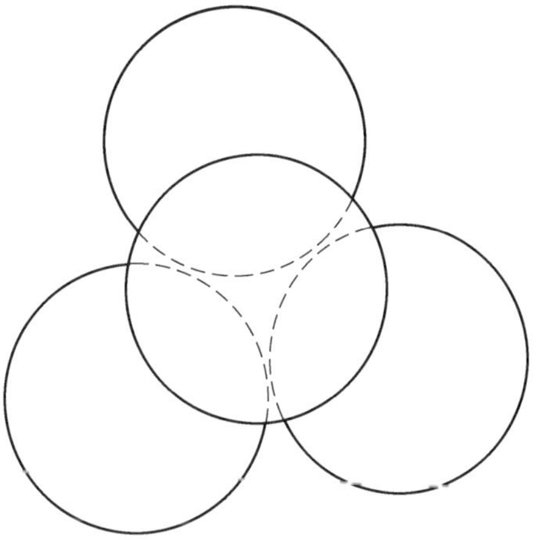

图 2-5　六方紧密填充示意图

上述理论临界含量是建立在一定假设的基础之上，因而并非绝对的界限，在实际应用中仅具有参考的价值。

如图 2-4 所示，在熔融共混制备的两相共混体系中，随着组分含量的变化，在某一组分的形态由分散相转变为连续相的时候，或反之，由连续相转变为分散相的时候，会出现一个两相连续（“海-海结构”）的过渡形态。而产生这一“海-海结构”形态的组分含量，则与共混体系组分的特性有关，并不一定都发生在体积比为 50∶50 时。

（2）熔体黏度的影响　对于熔融共混体系，共混组分的熔体黏度也是影响共混物形态的重要因素。当共混组分的配比相差不是很大的情况下，熔体黏度对形态的影响有如下基本规律：黏度低的一相倾向于生成连续相，而黏度高的一相则倾向于生成分散相，这一规律被俗称为“软包硬”规律。

需要指出的是，黏度低的一相倾向于生成连续相，并不意味着它就一定能成为连续相；黏度高的一相倾向于生成分散相，也并不意味着它就一定能成为分散相。共混物的形态还要受组分配比等因素的制约。

（3）组分配比与熔体黏度的综合影响　共混组分的熔体黏度与配比都会对形态产生影响。共混组分的熔体黏度与配比对于共混物形态的综合影响，可以用图 2-6 来表示。

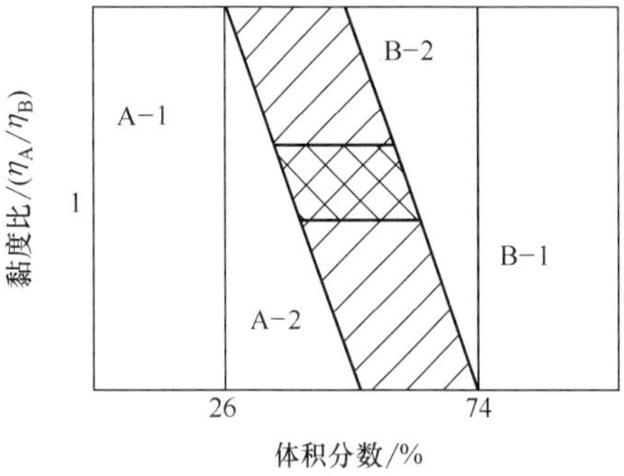

图 2-6　共混组分的熔体黏度与配比对形态的综合影响示意图

如图 2-6 中所示，在某一组分含量（体积分数）大于 74%时，按照上述理论临界含量的界定，这一组分为连续相（如在 A-1 区域，A 组分含量大于 74%，为连续相）；当组分含量小于 26% 时，其为分散相。在组分含量介于 26%~74%时，哪一相为连续相，哪一相为分散相，将取决于配比与熔体黏度的综合影响。由于受熔体黏度的影响，根据“黏度低的一相倾向于生成连续相，黏度高的一相倾向于生成分散相”的规律，在 A-2 区域，当 A 组分的熔体黏度小于 B 组分时，尽管 B 组分的含量接近甚至超过 A 组分，A 组分仍然可以成为连续相。在 B-2 区域，也有类似的情况，B 组分为连续相。

在由 A 组分为连续相向 B 组分为连续相转变的时候，会有一个相转变区存在（图 2-6 所示中的阴影部分）。理论上讲，在这样一个相转变区内，都可能会有两相连续的“海-海结构”出现。但是，在 A 组分与 B 组分熔体黏度接近于相等的区域内，可以较为容易地得到具有“海-海结构”的共混物。A 组分与 B 组分熔体黏度相等的这一点，即为“等黏点”。

需要指出的是，图 2-6 所示的综合影响示意图，表示的仅是黏度与配比对形态综合影响的基本趋势。对于不同的共混体系，某一组分从连续相到分散相的转化区的具体位置，是会有差别的。

（4）熔体弹性的影响　上述熔体黏度与配比对形态的综合影响，只考虑了熔体黏度与配比的影响。实际上，聚合物熔体都不是纯黏性的流体，而是具有黏弹性行为的流体。聚合物熔体所具有的弹性特征，也会对形态产生影响。

不同的聚合物品种的熔体弹性会有不同；而熔融温度、剪切应力等因素，也会影响聚合物熔体的弹性。具有较高熔体弹性的分散相，不易破碎。因而，两相的熔体弹性，会对黏度与配比对形态的综合影响图的“走势”产生影响。当分散相熔体的弹性较高时，会让更高的体积分数成为分散相。

2.2.4　分散相的分散状况

聚合物共混两相体系中分散相的分散状况，可以用“均一性”和“分散度”来表征。总体均一性是指分散相颗粒在连续相中分布的均匀性，即分散相浓度的起伏大小；分散度则是指分散相颗粒的破碎程度。对于总体均匀性，可采用数理统计的方法进行定量表征；分散度则以分散相平均粒径来表征。

2.2.4.1　总体均匀性与分散度的区别

图 2-7 所示为两种共混样品总体均匀性与分散度的对比示意图，可直观地表现出总体均匀性与分散度两个概念的区别。其中，图 2-7（a）所示的分散相粒子的粒径较图 2-7（b）所示中的粒子小，显示出（a）的分散度比（b）微细一些。但是，从一定的观察尺度来看，（a）的总体均匀性却不如（b）好。由此可见，分散相粒径小的样品，总体均匀性未必就好，反之亦然。

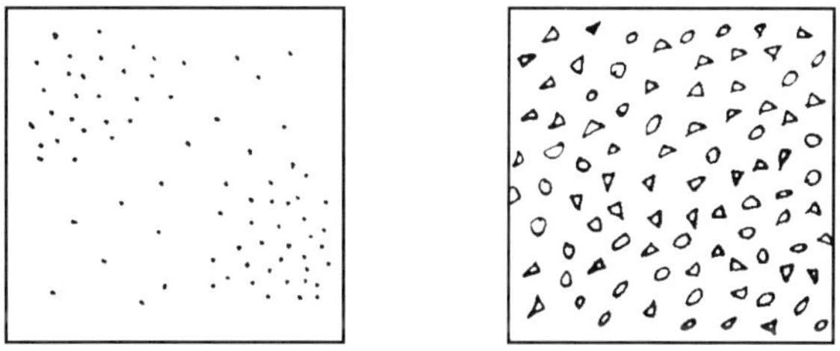

(a)　(b)

图 2-7　两种共混样品总体均匀性与分散度的对比示意图

为使聚合物共混物具有预期的性能，需要共混物分散相组分的总体分布具有良好的均匀性，分散相的平均粒径也应控制在一定范围之内。除总体均匀性与分散度之外，分散相粒子的粒径分布对共混物的性能也有影响。

2.2.4.2　总体均匀性的表征

在“海-岛结构”两相体系共混物中，分散相分布的总体均匀性可用混合指数 I 来表征。共混物在宏观上是均匀的，在微观上却不可能是绝对均匀的。若在同一共混物样品上取不同点测定分散相浓度，测得的分散相浓度是不可能完全相同的。换言之，分散相浓度的“起伏”总是会存在的。按照统计理论，采用共混的方法，分散相浓度所能够达到的最“均匀”的分布是二项分布；在共混过程中，分散相浓度的分布会逐渐趋向于二项分布，由此引入混合指数 I：

$$I=\frac{\sigma^2}{S^2} \tag{2-1}$$

式中　σ^2——根据二项分布计算的方差；

S^2——样本方差。

将共混物的样本假想为由若干小粒子组成（粒子的大小与分散相颗粒的平均尺度相当），则可用如下方法计算 σ^2：

$$\sigma^2=\frac{q(1-q)}{N} \tag{2-2}$$

式中　q——一个“粒子”在分散相中出现的概率。对于二项分布，$q=\phi_d$（ϕ_d 为分散相组分的体积分数）；

N——每个样本中的“粒子”总数。

样本方差 S^2 的计算方法如下：

$$S^2=\frac{1}{m-1}\sum_{i=1}^{m}(c_i-c)^2 \tag{2-3}$$

式中　c_i——样本中的分散相浓度；

m——取样次数（样本数）；

c——分散相平均浓度。

$$c = \frac{1}{m}\sum_{i=1}^{m} c_i \qquad (2-4)$$

在实际计算样本方差 S^2 的操作中，可在共混物样品上随机选取不同部位取样，拍摄微观形态照片，取样的点数即为样本数（m）。样本中的分散相浓度（c_i）则可由样本的照片测得，可通过图像分析仪来完成。

混合指数 I 可以反映共混样品中分散相组分分布的总体均匀性。若在共混过程中取样，还可看出混合指数 I 随混合时间的变化规律。随着共混过程的进行，分散相浓度的分布趋向于二项分布，S^2 会逐渐趋近于 σ^2，相应地混合指数 I 趋近于 1；因而，可将混合指数 I 趋近于 1 作为达到理想的均匀性的判据。

也可采用不均一系数 K_c 来判定分散相组分分散的总体均匀性：

$$K_c = 100\frac{S}{c_0} \qquad (2-5)$$

式中　K_c——不均一系数；

S——样本的均方根差，可按照式（2-3）求得样本方差 S^2，再计算出均方根差 S；

c_0——分散相平均浓度，即式（2-4）中的 c。

测定不均一系数 K_c 的方法，可参照测定样本方差 S^2 的方法进行。不均一系数 K_c 越小，就表示分散相分散的均匀性越高。若在共混过程中取样测定 K_c 值，就可以研究 K_c 在共混过程中的变化规律。随着共混的进行，K_c 会逐渐减小，并趋向于某一极限值。

2.2.4.3　分散度的表征

分散度以分散相的平均粒径表征。分散相颗粒平均粒径的表征方法有数量平均直径 $\overline{d_n}$ 与体积平均直径 $\overline{d_V}$ 之分。

$$\overline{d_n} = \frac{\sum n_i d_i}{\sum n_i} \qquad (2-6)$$

$$\overline{d_V} = \sum \phi_i d_i \qquad (2-7)$$

式中　$\overline{d_n}$——数量平均直径；

$\overline{d_V}$——体积平均直径；

d_i——某一粒径（实际上是某一粒径区间的中值）；

n_i——粒径在 d_i 所代表的粒径区间内的粒子数目；

ϕ_i——粒径在 d_i 所代表的粒径区间内粒子的体积分数。

数量平均直径（数均粒径）因便于计算而经常被采用。通常所说的平均粒径，如未加特殊说明，一般都是数均粒径。

2.2.4.4　分散相粒径及粒径分布对共混体系性能的影响

分散相粒径及粒径分布是影响共混物性能的重要的形态学要素。为使“海-岛结构”两相体系共混物具有预期的性能，其分散相的平均粒径通常应控制在某一最佳值附近。

以弹性体增韧塑料体系为例。在该体系中，弹性体为分散相，塑料为连续相，弹性体颗粒起塑料增韧剂的作用。在该体系中，弹性体颗粒过大或过小都对增韧改性不利。而相对于不同的塑料基体（连续相），由于增韧机制不同，也会对弹性体颗粒的粒径大小有不同的要求。

本书将结合塑料增韧机制等问题的讨论，进一步探讨分散相粒径对共混物性能的影响。

除了平均粒径之外，分散相粒径分布对共混物性能也有重要影响。还是以弹性体增韧塑料的共混体系为例，在这一体系中若弹性体颗粒的粒径分布过宽，体系中就会存在许多过大或过小的弹性体颗粒，而过小的弹性体颗粒几乎不起增韧作用，过大的弹性体颗粒则会对共混物性能产生不利影响。因此，一般来说，应将分散相粒径分布控制在一个较窄的范围之内。

以超韧尼龙为例。张淑芳研究了超韧尼龙中橡胶颗粒的粒径及分布，结果表明，超韧尼龙中橡胶颗粒的粒径分布较窄，粒径为 0.2~1.0μm 的粒子占了主体。这部分橡胶粒子对尼龙增韧可以起关键作用。

也有研究结果发现，当一种塑料的增韧能够以两种不同机制来实现，而两种机制对橡胶粒径有不同要求的情况下，橡胶颗粒的粒径可以设法制备成双峰分布，以满足不同增韧机制对橡胶粒径的需要，从而让两种增韧机制都发挥作用。双峰分布的橡胶粒径一般是通过加入两种不同的橡胶（或其他弹性体）而获得的。

影响分散相粒径的因素很多。熔体黏度与组分配比是影响分散相粒径的重要因素；共混过程中共混体系所受到的外力作用（通常是剪切力），对分散相粒径也有重要影响；共混组分之间的相容性，会影响两相之间的界面张力，对分散相物料的分散过程产生影响，进而影响分散相粒径。

鉴于分散相粒子是在共混过程中形成的，分散相粒子的平均粒径与共混过程密切相关，所以本书将在讨论共混过程时，进一步探讨影响分散相粒径的因素，以及分散相粒径的调控方法。

2.2.5　分散相的形貌

在聚合物共混体系中，分散相的形貌并不总是规整的、离散的球形颗粒。分散相粒子可以有复杂的形状，分散相粒子（特别是无机填充颗粒）也可能形成聚集体。研究分散相粒子的形貌，具有重要意义。

2.2.5.1　聚合物-聚合物共混体系的分散相形貌

聚合物共混两相体系的微观形态，可以是“海-岛结构”，也可以是“海-海结构”，这也可以看作是分散相的两种不同的形貌。例如，在一定条件下制备 PVC/氯化聚乙烯（CPE）共混物（用 CPE 增韧 PVC），尽管 CPE 的含量仅为 10%左右，仍然可以呈网络状存在于 PVC 基体中。因而，具有网络状结构的 CPE 增韧 PVC 体系被称为网络增韧体系。不过，“海-海结构”两相连续的共混体系在熔融法共混中并不多见。熔融法制备的共混体系，大多数为“海-岛结构”。

对于“海-岛结构”的两相体系，由于共混体系熔融流变特性和共混工艺的不同，分散相粒子可以有不同的形貌。分散相聚合物的形貌可以呈球形、条形、层片状、纤维状等形状。

除分散相粒子外形的形貌外，分散相粒子内部的形态结构，也为共混物的形态学研究所关注。例如，作为增韧剂的甲基丙烯酸甲酯-丁二烯-苯乙烯三元共聚物（MBS）、丙烯酸酯类共聚物（ACR）等弹性体，是以分散相颗粒的形态分散于 PVC 等塑料基体中的，而这些弹性体颗粒的内部，又有复杂的包藏结构。

2.2.5.2 影响分散相粒子形貌的因素

在不同的“海-岛结构”两相体系中，分散相粒子会具有多种多样的形貌，除近似于球形的形貌外，还有条形、纤维状、层片状等特殊形貌。

影响分散相粒子形貌的因素复杂多样。共混过程中设备施加的剪切力（或拉伸力）、两相聚合物的熔体黏度、熔体弹性、两相组分的配比、界面张力等因素，在影响分散相粒子粒径的同时，也影响分散相粒子的形貌。分散相粒子的形貌还与分散机理有关。

2.2.5.3 熔体黏度对分散相形貌的影响

两相聚合物的熔体黏度比 λ 对分散相形貌的形成有重要影响。

通常，为获得具有条状、纤维状或层片状分散相形貌的共混物，应适当调控两相的黏度比。例如，制备具有阻隔作用的高密度聚乙烯（HDPE）/PA6 共混材料，需要分散相 PA6 以层片状的形态存在于连续相 HDPE 中。为获得 PA6 为层片状形态的共混物，可在低于“等黏温度”的条件下共混，使 PA6 的熔体黏度高于 HDPE。在这种情况下，由于连续相 HDPE 的熔体黏度低，而分散相 PA6 的熔体黏度高，分散相 PA6 易于被拉长，不易破碎成“液滴”，而以层片状的形态存在共混体系中了。

聚合物熔体的弹性，也影响分散相粒子的变形和破碎，因而影响分散相形貌。

2.2.5.4 聚合物填充体系的分散相形貌

聚合物填充体系中的填充剂粒子，有可能在聚合物基体中发生团聚。特别是无机纳米颗粒，由于纳米粒子具有巨大的比表面积，相应的表面能也较高，因而易于发生团聚。棒状、针状、纤维状等各向异性的填料，会在成型加工的过程中，沿剪切力的方向取向。此外，填充剂还会在各种不同情况下，形成一些特异的个体性或群体性的形貌，例如，在聚合物-聚合物“海-岛结构”两相体系中添加填充剂，填充剂在一定条件下可以集中存在于分散相中，形成“沙袋”结构。

2.2.5.5 分散相粒子的形貌与共混物性能的关系

分散相粒子的形貌对共混物性能有重要影响。在 SBS 增韧 PP 共混体系中，当 SBS 分散相颗粒呈条状时，共混物具有较高的抗冲击性能。

在 PE/PA 共混制备的阻隔材料中，分散相 PA 以层片状分布在 PE 基体中，共混物具有较好的阻隔性能。

以液晶聚合物对其他聚合物进行增强，液晶聚合物在共混过程中原位地生成纤维状结构，分布于基体聚合物中，发挥其增强作用。

2.2.6 多组分共混体系的形态

聚合物的共混体系，通常并非仅有两种聚合物组分。三种或三种以上聚合物的共混，已经受到很多研究者的关注。即使是两种聚合物的共混体系，一般也会添加助剂。这些助剂在聚合物两相体系中如何分布，也是很值得重视的问题。

2.2.6.1 多种聚合物的共混体系

三种（或三种以上）聚合物的共混，是近年来研究较多的体系。在某些实例中，聚合物两相体系之外添加的第三种聚合物组分，是作为相容剂使用的。例如，在 PVC/PE 共混体系中添加 CPE，可起相容剂作用。此外，第三种聚合物组分与原两相体系中的弹性体增韧剂起协同增韧作用，也是常见的三元共混体系。例如，在 PP/三元乙丙橡胶（EPDM）/SBS 体系中，双组分增韧剂 EPDM/SBS 有明显的协同效应，增韧效果优于单一的 EPDM 或 SBS。

三种（或三种以上）聚合物的共混体系的形态通常也是“海-岛结构”。三种聚合物中通常有一种含量较多，为连续相；另外两种聚合物为分散相。由于分散相颗粒易于聚集，所以，如果两种作为分散相的聚合物之间有较好的相容性，就很容易聚结在一起，形成团聚状态的分散相颗粒。起相容剂作用的第三种聚合物，可以分布在另外两种聚合物的两相交界处。

当两种分散相组分形成团聚状态的颗粒时，在一定条件下，可具有“包藏”“嵌入”“贯穿”等结构。对于发生交联的共混体系，交联作用可以显著影响共混体系的形态结构。何继辉等制备了 PP/线性低密度聚乙烯（LLDPE）/SBS 交联共混物（LLDPE 和 SBS 为分散相），用 SEM 和 TEM 分析了交联前后共混物形态结构的变化。结果发现，SBS 不仅分布在 LLDPE 的周围，而且可以嵌入到 LLDPE 内部。

2.2.6.2　含助剂的多组分体系

对于聚合物-聚合物两相体系，聚合物两相之外的组分，可统称为“第三组分”。第三组分一般是指各种助剂，包括塑料的稳定剂、润滑剂；橡胶的硫化剂和硫化助剂、补强剂，以及填充剂，等等。

第三组分在聚合物两相间的分配，对于共混物的性能有重要影响。例如，在 PVC 与弹性体的共混体系中，需要添加 PVC 的稳定剂，而且需要 PVC 的稳定剂较多存在于 PVC 相中，这样，PVC 的稳定剂才能充分发挥其作用。对于各种助剂，都需要其较多地进入该助剂发挥作用的那一相中。因而，第三组分在聚合物两相间分配的调节与控制，就成了聚合物共混研究的重要内容。

2.2.6.3　多组分体系形态的影响因素与调控

第三组分在聚合物两相间的分配，主要受如下因素的影响。

（1）第三组分（助剂）与聚合物之间的亲和性　对于聚合物-聚合物两相体系，第三组分在共混过程中，倾向于进入和该组分亲和性较好的一相中。例如，对于两种橡胶的共混体系，硫化助剂在两种橡胶中的分配，决定于硫化助剂在橡胶中的溶解度。某种橡胶对某种助剂的溶解度较高，该助剂就会较多地进入该橡胶中。在聚合物填充体系中，具有极性的填充剂易于进入极性聚合物中。

（2）聚合物的熔体黏度　如果第三组分为固体颗粒（如无机填充剂），在共混过程中就会倾向于进入聚合物两相体系中熔体黏度较低的一相。这实际上是聚合物共混的“熔体黏度较低的一相易于包覆在熔体黏度较高的一相之外”的规律，在第三组分分配问题上的扩展应用。在这里，固体颗粒可被视同为“黏度较高的一相”，熔体黏度较低的聚合物可被视同为“熔体黏度较低的一相”。固体颗粒倾向于进入熔体黏度较低的一相。

需要指出的是，固体颗粒与聚合物基体的亲和性、固体颗粒倾向于进入熔体黏度较低的一相的规律，以及下面将介绍的加料顺序，是同时起作用的。固体颗粒在聚合物两相间的分配决定于起主导作用的因素。例如，如果加料顺序是将固体颗粒与高黏度的聚合物组分先混合，且固体颗粒与高黏度一相的聚合物有很好的亲和性，则固体颗粒也有可能较多地存在于高黏度的一相中。

(3) 加料顺序　在聚合物成型加工中，加料顺序是一个重要的工艺因素。不同的加料顺序，对产品的性能可能有显著的作用。加料顺序也会影响第三组分在聚合物两相间的分配。以聚合物填充体系为例，填充剂的添加方式不同，在聚合物两相间的分配也不同。

假设有两种聚合物与一种无机填充剂共混，且两种聚合物中，一种熔体黏度较高，另一种熔体黏度较低。若将填充剂与两种聚合物同时添加、共混，则填料会较多存在于熔体黏度较低的一相中；若将填充剂先与熔体黏度较高的聚合物共混，再与熔体黏度较低的聚合物共混，则填充剂会由熔体黏度较高的聚合物向黏度较低的聚合物迁移，导致聚合物两相中填充剂的含量相近；若将填充剂先与熔体黏度较低的聚合物共混，再与熔体黏度较高的聚合物共混，则填充剂大部分会存在于熔体黏度较低的一相中。由此例可见，加料顺序是调节第三组分在聚合物两相间分配的有效手段。

在实际操作中，可以综合考虑第三组分（助剂）与聚合物之间的亲和性、聚合物的熔体黏度，以及加料顺序，更好地控制第三组分在聚合物两相间的分配。其中，第三组分（助剂）与聚合物之间的亲和性可以通过助剂品种的选择和助剂的改性来调节；聚合物的熔体黏度可以由温度等因素调控；加料顺序则更是有效的调控方法。

2.2.7　共混物的结晶结构

含有结晶聚合物的共混物，可以分为两大类：结晶聚合物/非结晶聚合物共混体系、结晶聚合物/结晶聚合物共混体系。以两种聚合物的共混物为例，其一是两种聚合物中有一种为结晶的，另一种为非结晶的；其二是两种聚合物都为结晶的。现将含有结晶聚合物的共混物的结晶结构，分述如下。

2.2.7.1　结晶聚合物/非结晶聚合物共混体系

结晶聚合物/非结晶聚合物共混体系的结晶结构，至少可以分为 5 种基本类型，如表 2-1 所示。

表 2-1　结晶聚合物/非结晶聚合物共混体系结晶结构的类型

序号	两相组分		共混体系的形态结构
	基体	分散相	
1	非晶态	晶粒	晶粒(微晶)分散在非结晶态基体中
2	非晶态	球晶	球晶分散在非结晶态基体中
3	非晶态	球晶	球晶被轻度破坏,分散在非结晶态基体中
4	球晶	非晶态	非结晶聚合物仅分散在球晶与球晶的间隙中
5	非晶态	非晶态	结晶聚合物未能结晶,形成非晶/非晶共混物

除上述形态结构外，结晶聚合物/非结晶聚合物共混体系也可以形成两相连续的“海-海结构”。

2.2.7.2　结晶聚合物/结晶聚合物共混体系

结晶聚合物/结晶聚合物共混体系的结晶结构，至少可以分为 3 种类型，如表 2-2 所示。能够形成共晶的共混体系，是相容性较好的体系。

表 2-2　　结晶聚合物/结晶聚合物共混体系结晶结构的类型

序号	共混体系的形态结构
1	两种结晶聚合物各自形成结晶
2	两种结晶聚合物形成共晶
3	结晶结构被破坏(或部分破坏),形成非结晶性共混物或结晶/非晶共混物

2.2.8　聚合物共混物形态研究与观测技术进展

近年来，由于微观测试、图像分析等技术的进展和一些新型测试仪器的问世，复合材料及聚合物共混物形态研究也取得了相应进展。

2.2.8.1　人工智能（AI）在复合材料形态研究中的应用

在复合材料形态的图像处理中，AI 技术的应用已经初见成果。研究中运用机器深度学习进行图像处理，精度和速度都大为提高。

钱奇伟等采用微观 X 射线计算机断层扫描（XCT）对 4 枚 20mm 立方体三维编织碳/碳（C/C）复合材料试件进行扫描，获得精度为 18.27μm 的内部微观结构图像；然后采用基于深度学习的语义分割算法，对大量二维 XCT 图像进行训练，实现对试件三维微观组分（碳棒、碳纤维束和基体）和缺陷（孔洞、分层和裂纹）的智能识别和分割。结果表明：微观 XCT 扫描能够高精度表征三维编织 C/C 复合材料内部组分和缺陷的分布和形态，主要缺陷为相邻纤维束层之间的分层；由于 C/C 复合材料各微观组分均为碳材料，在 XCT 图像中灰度值相同（或十分接近），难以采用传统阈值算法进行分割；深度学习算法能够有效地过滤噪声与伪影并自动精准分割各组分和缺陷，且预测速度比人工图像标注高约两个数量级。该项研究对三维编织 C/C 复合材料后续微细观建模和性能优化奠定了基础。

周倩波的硕士论文研究了基于机器学习的碳纤维增强陶铝基复合材料（C_f/SiC-Al）力学性能预测和损伤图像识别。陶铝基复合材料性能与纤维、基体和界面密切相关，纤维拔出、脱黏等断裂形貌，是评价复合材料性能、反映复合失效机理的主要方式。该研究以 C_f/SiC-Al 复合材料为研究对象，采用 Foxtable（狐表）软件设计 C_f/SiC-Al 复合材料数据存储与数据统计数据库。基于反向传播神经网络，建立工艺参数自变量与 C_f/SiC-Al 复合材料力学性能因变量的反向传播神经网络模型，实现单一目标和多目标工艺参数优化。基于深度迁移学习技术迁移在大数据集上预训练过的密集连接卷积网络 Dens Net121，构建 C_f/SiC-Al 复合材料微观损伤图像识别模型，实现对 C_f/SiC-Al 复合材料断口形貌标注和断口类型判别。

2.2.8.2　图像处理技术的进展及在聚合物共混体系中的应用

采用图像处理软件对聚合物共混物进行图像分析由来已久。该项技术的新进展，及其在聚合物共混物中的应用有诸多成果。

管涛等研究了基于纤维取向分布图像处理技术的短纤维增强聚合物基复合材料力学性能预测方法。短纤维增强聚合物基复合材料（SFRPC）具有复杂的细观结构，掌握纤维取向分布（FOD）规律是短纤维复合材料力学建模的前提。然而，由于纤维取向统计需要收集大量的纤维信息，通过传统手动标注读取显微图像的方式人工成本高且耗时长，统计效率与精度均难以保证。本文利用图像分析算法捕获纤维截面几何特征，发展了相应的纤维取向分布图像处理技术，实现了 FOD 信息的快速统计。他们还探究了图像分析算法中关键参数的合理取值范围，并针对挤出注塑成型工艺制备的短玻纤增强和短碳纤增强聚醚酰亚胺复合材料（SGF/PEI 和 SCF/PEI）进行微观结构表征，将统计的纤维状态信息传递至类层合板（LAA）与 Fu-Lauke 模型框架，进而预测了不同体积分数下两种复合材料的模量与强度，预测结果与有限元模拟结果、拉伸试验测试结果均吻合良好。本文将纤维取向分布图像处理技术与复合材料力学性能预测方法相结合，有助于更高效准确地理解短纤维增强复合材料的构效关系，对于复合材料结构设计具有较高的指导作用。

对于熔融共混体系的图像识别与分析技术进展，已有专利文献。

潘丹等有授权发明专利：基于图像识别技术的共混聚合物中分散相形貌的表征方法。该发明涉及一种基于图像识别技术的共混聚合物中分散相的形貌表征方法，是将共混聚合物经溶解刻蚀分散相或者基体相后的截面图像在（图像分析软件）（Matlab）中先进行图像读取和图像处理，然后进行图像识别和统计分析得到分散相的粒径、分散相的面积和分散相的形心位置；图像处理是先复制原有图层，再利用边缘锐化和正片叠底操作优化图像，然后使分散相区域与基体相区域之间存在更为明显的颜色差异，得到处理后图像；图像识别是对处理后图像上的分散相区域与基体相区域的颜色差异进行识别，并记录分散相的大小和位置；统计分析是对分散相的面积、当量直径、数目进行统计。据发明人介绍，该发明的方法与传统手工测量方法相比，准确、快速、简单。

2.2.8.3 超高分辨率光学显微镜

光学显微镜利用光学透镜组和可见光来实现微小目标物体的放大成像。然而，由于受到光衍射特性的制约，常规光学显微镜的最高成像分辨率只能达到约 200nm，这越来越不能满足对更精细微观尺度观测的需求。近年来，超高分辨率光学显微镜的研发获得进展，分辨率得到显著提高。

王伟成研究了粒子自组装透镜的制备及其在超分辨率光学显微成像上的应用，利用纳米粒子自组装方法，分别将具有低吸收损耗、深亚波长尺度的 15nm TiO_2 纳米粒子和 SiO_2 纳米粒子组装成半球型的固体浸没透镜（SIL）和裂纹薄膜型平板超透镜。通过紧密堆砌的纳米结构实现近场光学耦合等效应，从而突破了光学衍射极限，实现了超分辨率光学显微成像，并深入研究了其超分辨成像能力、机理和应用。本文的研究内容主要包括：硅油两步脱水法组装高折射率 TiO_2SIL 用于超分辨光学显微成像及其应用研究，将包含 15nm TiO_2 纳米粒子的水分散液滴分别在热硅油中以及室温下进行两步连续的脱水过程，将具有高折射率、低光学吸收损耗、深亚波长尺度的 15nm 锐钛矿 TiO_2 纳米粒子，组装成具有高折射率、对可见光透过率高、宽度可控的亚毫米级的固态 SIL，用于在白光照明的光学显微镜下实现 150nm 的超高分辨率光学显微成像。实验研究了硅油两步脱水法制备 TiO_2SIL 的组装过程及组装机制。

2.2.8.4 原子力显微镜

原子力显微镜（AFM）是在扫描隧道显微镜（STM）的基础上发展起来的。

STM 是根据量子力学原理中的隧道效应而设计的。AFM 与 STM 的最大差别在于 AFM 并非利用电子隧道效应，而是利用原子之间的相互作用力，来呈现样品的表面特征。因而，AFM 可适用于非导电材料的研究。

AFM 通过测量样品表面与安装在微悬臂上的探针之间原子间的相互作用力，观测样品表面形貌。当探针的针尖与样品表面充分接近，相互之间存在短程相互作用力时，测定该作用力可呈现试样的表面特性，最高可获得原子级分辨率的图像，一般情况下分辨率也在纳米级水平。

在高分子材料领域，AFM 可被用来测定和研究高分子材料的表面形貌及相分离、结晶、摩擦性能、大分子取向等。

在聚合物共混领域，AFM 技术是研究相分离体系（两相或多相体系）的有效手段。Reifer 等采用 AFM 研究了聚丙烯/聚氨酯共混物的相分离情况。采用 AFM，可以研究相的分散程度及相容情况，也可用于研究共混物的结晶结构。

由于 AFM 具有高分辨率、制样简单、操作易行等特点，将在材料科学等领域发挥更重大的作用。

2.3　聚合物共混过程的基本原理与加工设备

熔融共混是聚合物共混的主要方法，本书重点介绍熔融共混。熔融共混法是将处于熔融状态的聚合物共混组分，在一定的共混设备中，经过适当的共混过程，而获得预期的共混物。

在熔融共混中，共混组分在一定温度和外力的作用下，发生相互混合和分散，经历一个复杂的动力学过程，最终形成共混产物。共混过程对共混改性效果有重要影响。因此，通过对共混过程的调控，可以在一定程度上调节共混物的结构与性能。本节介绍聚合物熔融共混过程的基本规律，进而探讨了通过共混过程降低分散相粒径的方法。

2.3.1　共混物分散混合过程的模拟演示

对于“海-岛结构”两相体系，共混过程的重要作用是分散相物料的破碎与分散。在共混过程中，共混设备对共混物料施加剪切力，在外力作用下，分散相物料发生破碎，分散成小粒子。

共混设备提供的外力作用，由连续相传递给分散相，分散相颗粒运动、变形乃至破碎的变化过程，可以借助于一个模拟演示，作出概略的描述。如图 2-8 所示。

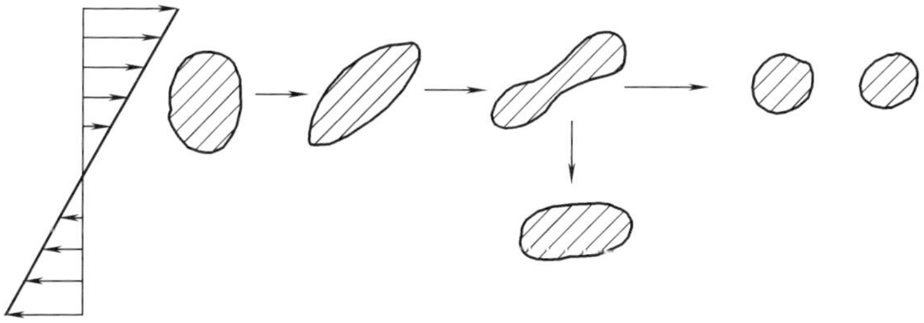

图 2-8　分散相颗粒在外力作用下运动、变形乃至破碎的变化示意图

图 2-8 中，一个分散相颗粒，在外力作用下，首先会发生变形，由近似于球形变为棒形；与此同时，分散相颗粒会发生转动。如果分散相颗粒的变形足够大，就会发生破碎，分散为更小的颗粒。但是，也可能出现这样的情况，当分散相颗粒的变形尚不足以

发生破碎时，分散相颗粒就已转动到了与剪切应力平行的方位。如果作用于物料的剪切应力场是单一方向的，那么，转动到与剪切应力方向平行取向的粒子，就难以进一步破碎了。

影响分散相颗粒破碎的因素，包括外力和内力两方面。在共混过程中，外界的作用力通过连续相传递给分散相，促使分散相颗粒发生破碎；另外，分散相颗粒内部，也有阻止分散相颗粒发生破碎的内力，包括聚合物熔体的黏度、界面张力等。分散相颗粒破碎的过程，实际上是外力和内力互相抗衡的结果。

从上述模拟演示中，可以得到如下推论：

① 为了促进分散相颗粒的破碎，可以提高外界（即设备）对共混体系的作用力，或降低分散相的“内力”，包括熔体黏度及弹性、界面张力等。

② 在分散相的破碎分散过程中，分散相颗粒会发生伸长变形和转动。当伸长变形的分散相颗粒转动到与剪切应力平行的方向时，就难以进一步破碎了。为促进分散相的破碎分散，共混设备施加给共混体系的作用力方向应该不断地或周期性地变化（物料的流动方向也相应地不断变化），以便使处于不同方位的分散相颗粒，都能受到有效的剪切应力作用。

在共混设备（如双螺杆挤出机）的设计中，就是通过混合装置及部件的设计，使物料的运动方向不断变化，达到充分分散的效果。

2.3.2 “破碎”与“集聚”的动态平衡

在聚合物共混中，同时存在着“破碎”与“集聚”这一对互逆的过程。

2.3.2.1 “破碎”与“集聚”过程

首先，共混体系中的分散相物料在剪切力作用下发生破碎，由大颗粒经破碎变为小粒子。由于在共混过程的初始阶段，分散相物料的颗粒尺度通常是较大的，即使是粉末状的聚合物，其粒径也远远大于所需的分散相粒径，所以这一破碎过程是必不可少的。

在共混的初始阶段，由于分散相粒径较大，而分散相粒子数目较少，破碎过程占主要地位。但是，在破碎过程进行的同时，分散相粒子互相之间会发生碰撞，并有机会重新集聚成较大的粒子。这就是与破碎过程逆向进行的集聚过程。如图 2-9 所示。

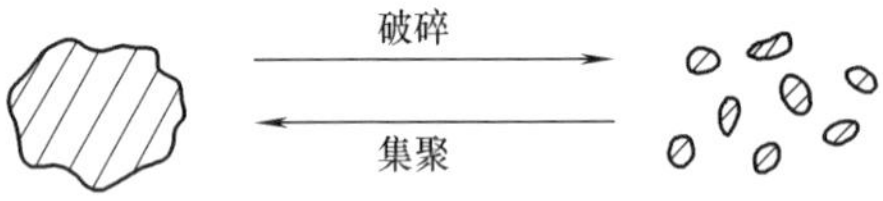

图 2-9 “破碎”与“集聚”过程示意图

在共混过程中，分散相组分是在外力作用之下逐渐被分散破碎的。当分散相组分破碎时，其比表面积增大，界面能相应增加。反之，若分散相粒子相互碰撞而集聚，则可使界面能下降。换言之，分散相组分的破碎过程是需在外力作用下进行的，而分散相粒子的集聚则是可以自发进行的。

在共混过程初期，破碎过程占主导地位。随着破碎过程的进行，分散相粒子粒径变小，粒子的数量增多，粒子之间相互碰撞而发生集聚的概率就会增加，导致集聚过程的速度增加。

对破碎过程和集聚过程的影响因素，分别讨论如下。

影响破碎过程的因素，主要来自两个方面，其一是外界作用于共混体系的剪切能 E；其二是分散相物料自身的破碎能 E_{db}。对于简单的剪切流变场而言，单位体积的剪切能可由下式表示：

$$E=\tau\dot{\gamma}=\eta\dot{\gamma}^2 \tag{2-8}$$

式中　τ——剪切应力；

η——共混体系的黏度；

$\dot{\gamma}$——剪切速率。

影响破碎过程的另一个方面的因素，是来自分散相物料自身的破碎能。分散相物料的破碎能 E_{db} 可由下式表示：

$$E_{db}=E_{dk}+E_{df} \tag{2-9}$$

式中　E_{dk}——分散相物料的宏观破碎能；

E_{df}——分散相物料的表面能。

其中，表面能 E_{df} 与界面张力 σ 和分散相的粒径都有关系；宏观破碎能则取决于分散相颗粒内部阻碍变形和破碎的因素，包括其熔体黏度、弹性等。

$$E_{df}=\sigma\frac{S}{V_d} \tag{2-10}$$

式中　σ——界面张力；

S——分散相粒子的总表面积；

V_d——分散相粒子的总体积；

$\frac{S}{V_d}$——分散相粒子的比表面积。

假设分散相粒子为粒径大小相等的球形粒子，则有：$S=4\pi R^2n$，其中 R 为分散相粒子的半径，n 为分散相粒子总数，而 $n=\frac{V_d}{\frac{4}{3}\pi R^3}$，于是有 $S=\frac{3V_d}{R}$。代入式（2-10），得到：

$$E_{df}=\frac{3\sigma}{R} \tag{2-11}$$

很显然，增大剪切能 E 可使破碎过程加速进行，可采用的手段包括增大剪切应力 τ 或增大共混体系的黏度（当两相聚合物配比相差较大时，共混体系的黏度主要决定于连续相黏度）。而降低分散相物料的破碎能（包括降低宏观破碎能 E_{dk}，或降低两相间的界面张力 σ），也可加速破碎过程。

作为破碎过程的逆过程的集聚过程，是因分散相粒子的相互碰撞而实现的。因此，集聚过程的速度就决定于碰撞次数和碰撞的有效率。所谓碰撞的有效率，就是分散相粒子相互碰撞而导致集聚成大粒子的概率。而碰撞次数则决定于分散相的体积分数、分散相粒子总数以及剪切速率等因素。

降低界面张力 σ 不仅有利于促进分散相的破碎，而且有利于抑制粒子的集聚。可以采用添加相容剂的方法来降低界面张力。

2.3.2.2　动态平衡与平衡粒径

在共混的初始阶段，破碎过程占主导地位。而随着分散相粒子的粒径变小，分散相粒子数目增多，集聚过程的速度就会增大。反之，对于破碎过程而言，由于小粒子比大粒子难以被破碎，所以随着分散相粒子的粒径变小，破碎过程会逐渐降低速度。于是，在破碎过程与集聚过程之间，可以达到一种动态平衡。达到这一动态平衡后，破碎速度与集聚速度相等，分散相粒径也达到一平衡值，被称为“平衡粒径”。平衡粒径是共混理论中的一个重要概念。

Tokita 根据上述关于破碎过程与集聚过程的影响因素，提出一个关于分散相平衡粒径与共混体系黏度、剪切速率、界面张力、分散体积分数、分散相物料宏观破碎能、有效碰撞概率的关系式：

$$R^{*}=\frac{\frac{12}{\pi}P\sigma\phi_{d}}{\eta\dot{\gamma}-\frac{4}{\pi}P\phi_{d}E_{dk}} \tag{2-12}$$

式中 R^{*}——分散相平衡粒径；

P——有效碰撞概率；

σ——两相间的界面张力；

ϕ_{d}——分散相的体积分数；

η——共混物的熔体黏度；

$\dot{\gamma}$——剪切速率；

E_{dk}——分散相物料的宏观破碎能。

Tokita 所提出的这一关系式，为进一步探讨调控共混过程、降低分散相粒径的方法创造了有利的条件，是关于共混过程的一个经典公式。

在熔融共混过程中，借助于共混设备的作用，分散相粒径可以达到或接近于平衡粒径。因而，式（2-12）可用于探讨熔融共混物分散相粒径的影响因素。

2.3.2.3 从加工过程的角度探讨调控共混物形态的方法

（1）两相熔体黏度接近有利于获得较好的分散效果　由平衡粒径 R^{*} 的表达式［式（2-12）］中可以看出，分散相物料的宏观破碎能 E_{dk} 减小，可以使分散相平衡粒径降低。宏观破碎能 E_{dk} 决定于分散相物料的熔体黏度和弹性。降低分散相物料的熔体黏度及弹性可以使宏观破碎能 E_{dk} 降低，进而可以使分散相粒子易于被破碎分散。换言之，降低分散相物料的熔体黏度及弹性，将有助于降低分散相粒径。

另外，外界作用于分散相颗粒的剪切力，是通过连续相传递给分散相的。因而，提高连续相的黏度，有助于降低分散相粒径。综上所述，提高连续相黏度或降低分散相黏度，都可以使分散相粒径降低。这一论点在共混研究中得到了广泛的验证。

但是，连续相黏度的提高与分散相黏度的降低，也是要受到一定制约的。共混过程存在一个基本规律：熔体黏度较低的一相倾向于成为连续相，而熔体黏度较高的一相倾向于成为分散相。该规律也可表述为“熔体黏度较低的一相易于包覆在熔体黏度较高的一相之外”。

换言之，提高连续相黏度或降低分散相黏度，都是有一定限度的。这个限度就是两相熔体黏度相互接近，乃至相等。

综合考虑上述两方面因素，可以得到一个重要的推论：为了获得较好的分散效果，两相熔体黏度不可以相差过于悬殊，两相熔体黏度较为接近为好。这一推论得到了许多实验结果的验证，对于认识共混过程具有指导意义。

（2）剪切力的影响　剪切应力 τ 为共混物熔体黏度 η 与剪切速度 $\dot{\gamma}$ 的乘积（$\tau=\eta\cdot\dot{\gamma}$），

如平衡粒径 R^* 的表达式［式（2-12）］所示，提高剪切应力 τ 可以降低 R^*。

为促进分散相的破碎分散，共混设备施加给共混体系的作用力（主要是剪切力）方向应该不断地或周期性地变化，以便使处于不同方位的分散相颗粒都能受到有效的剪切应力作用。在共混设备的设计中，就是通过混合装置及部件的设计，使物料的运动方向不断变化，达到充分分散的效果。

（3）共混时间的影响　对于同一共混体系，同样的共混设备，分散相粒径会随共混时间的延长而降低，粒径的分布也会随之均化，直至达到破碎与集聚的动态平衡。为使分散相粒径充分分散和均化，应该保证有足够的共混时间。

共混时间与分散相粒径的关系，可以从一些实验结果中得到验证。许鑫华等以乙烯-1-辛烯共聚物（POE）对聚丙烯（PP）进行增韧改性，通过小角光散射研究，求得分散相粒子表面间距 L。结果表明，在共混过程中，L 随共混时间的增加而逐渐减小，在共混的中后期趋于稳定。L 的减小，实际上是分散相粒径随共混时间的延长而降低，共混体系中分散相粒子数目增多所致。而 τ 在共混的中后期趋于稳定，是分散相粒子趋于达到破碎与集聚的动态平衡的结果。

当然，共混时间也不可过长。因为达到或接近平衡粒径后，继续进行共混已无降低分散相粒径的效果，而且会导致高聚物的降解。

此外，通过提高共混设备的分散效率，可以大大降低所需的共混时间，改善共混组分之间的相容性，也有助于缩短共混时间。

需要指出的是，目前在熔融共混中常采用双螺杆挤出机，共混物料在双螺杆挤出机的各个区段的停留时间都会有不同，具体的共混时间是各个区段的停留时间，按一定的顺序和不同混合作用的组合。

2.3.3　共混设备简介

对于共混过程而言，共混设备是共混过程得以实施的支撑条件；而对于共混设备而言，共混物料体系是共混设备运作的对象。共混设备与共混过程及物料体系的关系十分紧密。本书对共混设备仅进行简单介绍，详细了解可阅读相关专著。

2.3.3.1　概述

共混设备包括对聚合物粉料进行混合的设备和熔融共混设备。对粉料进行混合的过程称为“简单混合”。所用的设备有高速搅拌机（又称高速捏合机）以及 Z 型混合机等。粉料的混合设备主要用于使聚合物粉料与各种添加剂均匀混合，以便于进一步的熔融共混。对于 PVC 粉料，特别是软制品或半硬制品，粉料的混合还要使增塑剂等液体助剂渗透到 PVC 粉料中。

熔融共混的设备包括开炼机、密炼机、挤出机等。

开炼机的主要工作部件是可加热的两个相向转动的辊筒，又称双辊开炼机。调节两个辊筒的间隙，可以改变物料所受到的剪切力的大小。调节辊筒温度，可以调整共混物料的熔体温度。开炼机结构简单，操作直观，但操作过程较为繁重，且安全性、卫生性较差，已逐渐被更先进的共混设备所替代。

密炼机具有密闭的混炼室，操作安全，生产效率也较高。密炼机对物料的剪切作用较强，具有较好的共混分散效果。但是，密炼机属于间歇操作，这就给应用带来了不便。

挤出机可分为单螺杆挤出机和双螺杆挤出机两大类。

单螺杆挤出机具有结构简单、易于操作、维修方便等优点。单螺杆挤出机可用于连续实施共混，但是混炼效果不理想，难以使共混体系实现理想的分散效果。对于硬质 PVC 粉料，不能实现粉料的直接加工；对高填充体系、纤维增强改性体系，混合效果也不太好。单螺杆挤出机的设备参数，包括螺杆直径、长径比、螺槽深度、螺杆各段长度等。为增强单螺杆挤出机的混合效果，可以采用屏障型、销钉型等混炼元件。

双螺杆挤出机是目前普遍采用的共混设备。与密炼机相比，双螺杆挤出机具有连续混合的优势；其混合效果则远优于单螺杆挤出机。

2.3.3.2 双螺杆挤出机的种类与特性

双螺杆挤出机是在单螺杆挤出机的基础上发展起来的。它和单螺杆挤出机都具有传递物料和塑化物料的功能，但双螺杆挤出机的混合、塑化能力和排气效果均比单螺杆挤出机强。此外，双螺杆挤出机还具有强制输送和自洁的能力。双螺杆挤出机已在聚合物共混改性、反应性挤出和制品加工等方面，得到越来越多的应用。目前国内外在聚合物混配造粒、共混改性中，几乎全部使用了双螺杆挤出机；在管材、板材和型材的成型中，双螺杆挤出机的应用也占了大多数的比例。此外，在 PVC 的粉料直接成型加工方面，双螺杆挤出机也显示了突出的优越性。

双螺杆挤出机种类很多，总体上有如下分类。

（1）啮合型与非啮合型双螺杆挤出机　按照螺杆之间的啮合与不啮合，可分为啮合型与非啮合型双螺杆挤出机。目前应用的双螺杆挤出机主要为啮合型双螺杆挤出机。这种类型的挤出机，正是依靠两根螺杆之间的啮合，达到对物料的混合和塑化作用。

（2）同向旋转和异向旋转双螺杆挤出机　按照螺杆旋转的方向，可分为同向旋转和异向旋转双螺杆挤出机。

（3）平行和锥形双螺杆挤出机　按照两根螺杆的轴线是否平行，可分为平行和锥形双螺杆挤出机。两根螺杆的轴线平行的，为平行双螺杆挤出机。锥形双螺杆挤出机的螺杆为一端较粗、另一端较细的“锥形”，其两根螺杆的轴线不平行。

双螺杆挤出机应用较多的机型为：啮合型同向旋转（平行）双螺杆挤出机、啮合型异向旋转（平行和锥形）双螺杆挤出机。

2.4 聚合物共混物的性能

聚合物共混物的性能，包括流变性能、力学性能、电学及光学性能、阻隔及透气性能等。提高塑料的抗冲击性能，即增韧改性，在聚合物共混改性中占有举足轻重的地位，本书将重点介绍增韧改性。

2.4.1 共混物熔体的流变性能

熔融共混法是最重要的共混方法，也是最具工业应用价值的共混方法。研究熔融共混，不可避免地要涉及共混物熔体的流变性能，包括共混物熔体的流变曲线、熔体黏度、熔体弹性等。与单一组分的聚合物相比，共混物熔体的流变行为无疑要复杂得多。

研究聚合物共混物熔体的流变性能，对于共混过程的设计和工艺条件的选择和优化都具有重要的意义。

2.4.1.1　共混物熔体黏度与剪切速率的关系

与一般聚合物熔体一样，聚合物共混物熔体也是假塑性非牛顿流体，共混物熔体的剪切应力与剪切速率之间的关系符合如下关系式：

$$\tau = K\dot{\gamma}^{n} \tag{2-13}$$

式中　τ——剪切应力；

$\dot{\gamma}$——剪切速率；

n——非牛顿指数；

K——稠度系数。

由于聚合物熔体（包括聚合物共混物熔体）在剪切流动中，会有一定的弹性形变，所以，熔体黏度以表观黏度（η_a）表征。η_a 可表示为：

$$\eta_a = K\dot{\gamma}^{n-1} \tag{2-14}$$

当剪切速率趋近于零时，弹性形变也趋近于零，熔体黏度为零切黏度（η_0）。

由于在一定剪切速率下实测得到的熔体黏度都为表观黏度，所以一般不再加以特殊说明，就以黏度（η）表示。但在讨论零切黏度（η_0）时，要加以说明。

2.4.1.2　流变性能测试仪器

流变性能的测试仪器有毛细管流变仪、转矩流变仪（如布拉本达流变仪、哈克流变仪）、熔融指数仪等。

上述三种仪器，毛细管流变仪可以测定表观黏度、非牛顿指数等参数，适合于进行理论研究。

转矩流变仪在共混研究中用途广泛。转矩流变仪可配有多套不同的混炼装置，如双转子混炼器、单螺杆挤出机等。其中，双转子混炼器可用来研究共混过程，可测定共混中随分散过程进行而发生的流变性能的变化。采用双转子混炼器的测试结果，表征为转矩值。在相关研究中，可直接以转矩值来表征黏度。

转矩流变仪的混炼装置为挤出机时，可配置毛细管口模，测定熔体压力、温度、转矩等参数，并通过计算，得出剪切应力、剪切速率、表观黏度等数据。

熔融指数仪测定的熔体流动速率（MFR）也与熔体黏度相关，可以作为熔体黏度的一种相关表征。

毛细管流变仪、熔融指数仪等测试仪器不具备对物料进行共混的功能。采用毛细管流变仪、熔融指数仪进行测试前，应先对物料进行共混。因而，毛细管流变仪、熔融指数仪测定的是共混产物的流变性能，而不是共混过程中的流变性能。

2.4.1.3　熔体黏度-剪切速率关系曲线

聚合物共混物结构形态复杂，其流变行为也颇为复杂。特别是对于在实际应用中的占绝大多数的两相共混体系，其熔体的流变行为会随共混组成（成分、配比）、两相形态及界面作用以及加工温度等因素的变化，而发生相当复杂的变化。

共混物熔体的 η-$\dot{\gamma}$ 关系曲线可以有三种基本类型，如图 2-10 所示。其中，图 2-10（a）所示为共混物熔体黏度介于单一组分黏度之间，图 2-10（b）所示为共混物熔体黏度比两种单一组分黏度都高，图 2-10（c）所示为共混物熔体黏度比两种单一组分黏度都低。

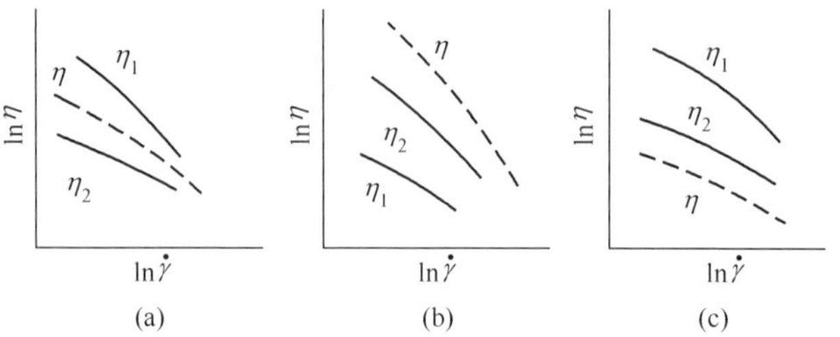

图 2-10　共混物熔体的 η-$\dot{\gamma}$ 关系曲线的类型

图 2-10 所示只是共混物流变曲线的基本类型，实际共混体系的流变行为可能会复杂得多。同一种共混物，由于配比的变化或熔融温度的变化，可能会表现出两种，甚至两种以上不同的流变类型。还有可能出现一些特殊的流变类型。

2.4.1.4　共混物熔体黏度与温度的关系

共混物的熔体黏度随温度的升高而降低。在一定的温度范围内，对于许多共混物，其熔体黏度与温度的关系可以用类似于阿伦尼乌斯（Arrhenius）方程的公式来表示：

$$\ln\eta = \ln A + \frac{E_\eta}{RT} \tag{2-15}$$

式中　η——共混物的熔体黏度；

A——常数；

E_η——共混物的黏流活化能；

R——气体常数；

T——热力学温度（绝对温度）。

徐卫兵等研究了聚碳酸酯（PC）与聚乙烯（PE）的共混体系，PC/PE 的配比为 95/5（质量比），测定了这一共混体系在不同温度、不同剪切应力下的熔体黏度。结果表明，这一 PC/PE 共混体系熔体的 $\ln\eta$ 与 $1/T$ 关系在一定温度范围内呈直线。根据实测数据计算出 PC/PE 共混物的黏流活化能 E_η 为 51.0kJ/mol。纯 PC 的黏流活化能为 64.9kJ/mol。由此可见，PE 的加入可以改变 PC 的熔体黏度对于温度的依赖关系，从而改善 PC 的加工流动性。通过加入某种流动性较好的聚合物来改善流动性较差的聚合物的加工流动性，这一做法在共混改性中是常用的办法。

对于另一些共混体系，共混物的黏流活化能可高于纯组分。例如，PC/PBT 共混物（质量比为 95∶5）的黏流活化能为 76.46kJ/mol，高于纯 PC 的黏流活化能（64.9kJ/mol）。对于这样的共混体系，需在较高的温度下加工成型。

2.4.1.5　共混物熔体黏度与共混组分含量的关系

已研究的共混体系组分含量与熔体黏度的关系，包括如图 2-11 所示的类型。

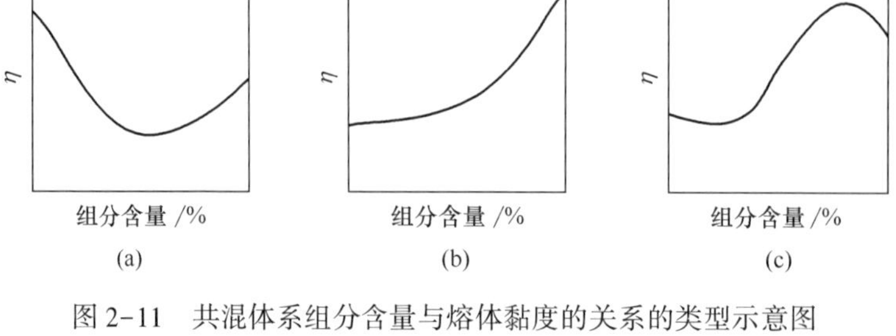

图 2-11　共混体系组分含量与熔体黏度的关系的类型示意图

图 2-11（a）所示的类型，共混物的熔体黏度比两种纯组分的黏度都小。且在某一组分中少量加入第二组分后，熔体黏度就明显下降。熔体黏度-组分含量曲线有一极小值。这样的情况在两相共混体系中颇为普遍，如 PP/PS 共混物，就属这一类型。PMMA/PS 共混体系熔体黏度与组分含量的关系，在较高剪切速率（剪切速率 $\dot{\gamma}$ 大于 $100s^{-1}$）条件下，也符合图 2-11（a）所示的类型。

对于在某一聚合物中少量加入第二组分后使熔体黏度明显下降这一现象，目前尚无一致的解释。有学者认为，这是由于第二组分的加入改变了主体聚合物熔体的超分子结构所致。

图 2-11（b）所示的类型，在低黏度组分含量较高时，共混物的熔体黏度与低黏度组分的黏度接近；而在高黏度组分含量较高时，共混物的熔体黏度随高黏度组分含量的升高明显上升。符合图 2-11（b）所示的类型的共混体系也是较多的。例如，PMMA/PS 共混体系熔体黏度与组分含量的关系，在低剪切速率（剪切速率 $\dot{\gamma}$ 小于 $10s^{-1}$）条件下，就符合图 2-11（b）所示的类型。

图 2-11（b）所示类型体现了连续相黏度对于共混物黏度的贡献。在高黏度组分为连续相的情况下，与低黏度组分为连续相的情况相比，连续相组分对于黏度的贡献是明显不相同的。在低黏度组分为连续相的情况下，共混物黏度大体上体现了连续相的贡献；而在低黏度组分为分散相的情况下，又对高黏度组分产生了明显的“降黏”作用。

图 2-11（c）所示的类型，共混物熔体黏度在某一配比范围内会高于单一组分的黏度，且有一极大值。PE/PS 共混体系熔体黏度与组成的关系符合图 2-11（c）所示的类型，共混物熔体黏度有一极大值。熔体黏度出现极大值的原因，据分析是由于共混物熔体为互锁状的交织结构（即“海-海结构”）所致。互锁结构增加了流动阻力，使共混物熔体黏度增大。在图 2-11（c）所示类型的曲线上，共混物熔体黏度还有一个极小值：在低黏度组分占主体的这一区间，表现出了图 2-11（a）类型的特征。

共混物熔体黏度对温度的敏感性也会受组分含量影响。相关研究结果表明，ABS/PMMA 共混物熔体黏度随体系中 PMMA 含量的增加逐渐升高，而高 PMMA 含量的 ABS/PMMA 共混物的熔体黏度对温度更为敏感。

2.4.1.6　共混物熔体的黏弹性行为

聚合物熔体受到外力的作用，大分子会发生构象的变形，这一变形是可逆的弹性形变，使聚合物熔体具有弹性。共混物熔体与聚合物熔体一样，具有黏弹性行为。在研究共混物熔体流变行为时，都应考虑其黏弹性行为。

研究聚合物共混物熔体的弹性，可采用挤出胀大法（测定出口膨胀比），也可采用第一法向应力差（$\tau_{11}-\tau_{22}$）来表征。对于常见的橡胶增韧塑料体系，如 HIPS、ABS 等，其熔体的弹性效应（体现为出口膨胀比），都比相应的均聚物要小。但对于某些特殊体系，弹性效应会出现极大值或极小值。动态流变性能的测试也可表征共混物熔体的黏弹效应。

Han 等研究了 PS/PE 共混体系挤出胀大比与共混组成的关系，如图 2-12 所示，挤出胀大比在 PS/PE 配比为 80∶20 时，出现一极大值。在这一配比下，PS/PE 熔体的弹性效应出现极大值。

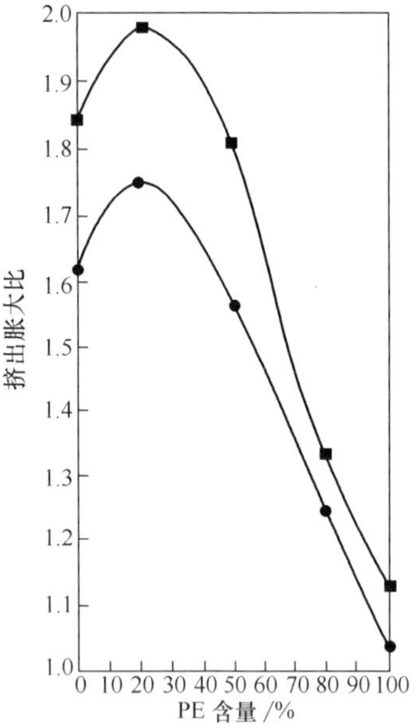

图 2-12　PS/PE 共混体系挤出胀大比与共混组成的关系

200℃，$L/D=4$，剪切应力 τ（N/m^2）：

●—8.27×10^4，■—9.65×10^4

2.4.2　塑料共混物的抗冲击性能

共混物的力学性能，包括其热-机械性能（如玻璃化转变温度）、力学强度以及力学松弛等特性。提高聚合物的力学强度，是共混改性的最重要的目的之一。其中，提高塑料的抗冲击性能，即塑料的抗冲改性，又称作增韧改性，在塑料共混改性材料中占有举足轻重的地位。因此，本书对于共混物的力学强度，将重点介绍塑料的增韧改性。

2.4.2.1　增韧改性与增韧机制

提高聚合物的力学强度，是共混改性的最重要的目的之一。其中，提高塑料的抗冲击性能，即塑料的抗冲改性，又称为增韧改性，在塑料共混改性材料中占有举足轻重的地位。因此，本书对于共混物的力学强度，将重点介绍塑料的增韧改性。

关于弹性体增韧塑料机理的研究，早在 20 世纪 50 年代就已开始，包括 50 年代提出的橡胶能量直接吸收理论，60 年代提出的裂纹核心理论、多重银纹理论、剪切屈服理论等。在此基础上，增韧理论研究不断取得进展。这里主要介绍被普遍接受的银纹-剪切带理论，以及界面空洞化理论。

（1）银纹-剪切带理论　在银纹-剪切带理论提出之前，已有关于塑料增韧的多重银纹理论、剪切屈服理论等。在此基础上，提出了银纹-剪切带理论。

银纹-剪切带理论由 Bucknall 等在 20 世纪 70 年代提出。在橡胶（或其他弹性体）增韧塑料的两相体系中，橡胶是分散相，塑料是连续相。银纹-剪切带理论指出，橡胶“小球”在塑料增韧体系中发挥两个重要的作用：其一是作为应力集中体诱发大量银纹和剪切带；其二是控制银纹的发展，使银纹及时终止，不致发展成破坏性的裂纹。外界作用于塑料材料的能量，可以通过银纹或剪切带的形成而耗散掉，使材料的抗冲击性能明显提高。

增韧机制与被增韧的塑料基体的性质密切相关。对于脆性基体，橡胶颗粒主要是在塑料基体中诱发银纹；而对于有一定韧性的基体，橡胶颗粒主要是诱发剪切带。基体的韧性越高，剪切带所占的比例越大。银纹和剪切带所占比例除与基体性质有关，也与形变速率有关，形变速率增加时，银纹化所占的比例提高。

此外，橡胶颗粒还能够起到终止银纹的作用，使银纹及时终止，而不至于发展成具有破坏性的裂纹。

银纹和剪切带也可以相互作用：银纹尖端的应力场可诱发剪切带的产生，而剪切带也可阻止银纹的进一步发展。对于准韧性基体，剪切带所占的比例较大，剪切带可以起到终止银纹的作用。

银纹-剪切带理论全面论述了橡胶颗粒的作用，又考虑了塑料基体性能的影响，同时明确了银纹的双重功能：一方面，银纹的产生和发展消耗大量能量，可提高材料的破裂能；另一方面，银纹又是产生裂纹并导致材料破坏的先导。因而，增韧体系必须有使银纹及时终止的机制。由于银纹-剪切带理论成功地解释了一系列实验事实，因此被广泛接受。

（2）界面空洞化理论　当塑料材料受到冲击发生断裂时，冲击断口的两侧会出现白化现象。该白化区域会随着裂纹的增长而发展扩大。在这个区域内，存在着“空化空间”。对于聚合物两相体系，这种空化空间可以以两相界面脱离的形式存在。两相界面脱离而产生的空洞化，对于增韧起着一定的作用。这一机制即为“界面空洞化”理论。

当塑料基体产生银纹时，也会产生空洞，产生应力发白。但银纹中的空洞是产生于塑料基体内部，而“界面空洞”则产生于橡胶颗粒与塑料基体的界面之间。此外，银纹现象主要出现于脆性基体，而“界面空洞”造成的白化现象可出现于准韧性基体。“界面空洞”产生的白化现象出现在裂缝附近的过程区内，过程区的厚度为 d。增韧改性的效果与过程区厚度有关。d 越大，增韧改性的幅度也越大。

“界面空洞化”理论可用于解释一些增韧体系的增韧机制。例如，PC/MBS 共混体系是以弹性体 MBS 增韧 PC 的增韧体系。PC 为连续相，是有一定韧性的基体，MBS 为分散相。在外力作用下，由于 PC 与 MBS 的界面结合力不是很强，同时两者的泊松比也不相同，就会在两相界面上形成界面空洞化（泊松比为在拉伸试验中，材料横向单位宽度的减小与纵向单位长度的增加的比值）。界面空洞化可阻止基体内部裂纹的产生，同时可使 PC 基体变形时所受的约束减小，使之易于发生强迫高弹形变。界面空洞化以及随之产生的强迫高弹形变吸收了大量能量，使材料的抗冲击性能提高。

2.4.2.2　结构形态因素对增韧效果的影响

（1）橡胶颗粒的粒径及粒径分布　在橡胶（或其他弹性体）增韧塑料体系中，橡胶颗粒的粒径及粒径分布对增韧效果是至关重要的。对于不同的增韧体系，橡胶颗粒的粒径都有相应的最佳尺度。确定橡胶粒径的合适尺度，要考虑多方面的因素。

首先，要保证增韧体系中橡胶颗粒有足够多的数量，以诱发大量的小银纹或剪切带。而在橡胶增韧塑料体系中，橡胶的总用量是有限度的，超过限度就会明显降低材料的刚性。这就要求橡胶颗粒的粒径不能太大，以保证体系中有足够数量的橡胶颗粒。

其次，从诱发银纹或剪切带考虑。较小粒径的橡胶颗粒对诱发剪切带有利，而较大粒径的橡胶颗粒对于诱发银纹有利。

最后，从终止银纹的角度考虑。对于脆性基体，由于橡胶颗粒还要起到终止银纹的作用，要求其粒径与银纹的尺度相当。太小的橡胶粒子会被银纹“淹没”，起不到终止银纹的作用。而对于有一定韧性的基体，可以靠剪切带的生成来终止银纹，而不需要依赖橡胶颗粒来终止银纹，橡胶颗粒的粒径就可以小一些。

综上所述，对于脆性基体，橡胶颗粒要引发银终，又要终止银纹，其粒径要大一些。例如，热塑性弹性体 SBS 增韧 PS 体系，PS 是脆性基体，SBS 颗粒的粒径以 1μm 左右为宜。对于准韧性基体，橡胶颗粒主要引发剪切带，又不需要其终止银纹，橡胶颗粒的粒径就要小一些。例如，EPDM 增韧 PA 体系，PA 是韧性基体，EPDM 的粒径可为 0.1~1.0μm。

一般来说，在橡胶增韧塑料体系中，橡胶颗粒的粒径分布不宜过宽。这是因为过小的橡胶粒不能发挥增韧作用；而过大的橡胶粒不仅影响体系中的橡胶颗粒总数，而且会对力学性能产生不良影响。但是，橡胶粒子的粒径分布也不宜过窄。有研究结果表明，终止银纹所需的橡胶粒径要小于引发银纹所需的橡胶粒径，所以，橡胶粒子应该有一个适当的粒径分布。也有的共混体系，是一种塑料与两种弹性体共混，两种弹性体粒子粒径不同，作用也不同，一种用于引发银纹，一种用于引发剪切带。

（2）弹性体的特性　分散在塑料基体中的橡胶（或其他弹性体）粒子能够发挥应力集中体的作用，引发银纹和剪切带，是由于橡胶的剪切模量大大低于塑料的剪切模量，在受到外力时，橡胶粒子上可产生应力集中。在选用橡胶（或其他弹性体）时，选择剪切模量较低的品种有利于引发银纹和剪切带。

另外，弹性体的玻璃化转变温度（T_g）较低时，可以在低温下保持柔软性和增韧效果。选用的弹性体相的 T_g 应远低于共混增韧材料的使用温度。研究结果表明，弹性体的 T_g 为-40℃时，共混增韧材料在 0℃以下的低温抗冲击强度随温度降低而很快降低；而采用 T_g 为-80℃的弹性体，共混增韧材料在-60～0℃的低温抗冲击强度随温度降低而下降，但变化较小。

此外，弹性体的熔体黏度也是一个重要指标。弹性体的熔体黏度一般都高于塑料，特别是通用塑料。但是，如果弹性体的熔体黏度过高，就不利于在塑料基体中的分散。具有良好增韧效果，且熔体黏度较低的弹性体，更适合于在塑料增韧中使用。

（3）弹性体粒子的内部结构　在橡胶（或其他弹性体）增韧塑料体系中，弹性体颗粒的内部结构，可以是均质的粒子，也可以是“包藏结构”的粒子。

例如，高抗冲聚苯乙烯（HIPS）中橡胶粒子的内部，包藏有更微小的 PS 粒子，属于包藏结构。这样的结构，使 HIPS 的橡胶分散相具有较大的体积分数，可以发挥较好的增韧作用，同时，由于包藏了 PS 粒子，使共混体系中橡胶组分的实际含量并不高，对材料刚性的影响也相应比较小。在 PVC 增韧中采用的 MBS 弹性体，也属于“包藏结构”粒子。

（4）两相间的界面结合　两相间的界面结合，对于增韧效果有重要影响。两相间的界面结合力弱，则弹性体颗粒与塑料基体会很容易发生界面“脱黏”，弹性体颗粒的应变软化和应变硬化就难以发生，引发银纹和剪切带的作用也会减弱。因此，塑料增韧体系要求两相间有较好的界面结合。

此外，两相间的界面结合与聚合物之间的相容性相关，会对共混过程中形成的弹性体颗粒的粒径产生影响，从而间接地影响增韧效果。

2.4.2.3　有机刚性粒子的非弹性体增韧

早期的塑料增韧体系，是弹性体增韧体系。目前，在大规模工业应用的增韧塑料材料中，弹性体增韧体系仍然占据主导地位。

但是，以弹性体增韧塑料，在提高抗冲击性能的同时，也产生一些不利影响。主要的问题在于，随着弹性体用量的增大，抗冲击性能提高，材料刚性却会下降。此外，橡胶的加工流动性一般较差，用量过大，也会使共混体系的加工流动性变差。

进入 20 世纪 80 年代以来，国外出现了非弹性体增韧的新思想，提出以有机刚性填料（ROF）粒子来对韧性塑料基体进行增韧的方法。近年来，非弹性体增韧已在工程塑料合金的制备中获得广泛应用。

（1）非弹性体增韧机制　本节介绍有机刚性粒子增韧体系，因此这里所说的非弹性体，是专指有机刚性粒子。广义的非弹性体增韧还应包括无机刚性粒子对塑料基体的增韧。

以非弹性体对塑料进行增韧改性所采用的有机刚性粒子，通常是一些脆性塑料如 PS、苯乙烯-丙烯腈共聚物（SAN）等。将脆性塑料与有一定韧性的塑料进行共混，形成脆性塑料为分散相，准韧性塑料为连续相的“海-岛结构”两相体系。非弹性体增韧的对象，必须是有一定韧性的塑料基体（即准韧性基体），如 PA、PC 等。对于脆性基体，则需要用弹性体对其进行增韧，变成有一定韧性的基体，用非弹性体对其进行进一步的增韧改性。

采用脆性塑料对韧性基体进行增韧的机理，与弹性体增韧塑料的机理是不同的。1984年，Kurauchi 等在研究 PC/ABS 和 PC/SAN 共混物的力学性能时，首先提出了有机刚性粒子增韧塑料的新概念，并且用“冷拉概念”解释了共混物韧性提高的原因。Kurauchi 等用电镜观察了样品拉伸前后形态的变化，发现拉伸前 SAN、ABS 分别以球状微粒状分散在 PC 基体中，粒径分别是约 1μm 和约 2μm；拉伸后，PC/SAN 和 PC/ABS 共混物中都没有银纹结构，但分散相的球状结构都发生了伸长变形，变形的幅度大于 100%。据认为，这是由于在拉伸作用时，SAN（或 ABS）刚性球粒在其“赤道面”（垂直于拉伸应力的方向上）受到强大的压应力作用，并在压力下产生延拉伸方向的伸长。因协同应变，SAN 粒子周围的 PC 基体在受力时也产生了同样大小的形变，因而吸收了更多的能量而使共混物的韧性得以提高。这就是有机刚性粒子增韧的“冷拉机理”。如图 2-13 所示。上述实验结果后来在其他类似的体系研究中得到了验证。

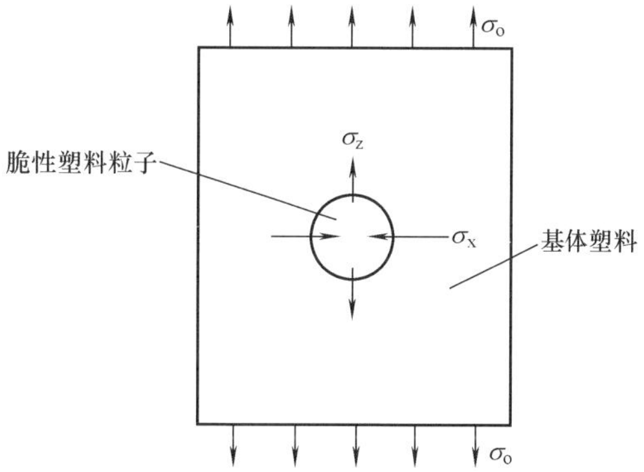

图 2-13　脆性塑料对韧性基体的增韧机制示意图

（2）非弹性体增韧与弹性体增韧的比较　非弹性体增韧与弹性体增韧在增韧改性剂、增韧对象、对性能的影响等方面，都有明显的不同。

首先，非弹性体增韧的增韧改性剂是脆性塑料（广义的非弹性体增韧还包括无机填料粒子），而弹性体增韧的增韧改性剂是橡胶或热塑性弹性体。非弹性体增韧的对象，是有一定韧性的基体；而弹性体增韧的对象，可以是韧性基体，也可以是脆性基体。

从增韧机制来看，弹性体增韧的机理主要是由橡胶球引发银纹或剪切带，橡胶球本身并不消耗多少能量；而非弹性体增韧中脆性塑料粒子发生形变，基体也发生形变，都会耗散能量。

从增韧剂的用量来看，弹性体增韧与非弹性体增韧也是明显不同的。对弹性体增韧体系，共混物的抗冲击性能在较宽的弹性体用量范围内，会随弹性体用量的增大而增加；而对于非弹性体增韧，脆性塑料的用量限制在一个较窄的范围内。在此范围内，可获得良好的抗冲改性效果，超过此范围，抗冲击性能却会急剧下降。例如，PC/SAN 共混体系的抗冲击性能，在 SAN 用量为 10%～20%时，达到较高的数值；而在 SAN 用量超过 30%后，就急剧下降。

以非弹性体（脆性塑料）对塑料基体进行增韧的最大优越性，就在于脆性塑料在提高材料抗冲击性能的同时，并不会降低材料的刚性。而弹性体增韧体系，却会随着弹性体用量的增大而使材料的刚性下降。

此外，脆性塑料一般具有良好的加工流动性。因此，非弹性体增韧体系也可使加工流动性获得改善。而弹性体增韧的体系，其加工流动性往往要受到橡胶加工流动性差的影响。

非弹性体增韧与弹性体增韧也有相同之处，两者都要求增韧改性剂与基体有良好的相容性，有较好的界面结合。

2.4.3 共混体系的其他力学性能

共混物的其他力学性能，包括拉伸强度、伸长率、拉伸模量、弯曲强度、弯曲弹性模量、硬度等，以及表征耐磨性的磨耗，对弹性体还应包括定伸应力、拉伸永久变形、压缩永久变形、回弹性等。

2.4.3.1 塑料增韧体系的拉伸和弯曲性能

在对塑料基体进行弹性体增韧时，在抗冲击强度提高的同时，拉伸强度、弯曲强度等常常会下降。

非弹性体增韧则可使抗冲击强度与拉伸强度在一定的改性剂用量范围内同时增高，或者在抗冲击强度提高时，使拉伸强度及模量保持基本不变。

2.4.3.2 塑料增强与橡胶补强

塑料增强的主要途径为添加增强纤维，制备纤维增强复合材料。纤维的主要品种为玻璃纤维。此外，碳纤维、硼纤维、芳纶纤维等，也用于制备纤维增强复合材料。

纤维增强塑料的原理，是利用玻璃纤维、碳纤维等纤维的高强度，和纤维与塑料基体的界面结合，将外界作用在基体材料上的力传递到纤维上，让纤维在强度上的优势得到发挥，使塑料材料获得高强度。为使纤维与塑料基体有良好的界面结合，需对纤维进行表面改性。

PP、PA、聚酯（PET、PBT）等热塑性塑料品种，都有其增强复合材料。以热塑性塑料为基体的纤维增强复合材料，可使材料的拉伸强度、弯曲弹性模量大幅度提高，耐热性也显著提高。

除纤维增强外，晶须、云母等，对塑料也有增强作用。

在橡胶中添加炭黑等补强剂，可以显著提高橡胶的力学性能，称为橡胶的补强。此外，塑料的拉伸强度高于橡胶，利用适当组合的橡胶/塑料共混体系，也可以提高橡胶的强度。

此外，塑料的耐热性（以维卡软化点等表征）、耐寒性（以低温抗冲击强度等表征），以及橡胶的耐热性、耐寒性，也可以通过共混来加以改善。

2.4.4 共混体系的其他性能

共混体系的其他性能，包括耐老化性能、电性能、光学性能、阻隔性能、透气性能、表面性能、阻燃性能等。

2.4.4.1　耐老化性能

耐老化性能包括热老化、光老化、全天候老化等。

热老化来源于聚合物的热降解。在共混体系中，某些聚合物组分的热稳定性较差，在共混过程中，就可能会发生降解。要添加适当的稳定剂，或者选用热稳定性好的聚合物组分。此外，一些助剂也可能促成热降解。例如，季铵盐类的表面活性剂可能促成 PVC 的降解。若以季铵盐类的表面活性剂对填充剂进行改性，再添加于 PVC 中，则不利于 PVC 的热稳定。

光老化是在紫外线的作用下，聚合物的降解。一些无机颗粒（如钛白粉、炭黑）可以起到屏蔽或吸收紫外线的作用。

主链上含双键的聚合物易于发生老化。因而，在户外用途的材料中，应避免使用主链上含双键的聚合物。用于户外用途的弹性体增韧塑料材料，应选用主链不含双键的弹性体。

在长期的使用过程中，聚合物材料中的某些助剂可能会挥发或迁移到材料的表面，也会降低材料使用的耐久性。在可能的情况下，采用聚合物-聚合物共混的方法代替一些小分子的添加剂，或者用某些具有功能性的无机固体颗粒代替液体添加剂，可以避免助剂的挥发或迁移。例如，在 PVC 软制品制备中，可以用弹性体（如粉末丁腈橡胶）作为大分子增塑剂，部分地代替液体增塑剂。

2.4.4.2　电性能

聚合物的电性能，包括体积电阻率、表面电阻率、介电损耗等。不同电性能的材料，可以适用于不同的用途。按照用途，可以分为绝缘材料、抗静电材料、电磁屏蔽材料等。

聚合物共混物的电性能与组成及温度等因素有关。例如，丁基橡胶（IIR）与 PE 的共混体系，JIR 在 20℃时的体积电阻率为 $3\times10^{15}\Omega\cdot cm$，PE 的体积电阻率则为$>10^{16}\Omega\cdot cm$。在 IIR/PE 配比为 90：10 时，体积电阻率为 $8\times10^{16}\Omega\cdot cm$，比纯 IIR 增大了一个数量级。继续增加 PE 用量，体积电阻率呈下降之势。随温度上升，电阻率也呈下降之势。

某些用途的聚合物，要求表面有抗静电性能，可通过共混改性，添加抗静电剂来解决。抗静电剂包括一些表面活性剂及炭黑等填充剂。特制的不锈钢纤维、导电碳纤维，也可用于制备抗静电或电磁屏蔽复合材料。

2.4.4.3　光学性能

聚合物共混物的光学性能，包括透明性、表面光反射性等。

透明性以可见光的透过率来表征。聚合物共混物的两相体系，大多数是透明性较低的。制备透明的聚合物共混物，首先基体材料要采用透明的聚合物。其次，各种添加剂也要不妨碍材料的透明性。例如，制备 PVC 透明硬片，宜选用 MBS 作为抗冲改性剂，ACR 作为加工助剂。关于 MBS 与 ACR 对 PVC 的改性作用，详见本书第 3 章。透明 PVC 硬片中不得添加微米级填充剂，选用的热稳定剂也要满足透明性要求，可选用有机锡类稳定剂。

当两种聚合物的折射率相近时，聚合物共混物两相体系也可具有良好的透明性。若两相体系的两种聚合物折射率相差较大时，则会具有珍珠般的光泽。例如，PC/PMMA 共混物就是有珍珠光泽的共混材料。

有些高分子材料制品，要求表面有消光的效果。可以通过添加二氧化硅粒子的方法，获得消光的效果。

2.4.4.4 透气性

材料的透气性，又称为气体渗透性。气体渗透性一般是薄膜制品的特性。根据透气性的不同，可有不同的薄膜，如气体阻隔性薄膜、选择性透气薄膜、透气薄膜等。共混技术在这些薄膜制备中都可以发挥作用。

（1）气体阻隔性与阻隔性薄膜　气体渗透性极低的材料称为“气体阻隔性材料”。具有良好的气体阻隔性的塑料薄膜可以用于对氧气、水蒸气敏感商品的包装，是近几年塑料包装业发展的重点，也是充气包装、真空包装、无菌包装等新型包装材料发展的基础。

（2）选择透气性与保鲜薄　气体对于高分子膜的选择透过性，是一个颇具应用意义的研究领域，可应用于果蔬保鲜中保鲜膜的制造。气体在高分子膜中的透过性，决定于气体自身的特性和高聚物的自由体积。通过选用不同聚合物共混，可以调节聚合物的自由体积，进而实现对不同气体的选择性透过。HDPE/SBS 共混体系，就是一种适用于保鲜膜的共混物。

采用保鲜膜制成的保鲜袋，利用选择性透气的特性，可以通过控制袋中氮气、二氧化碳、氧气等气体的比例关系，抑制果蔬的呼吸作用，从而延长保鲜时间。

（3）透气薄膜　透气薄膜被称为“会呼吸的薄膜”，既有透气性又有防水性，通常将透气薄膜与无纺布复合，用于各种既要求透气，又要求防水的场合。透气薄膜的主要制造方法是在聚烯烃中加入无机填充剂，以流延法（或吹塑法）制成薄膜，再经单向拉伸工艺处理而制得。在拉伸后，塑料薄膜可被拉长，而无机填充剂仍保持原有颗粒状；因此在无机颗粒沿拉力方向的两侧形成微孔。这些微孔在常压下可透过多数气体，包括即水蒸气，但可阻隔水和其他液体。

2.4.4.5 阻隔性能

阻隔性能是指聚合物材料防止气体或化学药品、化学溶剂渗透的能力。阻隔性能好的材料称为阻隔材料。其中，气体渗透性极低的材料称为“气体阻隔性材料”。某些聚合物，如 PA，具有优越的阻隔性能，但价格较为昂贵。将 PA 与 PE 共混，可以制成具有优良阻隔性能而且成本又较为低廉的材料。

气体阻隔性薄膜一般采用多层复合薄膜的方法制备，也可以用共混法制备。例如，采用聚酯和液晶聚合物（LCP）共混，气体阻隔性能明显改善，可制造厚度薄而阻隔性好的包装薄膜或容器。液晶聚合物有极好的阻隔性，在聚酯/液晶聚合物共混物中，液晶聚合物分散相粒子被双向拉伸，形成片状的结构，可有效阻止气体渗透。

2.4.4.6 表面性能

材料的表面性能，包括表面张力、表面硬度、表面光学特性、摩擦性能、表面电性能等。

其中，表面张力与表面对于特定液体的浸润性相关。例如，聚合物薄膜对水的浸润性，会影响水气在薄膜表面的凝结，进而影响农用薄膜或食品包装薄膜的透光性。表面性能还会影响黏合。非极性的聚合物，黏合性能往往较差。通过共混的方法，可以改善表面特性。

对塑料材料进行电镀，是表面修饰的一种方法。ABS 具有良好的可电镀性能。将 ABS 与其他塑料共混，能够赋予其可电镀性。

将聚四氟乙烯（PTFE）与适当的塑料共混，可改善耐磨性，并改善自润滑性。

2.5　共混理论的基本框架

提高和改善聚合物材料的性能，是聚合物共混的终极目的。而聚合物共混物的性能，与共混体系的组成、共混过程、共混物形态、共混体系相容性等密切相关。在共混的理论研究与应用研究中，侧重点又有所不同。

从理论研究的角度，共混物性能是共混理论体系的基本框架。本书分别从共混过程、共混物形态、共混体系相容性三个方面，对聚合物共混理论体系进行阐述。共混物组成的影响则贯穿于上述三个方面的讨论中。

共混过程是制备共混物的途径。在实施这一过程中要涉及物料体系和共混设备两方面的因素。其中，物料体系是共混过程的主体，因此，物料体系的特性以及变化规律是共混过程研究的核心对象。从理论角度看，共混过程与一系列的分散过程、若干影响因素及相关的机理、模型有关。共混设备是共混过程得以实施的外部条件，本书对此进行了简要介绍。由于熔融共混在工业应用中具有重要地位，本书主要介绍熔融共混，共混过程的内容也将围绕熔融共混展开。

共混物的形态是决定共混物性能的重要因素，也是共混理论体系的重要组成部分。本书重点介绍了共混物形态的观测、调控等内容。

共混体系相容性兼具理论和应用意义。相容热力学是聚合物共混的理论基础，对指导聚合物共混研究有重要意义；而良好的相容性是获得性能优异的共混物的必要条件。

总体上，聚合物共混有两大类研究方式：其一，侧重于研究共混过程，通过控制共混过程，改善共混物的形态，进而提高和改善共混体系的性能。其二，则侧重于提高共混体系的相容性，通过相容剂的研制和应用，提高共混体系的性能。两类研究方式的侧重点不同，但互相关联：侧重于共混过程的研究，其选用的共混体系也需要有良好的相容性；而侧重于提高共混体系相容性，也要借助于适当的共混过程。两类研究方式如果结合起来，互相促进，则效果更好。

无论侧重于两大类研究方式的哪一种，共混过程、共混物组成、共混物形态、共混体系相容性都是聚合物共混理论体系的基本构成部分。

应该注意的是，在共混理论体系的构建中，性能、过程、组成、形态、相容性等因素是复杂地交织在一起的。例如，通过对共混过程的分析而导出的分散相平衡粒径，实际上应属于共混物形态学的研究范畴。

习　　题

1. 试述共混物形态的 3 种基本类型。
2. 试述均相体系的判定方法。
3. 分别简述热力学相容性与广义相容性的含义，并对二者进行比较。
4. 简述总体均匀性与分散度的概念。
5. 试述聚合物两相体系的配比与熔体黏度对哪一相为连续相、哪一相为分散相的综合影响。
6. 简述影响分散相粒径的因素。

7. 试述影响第三组分在聚合物两相间分配的因素。

8. 在聚氯乙烯（PVC）/氯化聚乙烯（CPE）的共混体系中，为防止 PVC 的热降解，需加入 PVC 的热稳定剂。如果添加的热稳定剂为固体颗粒，可采取哪些方法，使 PVC 的热稳定剂尽可能地留在 PVC 相中？

9. 试述影响共混体系熔融流变性能的因素。

10. 简述弹性体增韧塑料体系的结构形态对增韧效果的影响。

11. 简述非弹性体增韧与弹性体增韧的区别，以及非弹性体增韧的优势。

12. 对于 PVC 等脆性基体，如何进行非弹性体增韧？

参考文献

[1] 王国全. 聚合物共混改性原理与应用[M]. 北京：中国轻工业出版社，2007.

[2] 黄家康. 复合材料成型技术[M]. 北京：化学工业出版社，1999.

[3] 佩德罗. 功能杂化材料[M]. 张学军，迟伟东，译. 北京：化学工业出版社，2006.

[4] 柯昌美，汪厚植，赵惠忠，等. 聚合物基有机-无机杂化材料的制备研究[J]. 武汉科技大学学报(自然科学版)，2005，28(3)：231-234.

[5] BEEK W，WIENK M，JANSSEN R，et al. Hybrid polymer solar cells based on zinc oxide[J]. Journal of Materials Chemistry，2005，15：2985-2988.

[6] 仲伟霞，乔秀颖，孙康，等. 聚丙烯基杂化材料的动态力学性能与流变行为[J]. 中国塑料，2005(2)：36-40.

[7] 徐德民，柯毓才，胡友良，等. 釜内聚合法制备间规聚苯乙烯与聚丙烯共混复合材料[J]. 高分子学报，2001(5)：594-598.

[8] 陈耀庭. 橡塑并用共混原理及应用系统讲座（二）[J]. 橡胶工业，1982(11)：30-35.

[9] 奥拉比瑟 O，罗伯松 L M，肖 M T. 聚合物-聚合物溶混性[M]. 项尚田，沈剑函，焦扬声，等译. 北京：化学工业出版社，1987.

[10] 金关泰，金日光，陈耀庭，等. 热塑性弹性体[M]. 北京：化学工业出版社，1983.

[11] FLORY P J. Thermodynamics of polymer solutions[J]. J. Chem. Phys.，1942，10：51-61.

[12] HUGGINS M L. Solutions of long chain compounds[J]. J. Chem. Phys.，1941，9：440.

[13] 保罗 D R，巴克纳尔 C B. 聚合物共混物：组成与性能[M]. 殷敬华，等译. 北京：科学出版社，2004.

[14] 邓本诚，李俊山. 橡胶塑料共混改性[M]. 北京：中国石化出版社，1996.

[15] 俞江华，王国全，陈建峰，等. PP/SBS/纳米 $CaCO_3$ 复合材料结构与性能研究[J]. 中国塑料，2005，19(2)：22-25.

[16] 解磊，王国全，黄源，等. PP/POE/纳米 $CaCO_3$ 复合材料力学性能研究[J]. 中国塑料，2006(1)：36-39.

[17] 王炼石. 塑料/橡胶共混物的相结构与增韧作用[J]. 塑料助剂，2005(5)：48-52.

[18] FOLKES M J，HOPE P S. Polymer blends and alloys[J]. Blackie academic and professional，1993(16)：96-98.

[19] 耿孝正，张沛. 塑料混合及设备[M]. 北京：中国轻工业出版社，1992.

[20] 张淑芳. 超韧尼龙的结构分析. 工程塑料应用[J]，1989，17(1)：33.

[21] 邓如生. 共混改性工程塑料[M]. 北京：化学工业出版社，2003.

[22] 傅政. 高分子材料强度及破坏行为[M]. 北京：化学工业出版社，2005.

[23] 吴培熙，张留城. 聚合物共混改性[M]. 北京：中国轻工业出版社，1998.

[24] GRACE H P. Dispersion phenomena in high viscosity immiscible fluid systems and applications of static mixers as dispersion devices[J]. Chem. Eng. Commun., 1982(14)：225-277 .

[25] 陈俊，杨伟，黄锐. 纳米 $CaCO_3$ 对 PET/M-POE 体系力学性能的影响[J]. 中国塑料，2005(2)：16-21.

[26] 何继辉，庞纯，叶华，等. PP/LLDPE/SBS 交联共混体系增韧机理的研究[J]. 塑料工业，2004(12)：36-39+45.

[27] 钱奇伟，张昕，杨贞军，等. 基于 CT 图像深度学习的三维编织 C/C 复合材料微观组分与缺陷智能识别[J]. 复合材料学报，2024，41(7)：3536-3543.

[28] 周倩波. 基于机器学习的 C_f/SiC-Al 力学性能预测和损伤图像识别研究[D]. 南京：南京航空航天大学，2022.

[29] 管涛，李元庆，郭方亮，等. 基于纤维取向分布图像处理技术的短纤维增强聚合物基复合材料力学性能预测方法[J]. 复合材料学报，2024，41(9)：4826-4836.

[30] 潘丹，陈龙，周昉，等. 基于图像识别技术的共混聚合物中分散相形貌的表征方法：202110799887.5[P]. 2021-11-12.

[31] 王伟成. 纳米粒子自组装透镜的制备及其在超分辨率光学显微成像上的应用研究[D]. 武汉：湖北大学，2023.

[32] 董炎明，毕丹霞，陈江溪. 原子力显微镜在高分子领域的应用进展[J]. 商丘师范学院学报，2005，21(2)：6-11.

[33] MCLEAN S，SCOTT S，BRYAN B. Tapping mode AFM Studies using phase detection for resolution of nanophase in segmented polyurethane and other block copolymer[J]. Macromolecules，1997，30：8314-8317.

[34] REIFER D，WINDEIT R，KUMPF R J，et al. AFM and TEM investigations of polypropylene/polyurethane blends[J]. Thin Solid Films，1995，26(4)：148-152.

[35] 万勇军，谢美丽，顾宜，等. 聚醚型聚氨酯乙烯基酯树脂互穿聚合物网络结构的研究[J]. 高分子材料科学与工程，1999，15(6)：135-141.

[36] 范泽夫，王霞瑜，姜勇，等. 原子力显微镜研究环带球晶的形貌和片晶结构[J]. 中国科学（B 辑 化学)，2003(1)：40-46.

[37] MCKELVEY J M，Polymer processing[M]. New York：John Wiley & Sons，1962：15-18

[38] TOKITA N. Analysis of morphology formation in elastomer blends[J]. Rubber Chem. Technol，1977(2)：292-295.

[39] 许鑫华，徐艳博，于秀艳，等. 小角激光散射研究 PP/POE 共混体系相分散行为[J]. 天津大学学报，2006，39(4)：501-506.

[40] 耿孝正. 双螺杆挤出机及其应用[M]. 北京：中国轻工业出版社，2003.

[41] 徐卫兵，朱士旺. PC/PE 共混物的流变行为研究[J]. 现代塑料加工应用，1996(3)：21-23.

[42] HAN C D. Rheolocal behavior of two-phase melts[J]. Polym. Eng. Sci., 1972(2)：81-85.

[43] BUCKNALL C B. Rubber-toughening of plastics：Part 1，Creep mechanisms in HIPS[J]. Mater. Sci., 1972(7)：202-210.

[44] KURAUCHI，T，OHTA，T. Energy absorption in blends of polycarbonate with ABS and SAN[J]. Mater Sci，1984，19(5)：1699-1709.

[45] 温变英，李振中，权英. 增韧理论概说[J]. 塑料，1999(4)：7-11.

[46] 王国全，曾芃，俞炯. 碳纤维/PVC 糊抗静电复合材料研究[J]. 塑料科技，1995(6)：96.

第3章　聚合物共混的应用

3.1　概述

本章介绍聚合物共混的应用实例。聚合物共混应用体系的选取，需考虑性能、价格、相容性等因素。其中，性能因素主要是考虑共混组成之间的性能互补，或改善聚合物的某一方面性能，或者引入某种特殊的性能。例如，对于加工流动性较差的聚合物，可以与加工流动性较好的品种共混，以改善其加工流动性。又如，ABS 具有良好的电镀性能，许多塑料与 ABS 共混，都可以改善其电镀性能。价格因素则是通过价格昂贵的聚合物品种与较为廉价的品种共混，在性能影响不大的前提下，使成本下降。此外，相容性也是选取共混体系时应考虑的因素。一般应首先选用相容性较好的聚合物体系进行共混。在相容性得不到满足时，则考虑采取措施改进相容性。

聚合物共混物，从总体上来说，可以分为以塑料为主体的共混物和以橡胶为主体的共混物两大类。其中，以塑料为主体的共混物又可进一步按塑料的档次进行分类，分为通用塑料的共混改性和工程塑料的共混改性。其中，工程塑料又可进一步分为通用工程塑料和高性能工程塑料（或称为特种工程塑料）。

以橡胶为主体的共混体系，包括以橡胶为主体的橡/塑共混体系和橡胶与橡胶的共混体系。其中，橡胶组分也可以按档次划分为通用橡胶（如顺丁橡胶、丁苯橡胶、天然橡胶、丁腈橡胶、氯丁橡胶等），以及特种橡胶（如硅橡胶、氟橡胶）。对于以塑料为主体的橡/塑共混体系，则在塑料共混改性的部分中介绍。

在塑料的共混体系中，两种或两种以上不同塑料品种的共混改性占主要地位，特别是在塑料合金的制备中，更是如此。塑料合金通常是指具有较高性能的塑料共混体系。通用型工程塑料合金是以通用型工程塑料（如尼龙、聚酯、聚碳酸酯等）为主体，与其他通用型工程塑料或通用塑料的共混体系。必要时，体系中可以加入弹性体。高性能工程塑料合金则是指特种工程塑料与特种工程塑料，或特种工程塑料与通用工程塑料的共混体系。

在制备塑料合金时，为使不同塑料组分的性能达到较好的互补，塑料组分的结晶性能是需要考虑的重要因素。结晶性塑料与非结晶性塑料在性能上有明显的不同。结晶性塑料通常具有较高的刚性和硬度，较好的耐化学药品性和耐磨性，加工流动性也相对较好。结晶性塑料的缺点是较脆，且制品的成型收缩率高。非结晶性工程塑料则具有尺寸稳定性好而加工流动性较差的特点。

结晶性塑料的品种有聚烯烃（PO）、PA、PET、PBT、POM、PPS、PEEK 等。非结晶性塑料的品种有 PS、ABS、PC、聚砜（PSF）、PAR 等。

按结晶性能分类，塑料合金可分为非结晶性工程塑料/非结晶性通用塑料，非结晶性工程塑料/结晶性通用塑料，结晶性工程塑料/非结晶性通用塑料，结晶性工程塑料/结晶性通用塑料，非结晶性工程塑料/结晶性工程塑料，非结晶性工程塑料/非结晶性工程塑料，以及结晶性工程塑料/结晶性工程塑料等类型。

在工程塑料与通用塑料的共混体系中，由于通用塑料与工程塑料相比，一般都具有较好的加工流动性，所以，不仅结晶性通用塑料可以用于改善非结晶性工程塑料的加工流动性（如 PC/PO 体系），非结晶性通用塑料也可以起改善加工流动性的作用（如 PPO/PS、PC/ABS 体系）。此外，脆性的通用塑料可以对工程塑料起增韧作用，这一增韧作用属于非弹性体增韧，已在工程塑料共混体系中广泛应用。通用塑料加入工程塑料中，还可以降低成本。

在工程塑料与工程塑料的共混体系中，采用非结晶性品种与结晶性品种共混，制成的共混物可以兼有结晶性品种与非结晶性品种的优点，如非结晶性品种的高耐热性，结晶性品种加工流动性较好等。由于这一类型的塑料合金所具有的优越特性，在近年来已得到较多的开发，主要品种有 PC/PBT、PC/PET、PPO/PA、PAR/PA、PAR/PET 等。

在对聚合物共混物进行分类时，通常还可采用以主体聚合物进行分类的方法，如 PVC 共混物，尼龙共混物等。本书按主体聚合物分类，介绍一些主要的聚合物共混改性体系。

3.2　通用塑料的共混改性

塑料品种可按档次划分为通用塑料、通用工程塑料与高性能工程塑料三大类。通用塑料包括 PVC、PP、PE、PS 等品种，其产量占塑料总产量的大部分份额，具有价格较低、应用广泛、易于成型加工等特点。通用塑料性能上的缺点，如抗冲击强度低等，可以通过共混改性加以改善。

3.2.1　聚氯乙烯的共混改性

聚氯乙烯（PVC）是一种用途广泛的通用塑料，其产量仅次于聚乙烯而居于第二位。

PVC 在加工应用中，因添加增塑剂量的不同而分为“硬制品”与“软制品”。其中，PVC 硬制品又称硬质 PVC 制品，是不添加增塑剂或只添加很少量的增塑剂。硬质 PVC 若不经改性，其抗冲击强度甚低，无法作为结构材料使用。因而，作为结构材料使用的硬质 PVC 都要进行增韧改性。增韧改性以共混的方式进行，所用的增韧改性聚合物包括氯化聚乙烯（CPE）、MBS、ACR、乙烯-乙酸乙烯共聚物（EVA）等。

软质 PVC 是指加入适量增塑剂，使制品具有一定柔软性的 PVC 材料。PVC 与增塑剂混合塑化后的产物，也可视为 PVC 与增塑剂的共混物。PVC 的传统增塑剂为小分子液体增塑剂，如邻苯二甲酸二辛酯（DOP）。液体增塑剂具有良好的增塑性能，但易于挥发损失，使 PVC 软制品的耐久性降低。采用高分子弹性体取代部分或全部液体增塑剂，与 PVC 进行共混，可大大提高 PVC 软制品的耐久性。这些高分子弹性体实际上起了 PVC 的大分子增塑剂的作用。可用作 PVC 大分子增塑剂的聚合物有 CPE、NBR、EVA 等。

此外，为改善 PVC 的热稳定性，需在 PVC 配方中添加热稳定剂；为降低成本，需添加填充剂，等等。这些，也可视为广义的共混。

经共混改性的 PVC 硬制品可广泛应用于门窗异型材、管材、片材等。添加高分子弹性体的 PVC 软制品可适于户外用途及耐热、耐油等用途。

3.2.1.1 PVC/CPE 共混体系

（1）用于 PVC 硬质品　在 PVC 硬制品中添加 CPE，主要是起增韧改性的作用。

CPE 是聚乙烯经氯化后的产物。氯含量为 25%~40%的 CPE 具有弹性体的性质。其中，氯含量为 35%左右的 CPE 与 PVC 的相容性较好，可用于 PVC 的共混改性。通常采用氯含量为 36%的 CPE 作为 PVC 的增韧改性剂。

在 PVC/CPE 共混体系中，体系的组成、共混温度、共混方式、混炼时间等因素，都会影响增韧效果。

据刘晓明等的研究结果，当 CPE 的用量为 10 质量份，即 PVC∶CPE＝10∶1 时，在 160℃条件下，用开炼机进行混炼，获得的 PVC/CPE 共混物具有较高的抗冲击性能。

杨文君等研究了 PVC/CPE 共混物中 CPE 含量对力学性能的影响，于 170℃在开炼机上混炼 10min，所得的 PVC/CPE 共混物中 CPE 含量与力学性能的关系如图 3-1 所示。

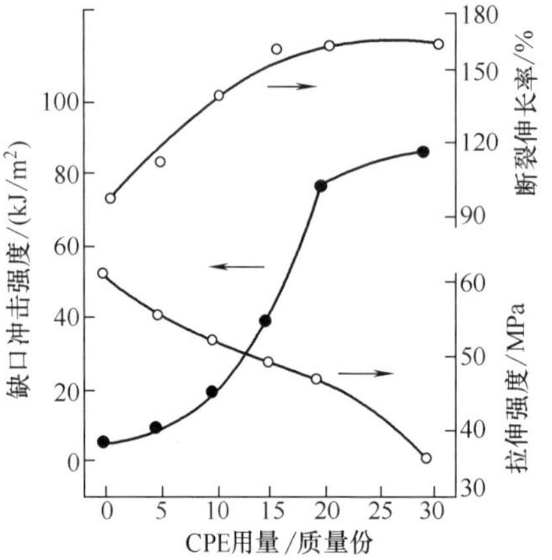

图 3-1　CPE 用量对 PVC/CPE 共混物力学性能的影响

从图 3-1 中可以看出，随着 CPE 用量的增加，缺口抗冲击强度上升，且曲线呈 S 形，在 CPE 用量为 5~20 质量份时，抗冲击强度上升幅度较大。断裂伸长率在 CPE 用量为 15 质量份以内时呈上升趋势，在超过 15 份后不再增大。拉伸强度则随着 CPE 用量增加而呈下降趋势。

综合考虑 PVC/CPE 共混体系的各方面性能，在具体应用中，CPE 的用量一般为 8~12 质量份。

（2）在 PVC 软制品中的应用　在 PVC 软制品中添加高分子弹性体以取代部分（或全部）小分子液体增塑剂，其主要目的是将高分子弹性体用作 PVC 的不迁移、不挥发的永久性增塑剂，以提高 PVC 软制品的耐久性。因此，所选用的弹性体本身也应具有良好的耐久性、耐候性。CPE 的大分子中不含双键，因而具有良好的耐候性。通常选用氯含量为 35%~40%的 CPE 作为 PVC 软制品的共混改性剂。在此氯含量范围内，CPE 与 PVC 之间有良好的相容性，且 CPE 为类似橡胶的弹性体。

在 CPE 与 PVC 共混配制的软质 PVC 中，CPE 用量通常不低于 20 质量份，同时要添加适量的液体增塑剂。在此共混物体系中，CPE 本身具有良好的耐候性，而且 CPE 与液体增塑剂相容性很好，可以减少液体增塑剂的挥发，进一步改善共混物的耐候性。

在软质 PVC/CPE 共混材料中，随 CPE 用量的增大，一般会导致拉伸强度略有下降，而耐老化性能则明显提高。

软质 PVC/CPE 共混体系可以按照通常的软质 PVC 加工工艺条件进行成型加工。例如，选用 SG-4 型 PVC 树脂，加入氯含量 36%的 CPE 20 份，液体增塑剂 30 份，其他助剂适量，可以在 160~180℃条件下挤出或压延成型。

（3）作为相容剂的应用　由于 PE 在氯化时，反应主要发生在非晶区，所以 CPE 是由含氯较高的链段与含氯较低的链段组成的。其中，含氯较高的链段与 PVC 的相容性较好；含氯较低的链段则与聚烯烃等非极性聚合物相容性较好。CPE 的这一特性，使它不仅可以单独与 PVC 共混，而且可以与 PVC 及其他聚合物构成三元共混体系，比如 PVC/CPE/PE 体系。在此体系中，CPE 可在 PVC 与 PE 之间起相容剂的作用。PVC 与 PE 是不相容体系，加入 CPE 后，可使相容性得到改善。

PVC 与 PE 都是用量很大的通用塑料，在废旧塑料中占有很大比例，而回收废旧塑料时又往往难以分拣。采用 CPE 作为 PVC 与 PE 的相容剂，可以提高共混物的性能，对于 PVC 与 PE 废旧塑料的回收再利用很有意义。

在 PVC/SBR 共混体系中，也可以加入 CPE 作为相容剂。

3.2.1.2 PVC/MBS 共混体系

MBS 树脂与 PVC 有良好的相容性，能显著地提高 PVC 的抗冲击强度，又能改善 PVC 的加工性能，PVC/MBS 共混物还有着较好的透光性，因而，MBS 被广泛应用于硬质 PVC 的增韧改性，特别是在透明制品中。

MBS 是由甲基丙烯酸甲酯（MMA）和苯乙烯（ST）接枝于聚丁二烯（PB）或丁苯胶（SBR）大分子链上而形成的接枝共聚物。在 MBS 中，含有橡胶小球和塑料组分。其中，橡胶小球可起到增韧改性的作用，MMA 可与 PVC 形成良好的相容性，苯乙烯形成的刚性链段则可使共混体系具有良好的加工流动性。

PVC/MBS 共混体系的性能受到诸多因素的影响。以用 SBR 为橡胶主链的 MBS 为例，SBR 的聚合工艺、SBR 在 MBS 中的含量、MBS 在共混体系中的用量、MBS 在共混体系中的形态等因素，都会影响 PVC/MBS 共混体系的性能。

研究结果表明，通过调整聚合工艺，使 MBS 中的 SBR 橡胶小球的粒径较小，而 MBS 粒子的粒径在 0.3~0.5μm，且 MBS 粒子呈包含若干橡胶小球和塑料支链的“簇状结构”时，PVC/MBS 可获得最佳的增韧改性效果和较高的透光性能。这一簇状结构的示意图如图 3-2 所示。

为改善共混体系的透光性，通常有两种可供选择的途径，其一是使共混物的组成之间具有相近的折射率，其二是使分散粒子的粒径小于可见光波长。在 PVC/MBS 共混体系中，则同时利用了上述两种途径。其中，MBS 簇状结构中的塑料支链与 PVC 有相近的折射率，而微小的橡胶球的粒径则小于可见光波长。因此，PVC/MBS 共混体系可具有良好的透光性，透光率可达 80%以上。

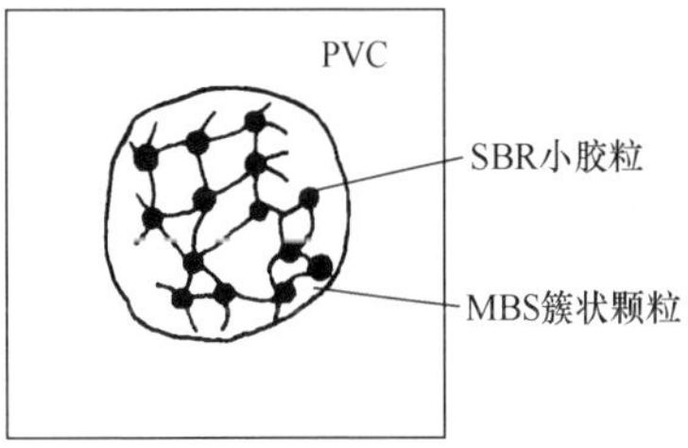

图 3-2 MBS 在 PVC/MBS 共混体系中的形态

为提高 MBS/PVC 共混体系的抗冲击性能，调节 MBS 中的 SBR 含量，以及 MBS 在共混体系的用量，都是重要的。当 MBS 在共混体系中的用量较低时，随 MBS 中 SBR 含量的增大，共混物的抗冲击性能可显著提高。当然，还要考虑 MBS 与 PVC 的相容性、加工流动性能等因素，以确定 SBR 的适宜含量。MBS 在 PVC/MBS 共混体系中的用量，一般以 10%~17%为宜。在用量超过 20%后，增韧改性效果反而下降。此外，随着 MBS 用量的增大，共混物的拉伸强度、弯曲强度都会下降。随着 MBS 用量的增大，共混物的透光率也呈下降之势。MBS 的价格较为昂贵，用量较多时，成本也较高。因此，应综合考虑各方面因素，确定适宜的 MBS 用量。

由于 MBS 易吸湿，所以在共混前应先对 MBS 进行干燥，以免加工成型过程中产生气泡。

3.2.1.3 PVC/NBR 共混体系

丁腈橡胶（NBR）也是常用的 PVC 共混改性剂。NBR 可用于软质和硬质 PVC 的共混改性。市场上的 NBR 产品有块状和粉末状的。其中，粉末 NBR 因易与 PVC 混合，宜采用挤出、注射等成型方式，所以在 PVC/NBR 共混体系中获得广泛应用。粉末 NBR 最早由美国固特异（Goodyear）公司研制生产，其中，型号为 P83 的粉末 NBR 用途最为广泛。P83 是经轻度预交联的粉粒，粒度约为 0.5mm，粉粒表面有 PVC 层作为隔离剂。隔离剂层的存在，使粉末 NBR 在存放中不易粘连，保持粉末状态。

将 NBR 用于 PVC 软制品中，NBR 可以起到大分子增塑剂的作用，避免或减少增塑剂的挥发，提高 PVC 软制品的耐久性。用于 PVC 软制品的 NBR，宜选用丙烯腈含量为 30% 左右的品种。例如，广泛应用于 PVC 软制品的粉末 NBR P83 含有 33%的丙烯腈。

在 PVC 软制品中加入粉末 NBR，不仅可以提高增塑剂耐久性，而且可以改善其力学性能。研究结果表明，在软质 PVC 鞋用粒料中加入 P83，在 P83 用量小于 15 质量份时，物料的耐磨性、拉伸强度等性能，随 P83 用量增大而呈上升趋势。在 P83 用量增至 30 质量份时，耐磨性进一步提高，拉伸强度则略有下降。因此，对于鞋用粒料等用途，PVC/NBR 共混体系以 PVC 为主体，粉末 NBR 的用量一般宜在 15~30 质量份。此外，粉末 NBR 还可以降低软质 PVC 的压缩永久变形，提高其弹性，还可以改善软质 PVC 的耐挠曲性。

在粉末 NBR 与 PVC 及液体增塑剂等助剂的共混工艺中，必须考虑到粉末 NBR 对液体增塑剂的吸收速度比 PVC 快这一因素。因此，在捏合时，应先将 PVC 与液体增塑剂混合，待液体增塑剂被 PVC 吸收后，再加入粉末丁腈。

对于以 PVC 为主体的 PVC/NBR 体系，一般不需要对 NBR 进行硫化。但对于以 NBR 为主体的 PVC/NBR 体系，则需要对 NBR 进行硫化。

软质 PVC/NBR 共混体系被广泛应用于鞋料、密封圈、密封条、软管、电线包覆材料、电器绝缘材料以及泡沫材料等。

NBR 也可以作为硬质 PVC 的增韧改性剂使用。NBR 中的丙烯腈含量对 PVC/NBR 体系的抗冲击性能有重要影响。在丙烯腈含量约为 20%时，PVC/NBR 共混体系的抗冲击性能最高。丙烯腈含量过低的 NBR，与 PVC 的相容性不好。而丙烯腈含量达到 40%以上时，NBR 与 PVC 接近于完全相容。在丙烯腈含量为 20%左右时，NBR 与 PVC 有一定相容性，共混体系形成分散相粒径较小且两相界面结合较好的两相体系，因此具有良好的抗冲击性能。

3.2.1.4 PVC/ACR 共混体系

作为一种通用塑料，PVC 有不少需要克服的缺点，如加工流动性差。因此，对 PVC 的加工流动性进行改性，就成了 PVC 制品配方设计中需考虑的重要问题。丙烯酸酯类共聚物（ACR）是 PVC 最重要的高分子加工助剂。

ACR 是一大类不同组成的含有丙烯酸酯类成分的共聚物的总称。在 PVC 制品中应用的 ACR 有两种类型：其一是用作加工流动改性剂，其二是用作抗冲改性剂。

（1）用作加工流动改性剂的 ACR　用作加工流动改性剂的 ACR，其主要品种为甲基丙烯酸甲酯-丙烯酸乙酯乳液法共聚物。在硬质 PVC 中加入少量 ACR，可明显改善其加工流动性。研究结果表明，在硬质 PVC 配方中加入 1.5%的 ACR，即可使塑化时间明显缩短。加入量增至 3%，则塑化时间进一步缩短。

ACR 能够缩短 PVC 的塑化时间，其主要原因在于 ACR 在混炼过程中可以在 PVC 粒子之间产生较大的内摩擦力，促进 PVC 多重粒子的破碎和熔融。

ACR 不仅可以缩短塑化时间，而且可以改善 PVC 的塑化效果，使材料的均匀性提高。此外，ACR 还可以提高 PVC 在加热状态下的伸长率。热态伸长率的提高，使得 PVC 更易于在中空吹塑或真空吹塑中成型，有利于这一类制品的加工制造。

将 ACR 应用于 PVC 压延制品中，由于共混物料释压后的膨胀效应（巴拉斯效应），可使辊间存料的表面张力增大，易于形成回转的圆筒形状，可消除压延产品的边缘裂口等，有利于提高压延产品的质量。

ACR 还可使 PVC 的熔体黏度有所提高，用于发泡制品，易于形成均匀的发泡体，且发泡倍率较高。

在 ACR 用量较低（5 质量份以内）时，对透光性影响不大。因此，ACR 可以与 MBS 并用，用于制造透明 PVC 膜、片。其中，ACR 起加工流动改性剂作用，MBS 作为抗冲改性剂。

用于加工流动改性剂的 ACR，其相对分子质量以 30 万~60 万范围之内为宜。相对分子质量过小，可能会影响共混物的抗冲击性能；相对分子质量过大，则会使加工流动性变差，不能发挥流动改性剂的作用。

（2）用作抗冲改性剂的 ACR　用作 PVC 抗冲改性剂的 ACR，最典型的品种是以聚丙烯酸丁酯（PBA）弹性体为核，接枝甲基丙烯酸甲酯（MMA）；也可以以 PBA 弹性体为核，接枝 MMA、苯乙烯。所形成的具有核-壳结构的共聚物，其弹性体“核”可以起到良好的增韧作用，而壳层则与 PVC 有良好的相容性。此外，ACR 还具有良好的透光性，可用作透明 PVC 材料的抗冲改性剂。

ACR 抗冲改性剂除了能显著提高 PVC 抗冲性能外，对 PVC 的其他力学性能则影响不大。ACR 改性 PVC 与未添加 ACR 的 PVC 的力学性能的对比如表 3-1 所示。从表 3-1 中可以看出，ACR 改性 PVC 的缺口抗冲击强度比未改性的 PVC 显著增大，其他力学性能则仅略有变化。

表 3-1　ACR 改性 PVC 与未添加 ACR 的 PVC 的力学性能的对比

配方	缺口抗冲击强度/(kJ/m^2)	拉伸屈服强度/MPa	拉伸断裂强度/MPa	维卡软化点/℃
PVC/ACR=100：8	30.0	45.3	36.2	83.6
未添加 ACR 的 PVC	4.5	46.9	34.6	84.4

ACR 对 PVC 的抗冲改性作用与 ACR 的组成和用量有关。据侣庆波等的研究结果，当 ACR 中聚丙烯酸丁酯弹性体（核层）含量为 50%~60%，且壳层 PMMA 的量足以均匀包裹弹性体粒子时，ACR/PVC 共混物的抗冲击性能较高。关于用量，在 ACR 用量为 6~10 质量份时，已可产生显著抗冲改性效果。再进一步增加 ACR 的用量，抗冲击性能的提高已不明显。

ACR 除了可以提高 PVC 的抗冲击性能，也可以改善其加工流动性。此外，由于 ACR

分子链中不含双键，因而具有良好的耐候性。

3.2.1.5 PVC/EVA 共混体系

EVA 是乙烯和乙酸乙烯的无规共聚物。PVC 与 EVA 进行共混改性，可采用机械共混法，也可采用接枝共聚-共混法。其中，接枝共聚-共混法是将氯乙烯接枝于 EVA 主链，形成以 EVA 为主链，PVC 为支链的接枝共聚物。EVA 可用于硬质 PVC 的增韧改性，也可用于软质 PVC，作为 PVC 的大分子增塑剂。

用作硬质 PVC 的抗冲击改性剂的 EVA，如采用机械共混法，可选用较高乙酸乙烯（VAC）含量和较低熔体流动速率的 EVA，如 VAC 含量为 30%和熔体流动速率为 10 的 EVA 30∶10。较高的 VAC 含量可以改善 PVC 与 EVA 的相容性。如采用接枝共聚-共混法，则可选用 VAC 含量较低的 EVA，也可以用高、低 VAC 含量的 EVA 共用，改性效果更好。

将 EVA 用于软质 PVC，可明显改善 PVC 的耐寒性，PVC/EVA 共混物的脆化温度可达到-70℃。此外，软质 PVC/EVA 共混物还具有良好的手感。

硬质 PVC/EVA 共混物可用于生产板材和异型材，也可用于生产低发泡产品。软质 PVC/EVA 共混物可用于生产耐寒薄膜、片材、人造革等，也可用于生产发泡制品。

由于 EVA 与 PVC 仅有中等程度的相容性，为改善相容性，美国杜邦（Du Pont）公司开发了乙烯-乙酸乙烯-一氧化碳（E-VA-CO）三元共聚物，商品名为“Elvaloy”。这种三元共聚物是在 EVA 中引入了羰基，使其与 PVC 的相容性得到改善。Elvaloy 的品种有 741 和 742 两种。Elvaloy 用于软质 PVC 材料，已在室外用途的片材、汽车用人造革及靴鞋方面获得应用。其中，PVC/Elvaloy 共混制造的片材，不仅使用寿命长，而且易于热风焊接或高频热合。用于汽车用人造革，不仅可防止因增塑剂挥发而导致的车窗玻璃雾化现象，而且具有良好的手感和低温柔软性。用于靴鞋，则具有耐磨性、耐油性、弹性、柔韧性等优良性能。

3.2.1.6 PVC/ABS 共混体系

ABS 为丙烯腈-丁二烯-苯乙烯共聚物，具有抗冲击性能较高、易于成型加工、手感良好以及易于电镀等特性。PVC 则具有阻燃、耐腐蚀、价格低廉等特点。将 PVC 与 ABS 共混，可综合二者的优点，成为在电器外壳、电器元件、汽车仪表板、纺织器材、箱包等方面有广泛用途的新型材料。

ABS 可以用作硬质 PVC 的增韧改性剂。用于增韧改性 PVC 的 ABS，可采用丁二烯含量为 30%的标准 ABS，也可采用丁二烯含量为 50%的高丁二烯 ABS，后者的增韧效果优于前者。在 ABS 与 PVC 的质量比为 40∶60 时，共混物抗冲击强度可达 $20kJ/m^2$，加工流动性也明显改善。

由于 PVC 与 ABS 之间为中等程度的相容性，所以在共混时应加入相容剂，如 CPE、SAN 等。在 PVC/ABS 共混体系中加入相容剂 CPE 后，共混体系的抗冲击强度可显著提高。此外，由于 ABS 含不饱和双键，其热稳定性及抗氧性等较低，故在配方中除加入热稳剂外，还应添加抗氧剂。

ABS 与 PVC 共混，还可显著提高 ABS 的阻燃性能。PVC/ABS 共混物的氧指数如表 3-2 所示。这一特性使 PVC/ABS 共混物适合制造电器外壳及元件，可避免添加小分子阻燃剂造成的性能劣化及助剂逸出的缺点。

表 3-2　　PVC/ABS 共混体系的氧指数

PVC/ABS 配比(质量比)	0∶100	20∶80	40∶60	60∶40	80∶20	100∶0
氧指数(OI)	18.9	21.2	24.3	26.8	33.1	42.4

在 PVC/ABS 共混体系中也可以加入适量增塑剂而成为半硬制品，可用于制造汽车仪表板。

3.2.1.7　PVC/TPU 共混体系

PVC 可与热塑性聚氨酯（TPU）共混，制备软质 PVC 材料，用于医用制品。热塑性聚氨酯是一种新型的热塑性弹性体，又称为聚氨酯橡胶。TPU 具有优异的物理化学性能和极好的生物相容性，已在医学领域获得了广泛的应用，可用于人工心脏和心脏的辅助装置、人造软骨、医用分离膜等。将 TPU 与 PVC 共混，以 TPU 取代 DOP 等液体增塑剂，制成软质 PVC 医用制品，可避免液体增塑剂的迁移。

TPU 有许多种类。总体上，TPU 通常由二异氰酸酯、低分子二元醇及双官能团聚酯型或聚醚型长链二元醇反应而成。与聚酯反应的称为聚酯型 TPU，与聚醚反应的称为聚醚型 TPU。各种 TPU 的大分子都由两部分组成，一部分是长链二元醇与二异氰酸酯反应生成的柔软段；另一部分是低分子二元醇与二异氰酸酯反应生成的刚性段（又称为硬段）。调节软段与硬段的比例，可以得到不同力学性能及不同加工性能的 TPU。

选用与 PVC 共混的 TPU 品种时，应首先考虑 TPU 与 PVC 的相容性。此外，软段与硬段比例的适当调整，对调节共混物的力学性能，以及改善加工性能都是有作用的。用于医疗用途时，选用的 TPU 和 PVC 的理化性能都应符合卫生标准。

PVC/TPU 共混体系用于医用材料时，为避免液体增塑剂的迁移，可以用 TPU 完全取代液体增塑剂。在这种情况下，TPU 与 PVC 的用量应接近于相等。例如，将一种专门为医用而合成的聚酯型 TPU 与 PVC 共混，制成的共混材料的性能如表 3-3 所示。可以看出，TPU 对 PVC 有良好的增塑作用。

表 3-3　　PVC/TPU 共混材料的性能

PVC/TPU 用量(质量比)	拉伸强度/MPa	断裂伸长率/%	邵氏硬度
100∶107.5	7.7	434	69.3
100∶88.2	13.6	398	77.9

在 PVC/TPU 共混体系中，为提高力学性能，可添加补强剂。各种补强剂中，白炭黑（二氧化硅）的补强效果较好。PVC 的热稳定剂则可选用硬脂酸钙等。

TPU 也可以用在 PVC 硬制品中，用做 PVC 的增韧剂，制备 PVC/TPU 共混增韧材料。

此外，PVC 还可以与 EPDM、LLDPE 等聚合物共混。

3.2.1.8　不同品种 PVC 的共混

PVC 的共混改性，不仅包括 PVC 与其他聚合物的共混，也应包括不同品种 PVC 的共混。

（1）高聚合度 PVC 与普通 PVC 共混　高聚合度聚氯乙烯（HPVC）树脂是指聚合度大于 2000 的 PVC 树脂。HPVC 可用于制造 PVC 热塑性弹性体。但由于聚合度较高，

HPVC 的加工成型有一定困难。将 HPVC 与普通 PVC 共混，可以改善 HPVC 的加工流动性。对于普通 PVC 而言，HPVC 则可以看作是一种改性剂，可提高普通 PVC 的性能。HPVC 对增塑剂的容纳量较普通 PVC 高，在 HPVC/PVC 共混体系中，可以添加较多的增塑剂，提高制品的耐寒性和弹性。在这里，HPVC 起到了类似丁腈橡胶的作用。例如，在软质 PVC 薄膜中加入 20 质量份以上的 HPVC，制品富有弹性，且具有良好的低温柔软性。

（2）悬浮法 PVC 与 PVC 糊树脂共混　在机械共混（熔融共混）中使用的 PVC 树脂，一般为悬浮法 PVC。这一共混方法相应于工业上所用的挤出、压延等成型方式。在某些产品中，可采用 PVC 糊树脂与悬浮法 PVC 共混，以改善加工性能。PVC 糊树脂的颗粒远较悬浮法 PVC 树脂为小，易于塑化。此外，在悬浮法 PVC 中加入少量发泡性能好的 PVC 糊树脂，还可改善发泡性能。

3.2.2　聚丙烯的共混改性

聚丙烯（PP）是一种应用十分广泛的塑料。PP 具有原料来源丰富、合成工艺较简单、密度小、价格低、加工成型容易等优点。PP 的拉伸强度、压缩强度等都比低压聚乙烯高，而且还有很突出的刚性和耐折叠性，以及优良的耐腐蚀性和电绝缘性。PP 均聚物的主要缺点是抗冲击性能不足，特别是低温条件下易脆裂，且成型收缩率较大，热变形温度不高，等等。PP 的耐磨性和染色性也有待提高。

通过共混改性，可以使 PP 的性能得到显著改善。

3.2.2.1　PP/弹性体共混体系

与弹性体共混，是 PP 增韧改性的主要方法。PP/弹性体共混体系是弹性体增韧塑料的代表性体系，其研究已有数十年的历史，早已实现了工业化。常用于 PP 共混的弹性体有三元乙丙橡胶（EPDM）、二元乙丙橡胶（EPR）、乙烯-1-辛烯共聚物（POE）、SBS、SBR 等。

近年来，共聚 PP 得到大规模开发、生产与应用。与均聚 PP 相比，共聚 PP 具有较高的抗冲击性能，适合于制造高抗冲制品。共聚 PP 也可以与弹性体共混，使抗冲击性能进一步得到提高。一般来说，均聚 PP 的缺口抗冲击强度为 3~5kJ/m^2，共聚 PP 的缺口抗冲击强度为 8~20kJ/m^2；而共聚 PP 与弹性体共混后，缺口抗冲击强度可达 30~40kJ/m^2。

PP/弹性体共混可以是二元体系，也可以添加第三种聚合物而成为三元体系。在二元体系中，EPDM、POE 对 PP 的增韧改性效果最佳，EPR 也常用于 PP 的增韧改性。也可以在 PP/弹性体二元体系中添加无机纳米颗粒（如纳米碳酸钙），制备 PP/弹性体/无机纳米颗粒三元共混体系，使抗冲击强度进一步提高。

（1）PP/EPDM 共混体系　EPDM 是最常用于 PP 增韧的弹性体。汽车工业所用的 PP 保险杠，通常就是 PP/EPDM 的共混体系，是 PP/弹性体共混物的重要应用范例。采用一种共聚 PP 与 EPDM 制备共混材料，其简支梁缺口抗冲击强度如表 3-4 所示。可以看出，EPDM 使 PP 的缺口抗冲击强度显著提高。添加纳米 $CaCO_3$ 后，缺口抗冲击强度进一步提高。

（2）PP/POE 共混体系　POE 是近年来开发的新型热塑性弹性体，已应用于塑料增韧等领域。PP/POE 共混体系已得到深入研究和大规模工业化应用。

表 3-4　　共聚 PP/EPDM 共混体系的简支梁缺口抗冲击强度

序号	配比/质量份			简支梁缺口抗冲击强度(23℃)/(kJ/m^2)
	共聚 PP	EPDM	纳米 $CaCO_3$	
1	100	0	—	17.5
2	100	4	—	21.4
3	100	8	—	36.5
4	100	8	8	46.3

POE 是美国陶氏化学公司开发的以茂金属为催化剂，乙烯、辛烯共聚生成的热塑性弹性体，分子质量分布相对比较窄，短支链分布也比较均匀。POE 适合用于 PP 的抗冲改性。首先是因为 POE 易于在 PP 基体中分散，形成较小的分散相粒径和较为均匀的粒径分布，从而可以获得较好的抗冲改性效果和综合力学性能。此外，POE 在加工流动性、耐老化性能等方面，都有优势。

采用一种共聚 PP 与 POE 制备共混材料，其简支梁缺口抗冲击强度如表 3-5 所示。

表 3-5　　共聚 PP/POE 共混体系的简支梁缺口抗冲击强度

序号	配比/质量份		简支梁缺口抗冲击强度(23℃)/(kJ/m^2)
	共聚 PP	POE	
1	100	—	12.1
2	100	18	50.2
3	100	25	59.9

薛刚等采用一种均聚 PP 与 POE 共混，使用的设备为一种新型双螺杆挤出机，当 POE 用量为 15%时，悬臂梁缺口抗冲击强度达到 21.01 kJ/m^2。其均聚 PP 的抗冲击强度为 4.66 kJ/m^2，可以看到 POE 具有显著的抗冲改性效果。

在 PP 基体中，POE 分散相的粒径对于抗冲改性效果有重要影响。敖玉辉等的研究结果表明，当 POE 分散相的粒径为 0.1~0.2 μm 时，PP/POE 共混物的抗冲击强度较高。而 POE 分散相的粒径与双螺杆挤出机的转速有关。

EPDM、POE 与 PP 的相容性较好，因而一般不需要在共混时添加相容剂，就可以获得良好的增韧效果。EPDM、POE 都有许多不同的牌号，性能上各有差异，应根据与 PP 的相容性、熔融流动性等因素，加以适当选择。

（3）PP/SBS 共混体系　SBS 是最早应用于 PP 增韧的新型热塑性弹性体之一。采用一种共聚 PP 与 SBS 制备共混材料，其缺口抗冲击强度如表 3-6 所示。SBS 不仅提高了 PP 的常温抗冲击强度，而且可以提高其低温抗冲击强度。

表 3-6　　共聚 PP/SBS 共混体系的简支梁缺口抗冲击强度

序号	配比/质量份		简支梁缺口抗冲击强度/(kJ/m^2)	
	共聚 PP	SBS	23℃	-20℃
1	100		16.7	7.6
2	100	10	47.6	10.2

（4）PP 的三元共混体系　采用三元共混体系，可以提高增韧效果。例如，在 PP/SBS 共混体系中添加 HDPE，成为 PP/SBS/HDPE 三元共混体系。由于第三组分 HDPE 的

引入，可以减少弹性体 SBS 的用量，少量弹性体就可以显著提高抗冲击强度。张增民等研究了 PP/HDPE/SBS 三元共混体系，发现 HDPE 的引入使共混物的抗冲击强度明显提高，如图 3-3 所示。在 SBS 用量为 5%时，PP/HDPE/SBS 三元共混物的抗冲击强度明显高于 PP/SBS 二元共混物。由于弹性体用量过大会导材料的刚性下降，所以采用较少的弹性体而获得较高的增韧效果对增韧体系是颇为重要的。

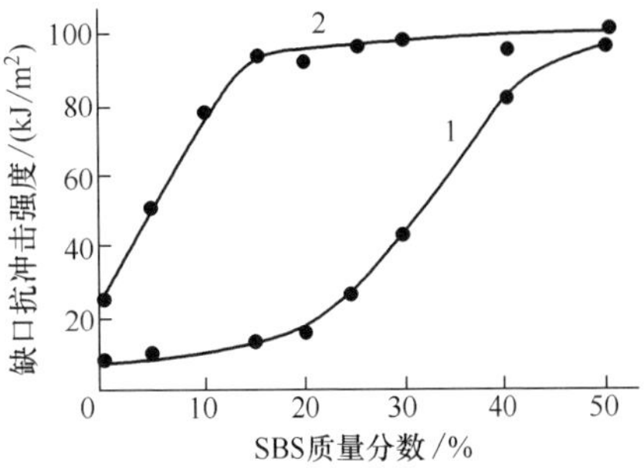

图 3-3　PP 共混体系的缺口抗冲击强度与 SBS 含量的关系
1—PP/SBS 二元共混体系
2—PP/HDPE/SBS 三元共混体系
（PP/HDPE=1∶1）

已研究的 PP 三元共混体系还有 PP/POE/HDPE 体系和 PP/EPDM/SBS 体系。在 PP/POE/HDPE 体系中，POE 能大幅度地提高材料的抗冲击性能，HDPE 则具有协同增韧效应。薛刚等研究了 PP/POE/HDPE 三元共混体系，结果表明，PP/POE/HDPE 三元共混体系的抗冲击强度明显高于 PP/POE 二元共混体系，使材料的抗冲击性能在二元体系的基础上得到进一步提升。

在 PP/EPDM/SBS 体系中，双组分增韧剂 EPDM/SBS 也有明显的协同效应，增韧效果明显优于单一使用 EPDM 或 SBS 增韧。

（5）PP 与其他弹性体的共混体系　赵永仙等研究了 PP/聚丁烯热塑性弹性体共混体系，结果表明：聚丁烯热塑性弹性体对 PP 有显著的增韧作用。添加 18 质量份的聚丁烯热塑性弹性体，共混物的抗冲击强度从 20kJ/m^2 增加到 60kJ/m^2，断裂伸长率从 10%增加到 500%，拉伸强度、硬度和耐热温度则有一定的下降。相对分子质量较大的聚丁烯热塑性弹性体对 PP 的改性效果更好。

PP 也可与 CPE、热塑性聚氨酯（TPU）、顺丁橡胶（BR）、NBR 等弹性体共混。据研究，PP/CPE 共混体系，在 CPE 用量为 35%时，缺口抗冲击强度明显提高，拉伸屈服强度则有所下降。PP/TPU 共混体系，可采用马来酸酐接枝三元乙丙橡胶（EPDM-g-MAH）为相容剂。

（6）PP/弹性体的共混方法　对于 PP/弹性体共混体系的共混方法，也进行了不少研究。黎珂等在 PP/POE/PA6 三元共混物研究中，采用了两种不同的混炼顺序：其一是将 3 种聚合物一起进行共混，由于 PA6 熔点较高，且 POE 与 PP 相容性很好，POE 可迅速分散于 PP 中，共混物中形成了相互独立的 POE 和 PA6 分散相粒子（呈液滴形态）；其二是将 POE 与 PA6 先行共混，再加入 PP，最终共混物中 PA6 呈纤维状和液滴状的混合形态，POE 则部分包覆在 PA6 液滴（或纤维）表面，仅有部分 POE 迁移到 PP 相中。

共混工艺条件与设备对于提高共混改性效果也有重要意义。薛刚在 PP/POE 二元体系及 PP/POE/HDPE 三元体系共混研究中使用了一种新型双螺杆挤出机，优化了分散相粒子的粒径及分布，使抗冲击性能得到提高。

敖玉辉等研究了双螺杆挤出机螺杆转速对 PP/POE 共混物形态及抗冲击性能的影响，发现当螺杆转速增大到一定值时，共混物中 POE 的粒径尺寸达到该实验中的最小值（为 0.1~0.2 μm），而共混物的抗冲击强度则相应达到最大值。

（7）弹性体对 PP 的增韧机制　弹性体作为分散相分散在 PP 基体中，有引发银纹和剪切带的作用。均聚 PP 自身抗冲击强度很低，为脆性基体，增韧机制应以引发银纹为主；共聚 PP 自身抗冲击强度较高，为韧性基体，增韧机制应以引发剪切带为主。

此外，PP 为结晶聚合物，且易于生成大的球晶，这是 PP 具有脆性的主要原因。弹性体分散相粒子可以抑制 PP 的结晶，使其形成微晶，这也是弹性体使 PP 增韧的重要机理。诸多研究者的工作表明，使 PP 的晶体细微化，可提高其抗冲击性能。马晓燕等采用差示扫描量热仪（DSC）研究了 PP/POE 共混物降温过程的非等温结晶动力学。当相对结晶度相同时，PP/POE 共混物所需要的降温速率比纯 PP 小，这说明弹性体起到了 PP 结晶成核剂的作用。采用偏光显微镜研究了 PP 及 PP/POE 共混物的结晶形貌，结果表明，弹性体改性的共混物的结晶晶粒明显细化。

3.2.2.2　PP/PE 共混体系

PP 为结晶性聚合物，其生成的球晶较大，这是 PP 易于产生裂纹，抗冲击性能较低的主要原因。若能使 PP 的晶体细微化，则可使抗冲击性能得到提高。

PP 与 PE 同属聚烯烃，都是产量很大的通用塑料品种，因此，PP 与 PE 的共混成为受到关注的体系。PP 与 PE 共混体系中，PP 与 PE 都是结晶性聚合物，它们之间没有形成共晶，而是各自结晶。但 PP 晶体与 PE 晶体之间发生相互制约作用，这种制约作用可破坏 PP 的球晶结构，PP 球晶被 PE 分割成晶片，使 PP 不能生成球晶。随着 PE 用量增大，PP 晶体进一步被细化。PP 晶体尺寸的变小，使其抗冲击性能得到提高。

田野春等研究了 PP/线性低密度聚乙烯（LLDPE）共混体系，随着 LLDPE 用量增加，材料的抗冲击强度增加，而拉伸屈服强度、拉伸模量、维卡软化点降低。

梁基照研究了 PP/低密度聚乙烯（LDPE）共混物的加工流动性能，PP/LDPE 共混物熔体流动速率与 LDPE 含量的关系如图 3-4 所示。从图中可以看出，LDPE 可提高 PP 的熔体流动速率，改善加工性能。

PP 与 PE 相容性不好。为改善相容性，可以采用添加相容剂的方法。EPDM 可以用作 PP/LDPE 共混的增容剂。

此外，交联也是增进 PP/PE 体系相容性的方法。可在 PP/PE 体系中添加三烯丙基异三聚氰酸酯（TAIC），并进行辐射交联。由于 TAIC 主要分布在 PP/PE 共混物的相界面，因此交联反应可以改善两相间的界面结合，使 PP/PE 共混物性能提高。

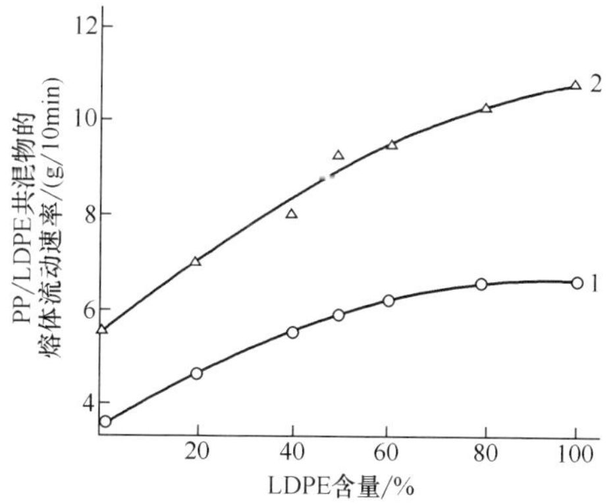

图 3-4　PP/LDPE 共混物的熔体流动速率与 LDPE 含量的关系

1—210℃　2—230℃

庞纯等将交联法应用于 PP/LLDPE/SBS 三元体系，制备出具有优良力学性能的共混物。PP/LLDPE/SBS 交联共混物的抗冲击强度、拉伸强度和断裂伸长率都大幅度提高。

李炳海等采用不同结构的 PP 分别与不同流动性能的超高分子质量聚乙烯（UHMWPE）进行共混，发现流动性较好的 UHMWPE 对熔体质量流动速率较小的嵌段共聚型 PP，即聚对苯二甲酸丁二醇酯（PPB）的增韧增强效果突出，缺口抗冲击强度可达 74.2 kJ/m^2，断裂伸长率大于 700%；同时共混物的强度和刚性也有一定程度的提高。在 PPB/UHMWPE 二元共混物中加入适当线性低密度聚乙烯（LLDPE），抗冲性能进一步提高。

刘功德等研究了不同物料比和加工工艺对 PP/UHMWPE 共混体系性能的影响，当 UHMWPE 的质量分数为 60%时，共混物具有很高的抗冲击强度。

3.2.2.3 PP 与其他聚合物的共混体系

如前所述，PP 的耐热性、耐磨性和着色性都较差，这些缺点在以 PP 为原料制造纤维时尤为明显。将 PP 与 PA 进行共混，可以改善 PP 的上述性能。为了增进 PP 与 PA 的相容性，可以利用少量的马来酸酐（MAH）接枝 PP 作为相容剂。此外，PP/PA 共混体系的相容剂还有马来酸酐接枝二元乙丙橡胶（EPR-g-MAH）、马来酸酐接枝氢化苯乙烯-丁二烯嵌段共聚物（SEBS-g-MAH）等。添加有适当相容剂的 PP/PA 共混体系，其抗冲击强度比 PP 有明显提高，刚性则基本不变。

PP 与 PBT 共混，采用马来酸酐接枝 EVA 作为相容剂，可使力学性能得到提高。此外，PP 还可与 PC 共混，制成具有优良耐热性和尺寸稳定性的共混物。PP 与 EVA 共混，则可得到加工性能、印刷性能优良的共混材料。

3.2.2.4 均聚 PP 与共聚 PP 的共混体系

均聚 PP（PP-H）的抗冲击强度较低。为适应高抗冲制品的需要，开发了各种共聚 PP，并已经获得广泛应用。共聚 PP 分为无规共聚 PP（PP-R）和嵌段共聚 PP（PP-B）。均聚 PP 与共聚 PP 之间，也可以进行共混。

沈经纬等研究了一种 PP-R 和一种 PP-B 的结构形态及其共混体系，结果表明，PP-R 和 PP-B 都能结晶，但 PP-R 结晶较慢、结晶度较低；PP-B 含有呈球状分散的乙丙橡胶相和乙烯嵌段相；随共混物中 PP-B 含量增加，常温和低温抗冲击强度显著提高。

3.2.2.5 PP 共混体系的近期研究

PP 共混体系的近期报道，包括一些配合工业应用的研究报告。袁丽娟等研究了为研究不同类型弹性体对应用于电缆料的 PP 的增韧改性效果，采用熔融共混法制备 PP/弹性体共混材料，研究中对比了 5 种聚烯烃热塑性弹性体的增韧效果，5 种聚烯烃热塑性弹性体的型号分别为 YH-06、C3080、2032PM、CA10A 和 CA60A，用差示扫描量热仪、扫描电子显微镜、介电温谱测试系统、低温抗冲击试验箱等，探究 PP/弹性体共混材料的熔融结晶行为、微观结构、介电性能、耐低温抗冲击性能和弯曲性能。结果表明，5 种弹性体均以分散粒子形式存在于 PP 基体中，能够有效增强 PP 韧性，提高其耐低温抗冲击性能，符合温度为-25℃时的抗冲击要求；结合弯曲模量的改善，YH-06 对 PP 的增韧效果最佳，其次是 C3080、2032PM 和 CA10A，CA60A 相对较差；弹性体的存在可抑制 PP 材料结晶，表现为 PP 熔融焓和结晶度降低；共混材料的冲击应力发白现象表明，YH-06 对 PP 的增韧效果最佳，其次是 C3080 和 2032PM，CA10A 和 CA60A 相对较差；介电性能测试结果显示，C3080 和 2032PM 会降低 PP 材料的电性能，温度为 90℃时的介电损耗角正切值增长速率较大，导致 PP 共混材料不符合介电性能要求。综合考虑，可选择 YH-06、CA10A 和 CA60A 对 PP 材料进行改性，以提升 PP 电缆的电性能和力学性能。

3.2.3 聚乙烯的共混改性

聚乙烯（PE）是产量最高的塑料品种。PE 有多种品种，包括低压聚乙烯，又称低密度聚乙烯（LDPE），以及高压聚乙烯，又称高密度聚乙烯（HDPE）。此外，还有线性低密度聚乙烯（LLDPE），是乙烯与α-烯烃的共聚物。还有一类超高分子质量聚乙烯（UHMWPE），相对分子质量一般为200万~400万，分子结构与HDPE相同。

PE具有价格低廉、原料来源丰富、综合性能较好等优点。但也有一些缺点，如软化点低、拉伸强度不高、耐大气老化性能差、对烃类溶剂和燃油类阻隔性不足等。

PE的不同品种之间，在性能上也有差别，如HDPE与LDPE相比，具有较高的硬度、拉伸强度、软化温度，而断裂伸长率则较低。此外，LLDPE、UHMWPE的加工性较差。

对PE进行共混改性，可以改善PE的一些性能，使之获得更为广泛的应用。

3.2.3.1 LDPE与HDPE共混体系

LDPE与HDPE在性能上各有所长，也各有不足。将LDPE与HDPE共混，可以在性能上达到互补，使综合性能得到提高。LDPE与HDPE的性能对比如表3-7所示。HDPE硬度大，因缺乏柔韧性而不适宜制造薄膜等制品；LDPE则因强度和气密性较低（气体透过率较高）而不适宜制造容器等。将HDPE与LDPE共混，可以制备出软硬适中的PE材料，用途更广泛。在LDPE中适量添加HDPE，可降低气体透过率和药品渗透性，还可提高刚性，更适合于制造薄膜和容器。不同密度的PE共混可使熔融的温度区间加宽，这一特性对发泡过程有利，适用于PE发泡制品的制备。

表3-7 LDPE与HDPE的性能对比

性能	LDPE	HDPE
密度/(g/cm³)	0.910~0.925	0.950~0.965
拉伸强度/MPa	4~16	20~40
洛氏硬度	D41~D46	D60~D70
结晶熔点/℃	108~126	126~136
气体透过率	较高	较低

3.2.3.2 PE/EVA共混体系

PE为非极性聚合物，印刷性、黏接性能较差，且易于应力开裂。EVA则具有优良的黏接性能和耐应力开裂性能，且挠曲性和韧性也很好。将PE与EVA共混，可制成具有较好的印刷性和黏接性，且柔韧性、加工性能优良的材料。

在PE/EVA共混体系中，EVA中的VAC含量、EVA的相对分子质量、EVA的用量以及共混工艺等因素，都会影响共混物的性能。HDPE/EVA共混体系拉伸强度与HDPE含量的关系如图3-5所示。从图3-5中可以看出，EVA的加入会降低HDPE的拉伸强度，而在EVA用量较大时，拉伸强度下降也较为明显。因此，考虑到力学性能，EVA的加入量不宜过多。

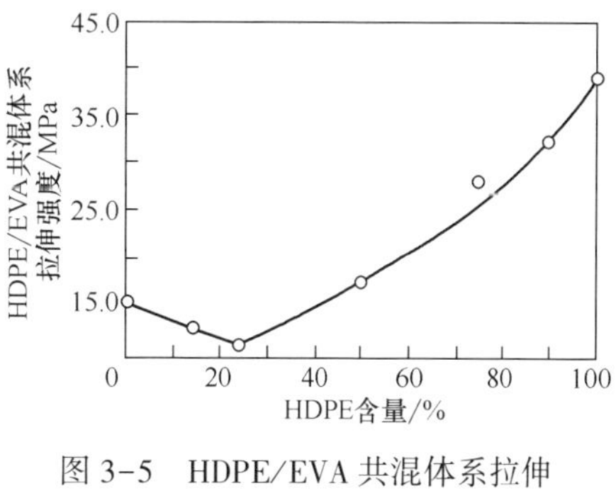

图3-5 HDPE/EVA共混体系拉伸强度与HDPE含量的关系

少量添加EVA，可使HDPE的加工流动性明显改善。HDPE/EVA共混物还很适合于制造发泡制品。

3.2.3.3 PE/CPE共混体系

PE/CPE共混体系，可用于提高PE的印刷性能。所用的 CPE 宜采用氯含量较高的品种。例如，采用氯含量为 55%的 CPE 与 HDPE 共混，当 CPE 用量为 5%时，共混物表面与油墨的黏接力比 HDPE 可提高 3 倍。

PE/CPE 共混物的力学性能也与 CPE 中的氯含量有关。当 CPE 的氯含量为 45%～55%时，与 HDPE 相容性良好，共混物的力学性能与 HDPE 基本相同。

CPE 中因含有氯的成分而具有阻燃性。将 CPE 与 PE 共混，可以提高 PE 的耐燃性。此外，阻燃剂三氧化二锑需在有卤素存在的条件下才能发挥阻燃作用。在 PE/CPE 中加入三氧化二锑，可获得较好的阻燃效果。

此外，CPE 还可改善 HDPE 的耐环境应力开裂性。HDPE 对环境应力开裂极为敏感，与 CPE 共混后，可使其抵抗开裂的能力大为提高。

3.2.3.4　PE/弹性体共混体系

HDPE 与 SBS 共混体系是颇有应用价值的 PE/弹性体共混体系。SBS 是一种用途广泛的热塑性弹性体。HDPE/SBS 共混体系具有卓越的柔软性和良好的拉伸性能、抗冲击性能，还具有优良的加工性能和高于 100℃的软化点。HDPE/SBS 共混体系适合于采用常规的挤出吹塑法生产薄膜。

徐定宇等将 HDPE/SBS 共混体系应用于保鲜膜的研究。采用的共混方法为两阶共混法，即先将等量的 HDPE 与 SBS 共混制得母粒，再用母粒与 HDPE 共混，吹塑薄膜。采用两阶共混法制备的 HDPE/SBS 共混物，其分散相分布均匀，具有良好的气体透过性和透湿性，适合于制造果蔬保鲜膜。SBS 加入 HDPE 后，能够提高其透气、透湿性，原因在于 SBS 本身具有良好的透气、透湿性，而且 SBS 加入 HDPE 可降低其结晶度和大分子取向度，也有利于透气、透湿性的提高。

除 HDPE/SBS 共混体系外，HDPE/SIS、HDPE/丁基橡胶（IIR）也是重要的 HDPE/弹性体共混体系。SIS 是苯乙烯-异戊二烯-苯乙烯嵌段共聚物。HDPE/SIS 共混体系的伸长率大大高于 HDPE，且加工流动性良好。HDPE/丁基橡胶共混体系可显著提高 HDPE 的抗冲击性能。

3.2.3.5　PE/PA 共混体系

如前所述，PE 对烃类溶剂的阻隔性较差。为提高 PE 的阻隔性，可采用 PE/PA 共混的方法。

PA 本身具有良好的阻隔性。为使 PE/PA 共混体系也具有理想的阻隔性，PA 应以层片状结构分布于 PE 基体之中。PE/PA 共混体系的阻隔效应示意图如图 3-6 所示。当溶剂分子透过层片状结构的共混物时，透过的路径发生曲折，路径变长。将此具有层片状 PA 分散相的 PE/PA 共混物应用于制造容器，相当于增大了容器壁的厚度，阻隔性能可显著提高。

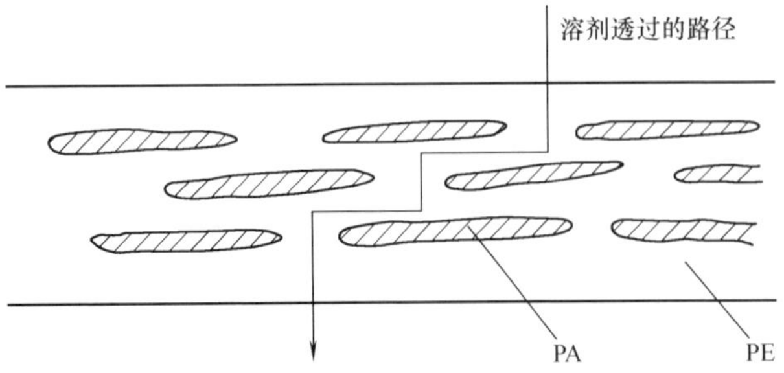

图 3-6　PE/PA 共混体系的阻隔效应示意图

在 PE/PA 共混体系的共混过程中，为使 PA 呈层片状结构，应使 PA 的熔体黏度高于 PE 的熔体黏度。适当调节共混温度，可以使 PA 的黏度与 PE 的黏度达到所需的比例。此外，PA 的层片状结构是在外界剪切力的作用下形成的。因而，适当的剪切速率也是形成层片结构的必要条件。

为改善PE与PA的相容性，在PE/PA共混体系中应添加相容剂。承民联等在LDPE/PA6共混体系中，采用PE-g-MAH作为相容剂，吹塑制成LDPE/PA6共混阻透薄膜，阻透性能与纯LDPE薄膜相比提高了10倍以上。美国Du Pont公司生产的Selar-RB树脂，就是加有相容剂的PA树脂，用于与HDPE共混生产阻隔性材料。Selar-RB在HDPE中的用量一般为5%~20%，可获得良好阻隔效果。

3.2.3.6　PE的其他共混体系

罗卫华等将HDPE和聚碳酸酯（PC）在双螺杆挤出机中熔融共混挤出，提高对挤出物施加的牵引速度，进行热拉伸，使分散相PC在基体HDPE中成纤维状，共混物抗冲击强度有较大提高。

PE还可以与PMMA共混，改善其印刷性能。

3.2.3.7　LLDPE的共混改性

线性低密度聚乙烯（LLDPE）的分子链基本为线形，有许多短小而规整的支链。与LDPE相比，在相对分子质量相同的情况下，LLDPE的主链较长，分子排列较为规整，结晶也更完整。因而，LLDPE比LDPE有较高的拉伸强度和耐穿刺性。用LLDPE制造的薄膜，在强度相同的条件下，膜的厚度可以减少，从而可以使生产单位面积薄膜的成本降低。

但是，LLDPE也有一些缺点。如熔体在挤出机中易产生高背压、高负荷、高剪切发热，易于发生熔体破裂等。对于这些弊病，可以通过共混改性加以避免。将LLDPE与LDPE共混，可以改善LLDPE的加工流动性。LLDPE/LDPE共混体系已在吹塑薄膜中获得广泛应用。当两者以等量之比共混时，吹塑薄膜的力学性能明显优于LDPE，而接近于LLDPE。

LLDPE也可以与EVA共混，改善加工流动性能。吴彤等研究了LLDPE/EVA共混体系，采用的LLDPE是茂金属催化的茂金属聚乙烯（mLLDPE）。结果表明，EVA添加到mLLDPE中，增加了mLLDPE的剪切敏感度（切力变稀的幅度），降低了mLLDPE的熔体黏度，改善了mLLDPE的加工流动性；在一定的添加比例范围内mLLDPE和EVA具有很好的相容性，可以在改善mLLDPE加工性能、引入极性基团的同时，保持与纯mLLDPE相近的拉伸等性能，但会导致材料的刚性下降。

在LLDPE中添加低分子聚合物，也可改善LLDPE的加工流动性。常用的低分子聚合物有含氟聚合物、有机硅树脂、聚乙烯蜡、聚α-甲基苯乙烯等。

3.2.3.8　UHMWPE的共混改性

超高分子质量聚乙烯（UHMWPE），相对分子质量一般为200万~400万，具有优越的力学性能，但是加工流动性差，可以采用共混方法加以改善。

李炳海等将采用不同熔体流动速率（MFR）的HDPE与UHMWPE进行共混。结果表明，UHMWPE/HDPE共混物流动性和力学性能的变化受共混体系组成、熔体黏度比等因素的影响。HDPE的MFR过高、过低，都不利于共混物熔融流动性及综合力学性能的改善。HDPE的MFR过低，显然不利于共混物熔融流动性的改善；而当HDPE的MFR过高，UHMWPE与HDPE两者熔体黏度比相差过大时，混合效果变差，共混物综合力学性能下降。

3.2.4 聚苯乙烯及丙烯腈-丁二烯-苯乙烯共聚物的共混改性

聚苯乙烯（PS）具有透明性、电绝缘性能好，刚性强，以及耐化学腐蚀性、耐水性、着色性和良好的加工流动性，且价格低廉，在电子、日用品、玩具、包装、建筑、汽车等领域有广泛的应用。PS 最大的缺点是抗冲击性能较差。提高 PS 的抗冲击性能，是使其更具应用价值的重要途径。早在 1948 年，陶氏（DOW）化学公司就开发出了抗冲聚苯乙烯；1952 年，DOW 化学公司又开发出高抗冲聚苯乙烯（HIPS）。此后，关于高抗冲聚苯乙烯的研究不断取得进展，其他 PS 共混体系的研究也取得了成果。此外，丙烯腈-丁二烯-苯乙烯共聚物（ABS）、丙烯腈-苯乙烯共聚物（AS）等改性 PS 系列产品也纷纷开发出来。ABS 是一种改性的 PS，而 ABS 本身也可以通过共混加以进一步改性。

3.2.4.1 PS/聚烯烃共混体系

PS 与聚烯烃共混，可以有助于提高 PS 的抗冲击性能。但是，PS 与聚烯烃的相容性差，需采取措施提高 PS 与聚烯烃的相容性。

在 PS/PE 共混体系中，可以添加氢化苯乙烯-丁二烯嵌段共聚物（SEBS）作为相容剂，用于制备具有良好抗冲击性能的 PS/PE 共混物。此外，反应共混也可应用于提高 PS/聚烯烃共混体系的相容性。

PS 与聚烯烃都是通用塑料，在回收废旧塑料时往往难于分拣。因此，研究 PS/聚烯烃的共混，对于废旧塑料的回收再利用也很有意义。

3.2.4.2 HIPS 的制备

将 PS 与各种弹性体共混，可以制备高抗冲聚苯乙烯（HIPS）。主要方法有机械共混法、接枝共聚-共混法等。

（1）机械共混法　机械共混法生产 HIPS，所用的弹性体有 SBS、SBR 等。SBR、SBS 与 PS 的相容性较好。在 PS 中加入 15%的 SBR，制成的 HIPS 的抗冲击强度可达 $25kJ/m^2$ 以上。

（2）接枝共聚-共混法　接枝共聚-共混法生产 HIPS，是以橡胶为骨架，接枝苯乙烯单体而制成的。在共聚过程中，也会生成一定数量的 PS 均聚物。聚合过程中要经历相分离和相反转，最终得到以 PS 为连续相，橡胶粒为分散相的共混体系。接枝共聚-共混法又可分为本体-悬浮聚合与本体聚合两种制备方法。

本体-悬浮法是先将橡胶（聚丁二烯橡胶或丁苯橡胶）溶解于苯乙烯单体中，进行本体预聚，并完成相反转，使体系由橡胶溶液相为连续相转化为 PS 溶液相为连续相。当单体转化率达到 33%~35%时，将物料转入置有水和悬浮剂的釜中进行悬浮聚合，直至反应结束，得到粒度分布均匀的颗粒状聚合物。

本体聚合法首先将橡胶溶于苯乙烯单体中进行预聚，当转化率达 25%~40%时，物料进入若干串联反应器中进行连续本体聚合。

在 HIPS 中，橡胶含量一般在 10%以下，过高的橡胶含量会导致共混物的刚性下降。但因在 HIPS 的橡胶粒子中包藏有微小的塑料粒子，形成包藏结构，使橡胶粒的体积分数大为增加，可超过 20%。这就大大提高了增韧效果，且对刚性的降低较小。

HIPS 具有良好的韧性、刚性、加工性能，可通过注射成型制造各种仪器外壳、纺织用纱管、电器零件、生活用品等，也可采用挤出成型方法生产板材、管材等。

3.2.4.3　HIPS 的共混改性

对于 HIPS，可以进一步进行共混改性，使其性能得到进一步提高。将 HIPS 与 SBS 共混，可使抗冲击强度提高，但拉伸强度、硬度等有所下降。

HIPS 与 PP、PPO 共混，可提高其耐环境应力开裂性能。关于 PPO/PS 共混体系，将在 PPO 的共混改性一节中详细介绍。

3.2.4.4　ABS 的共混改性

ABS 作为 PS 的改性产品，以其优良的综合性能，已经获得了广泛的应用。ABS 还可与其他聚合物共混，制成具有特殊性能和功能的塑料合金材料，以满足不同应用领域的不同要求。如 ABS/PC、ABS/PVC、ABS/PA、ABS/PBT、ABS/PET、ABS/PMMA 等共混体系。ABS 有许多牌号，力学性能、流变性能各有差异。例如，其丁二烯含量不同，会使抗冲击强度不同，因而有高抗冲 ABS、中抗冲 ABS 等品种。在研究 ABS 共混物时，采用不同性能的 ABS，共混的效果也会有差别的。

以 ABS/PMMA 共混体系为例。ABS 和 PMMA 都可以用于制作板材等装饰、装修材料，ABS 的抗冲击强度优于 PMMA，而 PMMA 的表面光洁度优于 ABS。金敏善等研究了 ABS/PMMA 共混体系，结果表明，ABS、PMMA 的品种及配比对共混体系的性能很有影响。有选择地采用 ABS、PMMA 品种，当 PMMA 含量达到 40%时，共混物的表面光洁度提高，拉伸强度由 44.8MPa 提高到 55.3MPa，抗冲击强度则有所下降。

ABS 与其他聚合物的共混体系可参见本章有关各节，ABS/PVC 体系见 PVC 共混体系，ABS/PA 体系见 PA 共混体系，ABS/PC 体系见 PC 共混体系。

3.3　工程塑料的共混改性

工程塑料按档次分类，可分为通用型工程塑料和高性能工程塑料。通用型工程塑料的品种有 PA、POM、PPO、PC、PET、PBT 等。高性能工程塑料包括 PPS、PEK、PEEK、PES、PSF、PAR 等。以工程塑料为主体的共混物通常称为主体塑料的合金，如 PA 合金、PPO 合金等。本节对各种工程塑料的共混改性体系分别进行介绍。

3.3.1　聚酰胺的共混改性

聚酰胺（PA）通常称作尼龙，主要品种有尼龙 6、尼龙 66、尼龙 1010 等，是应用最广泛的通用型工程塑料。

PA 为具有强极性的结晶性聚合物，它有较高的弯曲强度、拉伸强度，耐磨、耐腐蚀，有自润滑性，加工流动性较好；其缺点是吸水率高、低温抗冲击性能较差。其耐热性也有待提高。

PA 共混改性的主要目的之一是提高抗冲击强度。一般认为，改性尼龙的缺口抗冲击强度小于 $50kJ/m^2$ 的为增韧尼龙，缺口抗冲击强度大于 $50kJ/m^2$ 的则称为超韧尼龙。

此外，PA 共混体系还包括增强体系、阻燃体系等。这些体系也可以相互组合，形成增韧增强体系、增韧阻燃体系等，以满足相应的应用需求。

3.3.1.1 PA共混体系的组成

不同PA共混体系，根据改性的需要，有不同的组成。包括增韧剂、其他聚合物组分、相容剂、增强剂、阻燃剂等，分述如下。

（1）增韧剂 PA增韧体系所用的增韧剂，主要是弹性体。常用的弹性体为三元乙丙橡胶（EPDM）。1975年，美国Du Pont公司开发出超韧尼龙，开发的品种中包括EPDM增韧PA，此后，世界各大公司相继开发出增韧、超韧PA产品。

热塑性弹性体，如SBS，也可以用于PA的增韧。此外，在PP增韧获得广泛应用的POE，作为新兴的热塑性聚烯烃弹性体，也可以在PA增韧中应用。近年来，PP/POE共混体系的研究报告较多。

另一类应用于PA的弹性体增韧剂，是具有“核-壳”结构的弹性体。这种增韧剂是通过共聚的方法制备的，以微小的弹性体粒子为核，以塑料（如PMMA）为壳。由于弹性体粒子的粒径在聚合中已控制在适宜的范围内，可以不受共混工艺的影响，因而，有利于获得较好的增韧效果。

除弹性体增韧剂外，PA的非弹性体增韧剂，包括有机刚性粒子增韧和无机纳米粒子增韧，也在研究之中。

（2）其他聚合物组分 除弹性体之外，PA还可以与其他聚合物组分共混，以改善有关性能。常见的PA共混体系，包括PA/PP、PA/ABS、PA/PET、PA/PPO等，详见下面的介绍。

（3）相容剂 PA的共混体系，如PA/弹性体、PA/PP等，相容性较差，因而需添加相容剂以改善相容性。用于PA共混体系的相容剂，其分子上应含有能与PA的极性基团反应的基团，主要有如下类型：

其一，马来酸酐接枝共聚物，如EPDM-g-MAH、PP-g-MAH、PE-g-MAH等，分别用于PA/EPDM、PA/PP等共混体系。马来酸酐接枝聚合物目前是PA共混体系中应用最为普遍的相容剂。

其二，丙烯酸（AA）、甲基丙烯酸（MAA）等接枝共聚物，如EPDM-g-AA、PP-g-AA等。例如，PP-g-AA可用于PA/PP共混体系，可显著提高相容性；PS-g-AA可用于PA/PS共混体系。

其三，甲基丙烯酸缩水甘油酯（GMA）接枝共聚物，由于这类环氧型接枝共聚物具有很高的反应活性，已越来越多地应用于聚合物共混体系的相容剂，在PA共混体系中也有应用。

此外，也可以采用接枝率较低的马来酸酐接枝共聚物（或其他接枝共聚物），不是作为第三组分（相容剂）使用，而是直接作为增韧剂添加。这样的经接枝改性的增韧剂，与PA基体有良好的相容性。

（4）增强剂、阻燃剂 增强尼龙复合材料，主要采用玻璃纤维增强。此外，碳纤维、芳纶纤维，也可用于增强尼龙复合材料。

阻燃尼龙所用的阻燃剂，可以采用卤素阻燃剂、磷系阻燃剂、氮系阻燃剂，以及氢氧化镁阻燃剂。由于卤素阻燃剂对于环境的不利影响，无卤阻燃体系的开发正在深入进行。

3.3.1.2 PA/聚烯烃弹性体共混体系

PA与聚烯烃弹性体的共混，主要目的在于提高PA的抗冲击强度。PA与聚烯烃的相容性不佳，因而要添加相容剂。目前主要采用马来酸酐（MAH）接枝共聚物作为相容剂。所用的弹性体一般为聚烯烃共聚物，如 EPDM、POE。

图 3-7 所示为 PA6 与马来酸酐接枝聚烯烃弹性体（E-g-MAH）共混物的缺口抗冲击强度与 E-g-MAH 含量的关系。这里，是直接采用马来酸酐接枝聚烯烃弹性体作为增韧剂。从图中可以看出，经改性的聚烯烃弹性体可以显著提高 PA 的抗冲击强度，且在弹性体用量为 20%时，抗冲击强度达到峰值。

Du Pont 公司以马来酸酐改性的聚烯烃弹性体对 PA-66 进行改性，制得的超韧尼龙的抗冲击强度可达 PA-66 的 17 倍，同时还保留了 PA 的耐磨性、抗挠曲性和耐化学药品性。

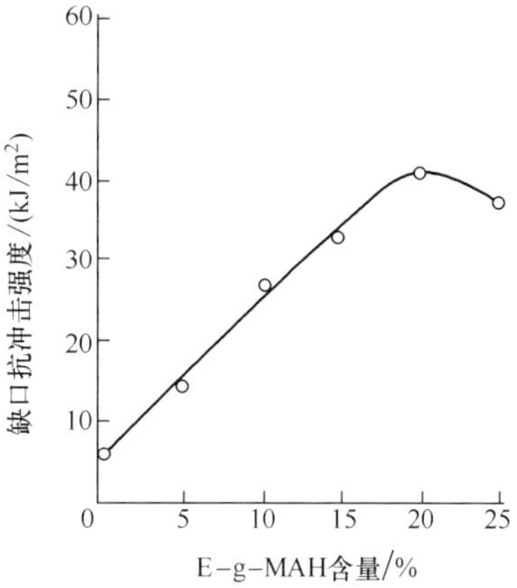

图 3-7　PA6/E-g-MAH 共混物缺口抗冲击强度与 E-g-MAH 含量的关系

陈晓松等研究了 PA11/POE/POE-g-MAH 共混体系，其中 POE-g-MAH 也是弹性体，起到增韧剂和 PA11 与 POE 之间增容剂的双重作用。当弹性体 POE/POE-g-MAH 的配比为 4∶3，弹性体总用量为 25%时，共混物的悬臂梁缺口抗冲击强度接近 50kJ/m²，比纯 PA11 的抗冲击强度（5.7kJ/m²）有大幅度提高；而拉伸强度仅有小幅下降。

3.3.1.3　PA/PE 共混体系

关于 PA/PE 共混体系，进行了不少研究。该体系的研究也首先要选择相容剂，如马来酸酐接枝 PE、丙烯酸类接枝 PE 等。

李澜鹏等研究了 PA6/EPDM-g-MAH/HDPE 三元共混体系。研究中采用了两种共混方法：其一是“一步法”，把 3 种聚合物物料同时进行共混；其二是“两步法”，将 EPDM-g-MAH 与 HDPE 按 1∶1 的比例先制作共混物母料，再与 PA6 进行共混。结果显示，采用“两步法”制备的 PA6/EPDM-g-MAH/HDPE 共混物试样的悬臂梁缺口抗冲击强度达到 72.5kJ/m²，约为纯 PA6 的 8.8 倍，约为“一步法”试样的 3 倍。这表明，对于合适的体系，在适当的条件下采用“两步法”，可以收到良好的共混改性效果。

3.3.1.4　PA/PP 共混体系

PA/PP 共混体系，也是常见的 PA 共混体系。由于 PA 与 PP 相容性不好，所以共混中要添加相容剂，常用的相容剂为马来酸酐接枝聚丙烯（PP-g-MAH）。

马来酸酐接枝热塑性弹性体（TPE-g-MAH）也可作为 PP/PA6 共混体系的相容剂，使 PP/PA6 共混物的韧性大大提高，同时拉伸强度及模量仍保持较好的水平。

李海东等用甲基丙烯酸环氧丙酯（GMA）对 PP 进行接枝，以改善 PP/PA1010 共混体系的相容性。将接枝 PP 与 PA1010 共混，力学性能比普通 PP/PA1010 共混物有明显的改善。

3.3.1.5　PA/苯乙烯系共聚物共混体系

多种苯乙烯系共聚物，如苯乙烯-丙烯腈共聚物（SAN）、ABS、苯乙烯-马来酸酐共聚物等，都可以与 PA 共混。

PA 与 ABS 之间有一定的相容性。为进一步提高 ABS 与 PA 的相容性，可先用丙烯酰胺接枝改性 PA，再与 ABS 共混。PA/ABS 共混物具有良好的耐热性，热变形温度明显高于 PA。此外，ABS 还对 PA 有增韧作用。

3.3.1.6 PA 与其他聚合物的共混体系

PA 与聚酯（PET、PBT）共混，共混物具有良好的耐热性、耐溶剂性和尺寸稳定性。

以 PP-g-MAH 为相容剂，可将 PA6 与 SEBS 进行共混改性，当 SEBS 加入量达到 20 份时，共混物抗冲击强度大幅度提高。PA 与聚苯醚（PPO）共混，采用聚苯乙烯接枝马来酸酐作为相容剂，共混物抗冲击强度高，尺寸稳定性优良，且具有突出的耐热性，以及较低的吸湿性。

张世杰等在 PA6 中混入 3%～10% 的聚乙烯吡咯烷酮（PVP），研究了共混物的吸湿性。

PA 合金在汽车、纺织机械零件及电子、体育器械等领域有着广泛的应用。

3.3.2 聚碳酸酯的共混改性

聚碳酸酯（PC）是指主链上含有碳酸酯基的一类高聚物，可分为芳香族 PC、脂环族 PC 和脂肪族 PC。通常所说的聚碳酸酯是指芳香族聚碳酸酯，其中，双酚 A 型 PC 具有更为重要的工业价值。现有的商品 PC 大部分为双酚 A 型 PC。

PC 是透明且抗冲击性能好的非结晶型工程塑料，且具有耐热、尺寸稳定性好、电绝缘性能好等优点，已在电器、电子、汽车、医疗器械等领域得到广泛的应用。

PC 的缺点是熔体黏度高，流动性差，尤其是制造大型薄壁制品时，因 PC 的流动性不好，难以成型，且成型后残余应力大，易于开裂。此外，PC 的耐磨性、耐溶剂性也不好，而且售价也较高。

通过共混改性，可以改善 PC 的加工流动性。PC 与不同聚合物共混，可以开发出一系列各具特色的合金材料，并使材料的性能/价格比达到优化。

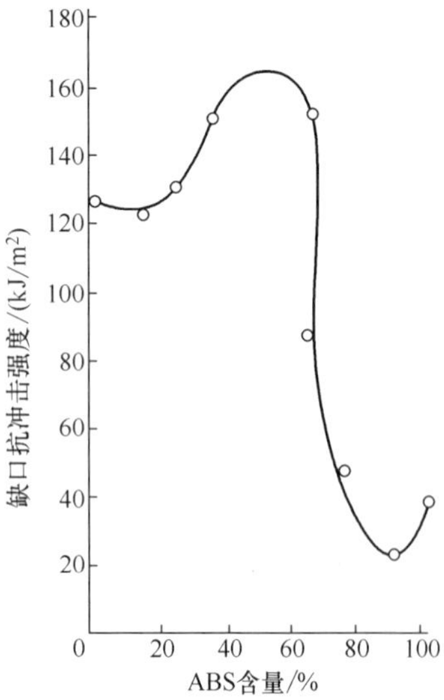

图 3-8 PC/ABS 共混物缺口抗冲击强度与 ABS 含量的关系

3.3.2.1 PC/ABS 共混体系

PC/ABS 合金是最早实现工业化的 PC 合金。这一共混体系可提高 PC 的抗冲击性能，改善其加工流动性及耐应力开裂性，是一种性能较为全面的共混材料。

PC/ABS 共混物缺口抗冲击强度与 ABS 含量的关系如图 3-8 所示。可以看出，在配比为 PC/ABS＝60∶40 时，共混物抗冲击性能明显优于纯 PC。

PC/ABS 共混物的性能还与 ABS 的组成有关。PC 与 ABS 中的 SAN 部分相容性较好，而与 PB（聚丁二烯）部分相容性不好。因此，从相容性方面考虑，在 PC/ABS 共混体系中，不宜采用高丁二烯含量的 ABS。但是，高丁二烯含量的 ABS 对 PC 的增韧效果较好。所以，应综合考虑两方面的因素，选择适宜的 ABS 品种。为改善PC/ABS共混体系的相容性，可以添加马来酸酐接枝ABS作为增容剂。

ABS具有良好的加工流动性，与PC共混，可改善PC的加工流动性。美国GE（通用电气）公司已开发出高流动性的PC/ABS合金。

ABS本身具有良好的电镀性能，因此，将ABS与PC共混，可赋予PC以良好的电镀性能。日本帝人化成公司开发出电镀级的PC/ABS合金，可采用ABS的电镀工艺进行电镀加工。

PC/ABS合金还有阻燃级产品，可用于汽车内装饰件、电子仪器的外壳和家庭用具等。

3.3.2.2　PC/PET、PC/PBT共混体系

PC为非结晶聚合物，PET、PBT为结晶性聚合物，PC与PET或PBT共混，可以在性能上互相补充。PC/PET、PC/PBT共混物可以改善PC在成型加工性能、耐磨性和耐化学药品性方面的不足，同时又可以克服PET、PBT耐热性差、抗冲击强度不高的缺点。PC/PET、PC/PBT合金可用于汽车保险杠、车身侧板等用途。在PC/PET、PC/PBT体系中，可以适当添加弹性体作为增韧剂，以提高抗冲击性能。

在PC与PBT或PET进行熔融共混时，易于发生酯交换反应。酯交换反应是在两种聚合物的主链之间进行的，会导致共混物的耐热性等性能下降。因此，在PC与PBT、PET共混中，应避免酯交换反应的发生。特别是以本体聚合法生产的PBT，其聚合催化剂残存于PBT中，对酯交换反应有促进作用。

一些助剂可以对酯交换反应起抑制作用。白绘宇等研究了亚磷酸三苯酯（TPP）和焦磷酸二氢二钠（DSDP）对PBT/PC共混体系中酯交换反应的抑制作用和对共混物性能和结构的影响。结果表明：TPP和DSDP均能提高共混物的维卡软化点；但是在有增韧剂的PBT/PC共混体系中，TPP会降低其抗冲击性能，DSDP则不会降低其抗冲击性能。对抽提分离物做的FTIR和DSC分析结果，证实了DSDP是酯交换反应有效的抑制剂。

3.3.2.3　PC/PE共混体系

在众多PC共混体系中，PC/PE颇为引人注意。PE可以改善PC的加工流动性，并使PC的韧性得到提高。此外，PC/PE共混体系还可以改善PC的耐热老化性能和耐沸水性能。PE是价格低廉的通用塑料，PC/PE共混也可起降低成本的作用。因此，PC/PE共混是很有开发前景的。

PC与PE相容性较差，可加入EPDM、EVA等作为相容剂，也可采用马来酸酐进行反应增容。在共混工艺上，可采用两步共混工艺。第一步制备PE含量较高的PC/PE共混物，第二步再将剩余PC加入，制成PC/PE共混材料。此外，PC、PE品种及加工温度的选择，应使其熔体黏度较为接近。

在PC中添加5%的PE，共混材料的热变形温度与PC基本相同，而抗冲击强度可显著提高。

美国GE公司和日本帝人化成公司分别开发了PC/PE合金品种。PC/PE合金适于制作机械零件、电工零件，以及容器等。

3.3.2.4　PC/PLA共混体系

聚乳酸（PLA）是脂肪族聚酯，其生产原料主要为玉米等天然原料，既可降低对于石油资源的依赖，又具有可降解的优点，是一种很有发展前景的聚合物材料。PLA的主要

缺点是耐热性和抗冲击性能差，阻燃性能也不高。将PLA与芳香族PC共混，制备综合性能优异的材料，成为近几年的研究热点。

采用熔融共混制备PLA/PC共混物时，由于PLA是脂肪族聚酯，与芳香族PC的相容性较差，需要对共混体系进行改性。据研究，PC与PLA在共混过程中会发生酯交换反应，生成的共聚物对共混体系有增韧作用。因而，在共混中可以尝试加入酯交换催化剂。一些增容剂，如苯乙烯-丙烯腈共聚物接枝马来酸酐，也被证明可显著提高PC/PLA体系的相容性。

还需要对PC/PLA体系进行增韧改性和阻燃改性。应用较多的增韧剂为丙烯酸酯类抗冲改性剂（ACR）。可选用的阻燃剂包括溴系阻燃剂、磷系阻燃剂、含氮化合物类阻燃剂、硅系阻燃剂和无机阻燃剂。由于含卤阻燃剂对环境影响较大，无卤阻燃成为发展趋势。

PC/PLA共混体系已获得工业化应用。韩国三星第一毛织株式会社开发出一种名为GL-1401的PC/PLA复合材料，可用作手机外壳。其耐疲劳性能比常用于手机外壳的PC/ABS材料要好，熔体流动速率也比PC和PC/ABS都高。PC/PLA材料的性能与PC/ABC及PC的对比见表3-8。可以看出，PC/PLA的悬臂梁抗冲击强度和弯曲模量都高于PC/ABS，也高于PC。

表3-8 PC/PLA材料性能与PC/ABS及PC对比

性能	PC/PLA	PC/ABS	PC
拉伸强度/MPa	55	57	62
弯曲强度/MPa	80	81	90
弯曲模量/MPa	2600	2500	2000
悬臂梁抗冲击强度/(J/m)	750	590	740
负荷变形温度/℃	100	115	128
维卡软化点/℃	130	133	140

3.3.2.5 PC与其他聚合物的共混体系

PC/PS共混体系，可改善PC的加工流动性。在PS用量为6~8质量份时，共混物的抗冲击性能可以得到提高。

PC与PMMA共混，产物具有珍珠光泽。由于PC的折射率为1.59，PMMA的折射率为1.49，相差较大，共混后形成的两相体系，因光的干涉现象而产生珍珠光泽。PC/PMMA共混物适于共混物适合于制作装饰品、化妆品容器等。

PC与热塑性聚氨酯（TPU）共混，可获得具有优异的低温抗冲击性能、良好的耐化学药品性及耐磨性的材料，可用作汽车车身部件。

3.3.3 聚对苯二甲酸乙二醇酯、聚对苯二甲酸丁二醇酯的共混改性

聚对苯二甲酸乙二醇酯（PET）的早期用途主要是制造涤纶纤维。在塑料用途方面，PET主要用于制造薄膜和吹塑瓶。在塑料薄膜中，PET薄膜是力学性能最佳者之一。但是，PET的结晶速度较慢，因而不适合于注射和挤出加工成型。对于PET进行共混改性，可使上述性能得到改善。此外，PET共混体系还可用于制备共混型纤维等用途。

聚对苯二甲酸丁二醇酯（PBT）是美国在 20 世纪 70 年代首先开发的工程塑料，具有结晶速度快、适合于高速成型的优点，且耐候性、电绝缘性、耐化学药品性、耐磨性优良，吸水性低，尺寸稳定性好。PBT 的缺点是缺口抗冲击强度较低。另外，PBT 在低负荷（0.45MPa）下的热变形温度为 150℃，但在高负荷（1.82MPa）下的热变形温度仅为 58℃。PBT 的这些缺点可通过共混改性加以改善。

此外，PET、PBT 都适合以纤维填充改性，大幅度提高其力学性能。

3.3.3.1　PET/PBT 共混体系

PET 与 PBT 化学结构相似，共混物在非晶相是相容的，因而 PET/PBT 共混物只有一个 T_g。但是二者在晶相是分别结晶，而不生成共晶，于是，共混物就出现了两个熔点。PET/PBT 共混物 T_g 及熔解温度（T_m）与 PET 含量的关系如图 3-9 所示。

PET 与 PBT 共混，对于 PET 而言，可以使结晶速度加快。对于 PBT 而言，在 PET 用量较高时，可提高抗冲击性能。此外，共混物具有较好的表面光泽。

PBT/PET 共混过程中易发生酯交换反应，最终可生成无规共聚物，使产物性能降低。因此，PBT/PET 共混物应避免酯交换反应发生。可采取的措施包括预先消除聚合物中残留催化剂（可促进酯交换反应），控制共混时间（避免时间过长），外加防止酯交换的助剂等。

美国 GE 等公司有 PET/PBT 共混物商品树脂。PET/PBT 共混物价格较 PBT 低，表面光泽好，适于制造家电把手、车灯罩等。

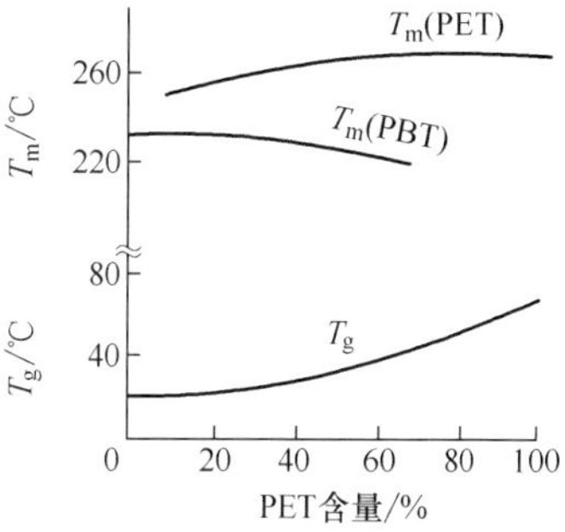

图 3-9　PET/PBT 共混物 T_g 及 T_m 与 PET 含量的关系

3.3.3.2　PET/PE 及 PET/PP 共混体系

PE 或 PP 可以与 PET 共混。PET 与 PE、PP 为不相容体系，需要添加增容剂，才能进行共混，并获得较好的性能。可采用的增容剂包括：甲基丙烯酸缩水甘油酯（GMA）接枝 PE（或 PP）、乙烯-GMA 共聚物、乙烯-丙烯酸乙酯-GMA 三元共聚物、马来酸酐（MAH）接枝 PE（或 PP）等。

PET/PE 及 PET/PP 共混物的主要研究方向是针对废旧材料，属于废弃 PET 再利用制备工程塑料的研究，有可观的发展前景。

3.3.3.3　PET/弹性体共混体系

用于 PET 增韧的弹性体，包括 EPDM、EPR、SEBS、POE 等。为改善弹性体与 PET 的相容性，需进行增容改性。

采用 EPDM 对 PET 增韧改性，加入烷基琥珀酸酐改善两者的相容性，可制成高抗冲 PET 合金，可用于制造电子仪器外壳、汽车部件等。采用 EPR 与 PET 共混，添加少量的 PE-g-MAH 接枝共聚物，也可获得良好的增韧效果。PE-g-MAH 不仅起到相容剂的作用，还可提高 PET 的结晶速度。也可采用甲基丙烯酸缩水甘油酯接枝乙烯-辛烯共聚物（POE-g-GMA）作为增韧剂。此外，PET 与 PC 及弹性体（EPDM）共混，也可制成高抗冲 PET 合金。

3.3.3.4　PBT 的共混改性

如前所述，PBT 的主要缺点是抗冲击强度不高。将 PBT 与乙烯类共聚物共混，可以提高 PBT 的抗冲击强度。

EVA 与 PBT 有一定的相容性，与 PBT 共混，在 PBT/EVA 的比例为 85∶15 时，抗冲击性最佳，且 PBT 原有的优良性能保持率也较高。

PBT 与马来酸酐接枝的乙烯-丁烯共聚物共混，在共聚物添加量为 20%（质量分数）时，共混物的抗冲击强度可比 PBT 提高 2 倍以上。但采用上述共聚物改性 PBT，PBT 的刚性损失较大，表现为弯曲模量和弯曲强度有较大降低。

任华等选用适当品种的 ABS 对 PBT 进行改性，用含环氧官能团的聚合物作为相容剂，使共混体系分散良好，能有效地改善 PBT 的性能，得到性能稳定的共混物。

3.3.4 聚苯醚的共混改性

聚苯醚（PPO）是一种耐热性较好的工程塑料，其玻璃化转变温度为 210℃，脆化温度为-170℃，在较宽的温度范围内具有良好的力学性能和电性能。PPO 具有高温下的耐蠕变性，且成型收缩率和热膨胀系数小，尺寸稳定，适于制造尺寸精密的制品。PPO 还具有优良的耐酸、耐碱、耐化学药品性，水解稳定性也极好。PPO 的主要缺点是熔体流动性差，成型温度高，制品易产生应力开裂。

PPO 的另一个特点是与 PS 的相容性良好，可以以任意比例与 PS 共混。PS 具有良好的加工流动性，可以改善 PPO 的加工性能。

由于 PPO 本身在加工性能上的不足，必须进行改性才能应用；又由于 PPO 与 PS 相容性好，易于进行改性，所以，工业上应用的 PPO 绝大部分是改性产品。除了 PPO/PS 共混体系外，PPO 还可以与 PA、PBT、PTFE 等共混。

3.3.4.1 PPO/PS 共混体系

PPO 与 PS 相容性良好，PPO/PS 共混体系是最主要的改性 PPO 体系。为提高 PPO/PS 共混体系的抗冲击性能，要加入弹性体，或采用 HIPS 与 PPO 共混。

PPO/PS/弹性体共混物的力学性能与纯 PPO 相近，加工流动性能明显优于 PPO，且保持了 PPO 成型收缩率小的优点，可以采用注射、挤出等方式成型，特别适合于制造尺寸精确的结构件。改性 PPO 的代表性品种有美国 GE 公司的 Noryl。Noryl 有适应不同用途的品级牌号达 30 余种。

PS 改性 PPO 的耐热性比纯 PPO 低。纯 PPO 热变形温度（1.82MPa 负荷下）为 173℃，改性 PPO 的热变形温度因不同品级而异，一般在 80~120℃。

PS 改性 PPO 主要用于制造电器、电子行业中。

3.3.4.2 PPO/PA 共混体系

将非结晶性的 PPO 与结晶性的 PA 共混，可以使两者性能互补。PPO/PA 共混体系综合了 PPO 的尺寸稳定性、耐热性好和 PA 的加工流动性好等优点。但是，PPO 与 PA 的相容性差。因此，制备 PPO/PA 合金的关键是使二者相容化。

PPO/PA 合金主要采用反应型增容剂，如 MAH-g-PS。如果加入的相容剂本身又是一种弹性体，则可以进一步提高 PPO/PA 共混物的抗冲击强度。这样的弹性体相容剂有 SEBS-g-MAH、SBS-g-MAH 等。

孙皓等在双螺杆挤出机中，将 PPO 与 MAH 接枝反应，然后与 PA66、SEBS 挤出共混，制成的合金具有较高的抗冲击性能。

国外一些公司已商品化的PPO/PA合金具有优异的力学性能、耐热性、尺寸稳定性。热变形温度可达190℃，抗冲击强度达到20kJ/m² 以上，适用于制造汽车外装材料。

PPO/PBT也是非结晶聚合物与结晶聚合物的共混体系。PPO/PBT共混物在潮湿环境中仍能保持其物理性能，更适用于制造电器零部件。

3.3.4.3 PPO/PTFE共混体系

PPO可与聚四氟乙烯（PTFE）共混。PPO/PTFE合金吸收了PTFE的耐磨性、润滑特性，适合于制造轴承部件。由于PPO/PTFE合金尺寸稳定性好，成型收缩率小，更适合于制造大型的轴承部件。

PTFE具有极好的自润滑性能，可以和PPO、POM等工程塑料共混，以改善摩擦性能。但添加PTFE的共混体系也要面对一些问题。其一，是PTFE的熔点高、熔体黏度很大，难以采用常规的熔融共混。因而，通常是采用PTFE粉末与基体聚合物（如PPO、POM）熔融混合的方法，制备共混材料。其二，是PTFE极低的表面活性和不黏性限制了其与其他聚合物的复合，因此，必须对PTFE进行一定的表面改性，以提高其表面活性。常用技术有表面活化技术等。可以采用高能射线的辐射使其表面脱氟，在一定装置和条件下进行接枝改性；或用低温等离子法处理PTFE材料，发生碳-氟或碳-碳键的断裂，生成大量自由基以增加PTFE的表面自由能。

3.3.5 聚甲醛的共混改性

聚甲醛（POM）是高密度、高结晶性的聚合物，其密度为1.42g/cm³，是通用型工程塑料中最高的。POM具有硬度高、耐磨、自润滑、耐疲劳、尺寸稳定性好、耐化学药品等优点。但是，POM的抗冲击性能不是很高，抗冲击改性是POM共混改性的主要目的。

由于POM大分子链中含有醚键，与其他聚合物的相容性较差，因而POM合金的开发有一定难度，开发也较晚。

与POM共混的聚合物为各种弹性体。其中，热塑性聚氨酯（TPU）是POM增韧改性的首选聚合物。

3.3.5.1 POM/TPU共混体系

POM/TPU的共混，关键问题是相容剂的选择。徐卫兵等以甲醛与一缩乙二醇缩聚，缩聚物经TDI封端，再经丁二醇扩链，制成POM/TPU共混物的相容剂。将该相容剂应用于POM/TPU共混物，在POM/TPU的比例为90：10，相容剂用量为TPU用量的5%时，共混物的抗冲击强度可达18kJ/m²，如图3-10所示。

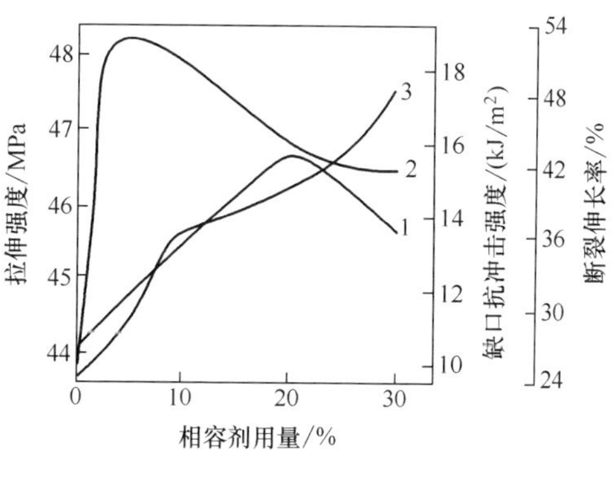

图3-10 相容剂用量对POM/TPU共混物缺口抗冲击强度及其他力学性能的影响
（相容剂用量为占TPU用量的质量分数，POM/TPU=90：10）
1—拉伸强度 2—缺口抗冲击强度 3—断裂伸长率

美国Du Pont公司于1983年开发成功超韧聚甲醛，牌号为Derlin 100ST（S表示超级，T表示增韧）。Derlin 100ST是采用TPU增韧的POM，其悬臂梁抗冲击强度比未增韧的 POM 提高了 8 倍，达到了 907J/m。

3.3.5.2 POM 与其他聚合物的共混体系

POM 的增韧体系中，目前只有 POM/TPU 体系实现了工业化生产。其他增韧体系尚在研究之中，包括丁腈橡胶（NBR）增韧 POM 等。此外，国内研究过共聚尼龙（Co-PA）等聚合物对 POM 的增韧作用。张秀斌等研究了 POM/Co-PA、POM/LDPE 和 POM/HDPE 三种共混体系，结果表明：Co-PA 对 POM 的增韧效果最佳，且 Co-PA 与 POM 分子间有氢键作用；EVA 可在 POM/LDPE 及 POM/HDPE 共混体系中起相容剂的作用；对 HDPE 进行紫外线辐射，在其分子链上引入了极性羰基，可以大大提高其对 POM 的增韧效果。国内还研究过 POM/EPDM 共混物，以 EPDM-g-MMA 作为增容剂，使拉伸强度、缺口抗冲击强度提高。

POM 可与聚四氟乙烯（PTFE）共混，用于制造滑动摩擦制品。POM 本身有一定的自润滑性，但在高速、高负荷的情况下作为摩擦件使用时，其自润滑性难以满足需要，制品会因摩擦发热而变形。POM/PTFE 共混物可克服上述缺点。

国外通过共混法制成多种 POM/PTFE 共混物，具有优异的自润滑性能。典型品种有 Du Pont 公司的 Derlin100AF 等。

超高分子质量聚乙烯（UHMWPE）是自润滑性能仅次于 PTFE 的材料，也可用于与 POM 共混，改善 POM 的自润滑性能。陈金耀等用 3 种不同的 UHMWPE 与 POM 共混，制成 POM 自润滑材料，并研究了共混物的摩擦磨损性能。结果表明：采用经改性的 UHMWPE 与 POM 共混，能有效提高 POM 的摩擦磨损性能；当 UHMWPE 质量分数为 5%时，POM/UHMWPE 共混物的摩擦因数从纯 POM 的 0.32 降低到共混物的 0.16。SEM 分析表明，在摩擦过程中，UHMWPE 向磨损界面转移形成磨屑，有效地隔离了两个摩擦面的接触，明显降低了 POM 树脂的摩擦因数，提高了 POM 的耐磨损性能。

3.3.6 高性能工程塑料的共混改性

高性能工程塑料（也称特种工程塑料）的品种，包括聚苯硫醚（PPS）、聚酰亚胺（PI）、液晶聚合物（LCP）、聚苯醚砜（PES）、聚芳酯（PAR）、聚芳醚酮（PEK、PEEK）等。高性能工程塑料大都具有较高的力学性能，较高的耐热性，但加工流动性一般不太好，且价格较为昂贵。高性能工程塑料往往也需要通过共混改性，使其性能得到改善。

3.3.6.1 PPS 共混体系

聚苯硫醚（PPS）为含硫的芳香族聚合物，是一种耐高温的工程塑料，具有卓越的刚性、耐化学药品性、电绝缘性能，以及黏接性能。PPS 为半结晶性塑料，结晶熔点 287℃，结晶度约为 65%。PPS 不溶于 170℃ 以下的绝大多数溶剂。由于优良的耐腐蚀性，PPS 广泛用作防腐材料。PPS 电绝缘性能好，也被应用于制造电机、电器零部件。在高性能工程塑料中，PPS 价格最低，性价比较高。PPS 的主要缺点是抗冲击强度较低。

将 PPS 与 PA 共混，可以显著提高 PPS 的抗冲击强度。PPS/PA 是一个比较成熟的共混体系，也是研究的热点。PPS 与 PA 溶解度参数相近，相容性较好。PPS/PA 共混配比为 60∶40 时，共混物的抗冲击强度可比纯 PPS 提高 1 倍以上，拉伸强度、弯曲强度也有提高，热变形温度仅略有下降。PPS/PA 共混体系虽然有一定的相容性，但仍然不够理想，可选用甲基丙烯酸缩水甘油酯接枝聚乙烯（PE-g-GMA）等进行增容改性。

PPS 与 PC 共混，也可提高 PPS 的抗冲击强度。PPS/PC 共混物还可具有良好的表面光洁度。国外采用 PPS/PC 共混物注射成型的制品，表面如镜面般光洁。

PPS 与 PS、ABS 等苯乙烯类聚合物共混，可以改善 PPS 的成型加工性能。ABS 还可以提高 PPS 的抗冲击强度。此外，PPS 还可以与 PTFE 共混，制成优良的耐磨和低摩擦因数材料。

PPS 的增强材料，主要采用玻璃纤维增强，也可以使用无机填充剂。

3.3.6.2 LCP 共混体系

液晶聚合物（LCP）是一类耐高温、具有高强度和高模量的高性能工程塑料。LCP 与其他聚合物共混，可起到显著的增强作用。在共混中，LCP 中的刚性大分子在熔融状态下，会沿外界剪切力的方向取向，形成液晶微纤。这种在共混过程中“原位”形成的微纤可对基体聚合物起增强作用，可使共混物力学性能大幅度提高。与传统的纤维增强相比，LCP 原位生成微纤在工艺上省去了预先制造纤维的工作，简便易行。LCP 的熔体黏度一般低于作为基体的特种工程塑料，因而添加 LCP 可改善加工流动性。特别是在高剪切条件下，LCP 刚性大分子充分取向，黏度降低尤为明显。

LCP 可与 PES、POM、PBT、PC、PA、PET 等工程塑料制成塑料合金，制品性能都有显著提高。现以 LCP/PES 合金为例，介绍 LCP 共混体系的性能。

LCP 可分为全芳香聚酯型（简称聚酯型）、聚酯酰胺型等类型。将两类 LCP 分别与聚苯醚砜（PES）共混，所得 LCP/PES 合金性能如表 3-9 所示。

表 3-9 LCP/PES 合金性能

材料	拉伸强度/MPa	断裂伸长率/%	拉伸弹性模量/GPa	弯曲弹性模量/GPa
PES	64	122	2.5	2.6
PES/聚酯型 LCP	127	3.8	5.0	4.1
PES/聚酯酰胺型 LCP	175	2.6	8.9	6.8

注：表中 PES/LCP 配比为 70∶30（质量分数）。

PES 是一种耐热性良好、力学强度适中的工程塑料。从表 3-9 可以看出，LCP 可以对 PES 有显著的增强作用。其中，聚酯酰胺型 LCP 的增强效果更高一些。LCP/PES 共混物的成型加工条件如表 3-10 所示。可以看出，LCP 可以有效地提高熔体的流动性，改善共混物的挤出、注射等成型加工性能。

表 3-10 LCP/PES 共混物成型加工条件

材料	挤出压力/MPa	注射压力/MPa	成型温度/℃
PES	5.5	110	350
PES/聚酯型 LCP	2.1	55	350

3.3.6.3 其他高性能工程塑料的共混体系

（1）PI 共混体系　聚酰亚胺（PI）为芳杂环聚合物之一，具有突出的耐高温性能。芳杂环聚合物是伴随着航空、航天和火箭技术的发展而开发研究的。在各种耐高温芳杂环聚合物中，PI的应用最为广泛。PI的品种有聚醚酰亚胺（PEI）、聚酰胺-酰亚胺（PAI）等。PI有极好的耐热性，在260℃的空气中可长期使用。PI制成的薄膜在250℃条件下可连续使用7万h以上。此外，PI的力学性能、难燃性、尺寸稳定性、电性能也都良好。

近年来，PI新品种的开发，解决了其难于成型加工的问题。如聚醚酰亚胺（PEI）就具有良好的熔融加工性能。PEI的共混体系也受到关注。PEI与未固化的环氧树脂有很好的相容性，被用于环氧树脂的增韧。PEI还可与PEEK、PC或PA共混。

（2）PAR共混物　PAR为透明性、耐候、耐冲击的高性能工程塑料。由于熔体黏度高，难以成型薄壁制品。PAR与PET、PBT等有较好的相容性，可制成共混材料。例如，将PAR与PET共混，在保留了PAR耐热、耐紫外线的优越品质的情况下，改善了加工流动性。PAR还可与PA共混，对PAR而言，可改善加工流动性；对PA而言，则可大幅度提高热变形温度。

（3）PEEK共混物　PEEK是结晶性耐高温工程塑料，具有优良的综合性能，特别是耐辐射性能优良。PEEK可应用于航天、原子能工程部件，以及矿山、油田、电器工业等。PEEK可以注射成型，也可制成单丝。但是，PEEK的玻璃化转变温度（T_g）较低，影响了高温下的使用性能。将PEEK与具有较高玻璃化转变温度的聚醚酰亚胺（PEI）共混，共混物的T_g提高。PEEK与PEI具有良好的相容性。

PEEK也可与聚苯醚砜（PES）共混。于全蕾等研究了PEEK与PES的共混物，结果表明，PEEK/PES相容性良好，改性后的PEEK玻璃化转变温度提高，加工流动性明显改善，加工温度可降低100℃。

PEEK还可以与PTFE、LCP等共混。

（4）聚砜的共混物　聚砜分为双酚A型聚砜（PSF）、聚苯醚砜（PES）、聚芳砜（PASF）等类型。

PSF为透明树脂，韧性、电绝缘性能、耐热水性、耐蠕变性优良。它的缺点是加工流动性差。PSF与ABS共混，可改善PSF的成型加工性能，且具有优良的抗冲击性能；对ABS而言，则可大幅度提高耐热性。PSF也可以与PET、PBT共混。

PES可与LCP、PEEK、PPS、PC等共混。江东等以双酚-S型聚芳酯为增容剂，对聚苯醚砜/聚碳酸酯（PES/PC）共混体系的形态结构及力学性能进行了研究，结果表明，双酚-S型聚芳酯可有效地增加两相间的界面结合，改善两组分间的相容性。

3.4　橡胶的共混改性

本部分内容主要介绍以橡胶为主体的共混体系。橡胶可以分为通用橡胶和特种橡胶。通用橡胶包括天然橡胶（NR）、顺丁橡胶（BR）、丁苯橡胶（SBR）、三元乙丙橡胶（EPDM）、丁腈橡胶（NBR）、氯丁橡胶（CR）、丁基橡胶（IIR）等。特种橡胶包括氟橡胶、硅橡胶、丙烯酸酯橡胶等。

以橡胶为主体的共混体系包括橡胶与橡胶的共混，通常称之为橡胶并用；橡胶与塑料的共混，通常称之为橡塑并用。橡胶的共混，可以实现橡胶的改性，也可以降低产品成本。因此，橡胶的共混已成为橡胶制品生产的重要途径。

3.4.1 橡胶共混的基本知识

3.4.1.1 助剂在共混物两相间的分配

在橡胶共混中，需添加许多助剂，如硫化剂、硫化促进剂、补强剂、防老剂等。这些助剂在聚合物两相间的如何分配，对橡胶共混物性能的影响很大。

（1）硫化助剂在两相间的分配　橡胶共混改性的一个重要问题是橡胶的交联（硫化）问题。对于两种橡胶共混形成的两相体系，两相都要达到一定的交联程度，这就是两相的同步交联，或称为同步硫化。为实现同步硫化，就要求硫化助剂在两相间分配较为均匀。否则，就会造成一相过度交联，一相交联不足，严重影响共混物的性能。

硫化助剂在两相间的分配，主要影响因素是硫化助剂在橡胶中的溶解度。而这又与硫化助剂的溶解度参数及橡胶的溶解度参数有关。一般来说，可以用溶解度参数来初步判定硫化助剂在橡胶中的溶解度。例如，硫磺的溶解度参数较高，在高溶解度参数的橡胶（如BR）中的溶解度就较高，而在低溶解度参数的橡胶（如EPDM）中的溶解度就较低。根据共混橡胶的品种，适当选用硫化助剂，以调节硫化助剂在两相橡胶中的溶解度，可以控制硫化助剂在两相间的分配。此外，温度对于硫化助剂的溶解度也有影响。硫化助剂从一相中向另一相的迁移也会影响其在两相间的分配。

（2）补强剂在两相间的分配　炭黑等补强剂在两相间的分配，也会影响橡胶共混物的性能。其影响因素首先是炭黑与橡胶的亲和性。由于炭黑与橡胶大分子中的双键有很强的结合力，所以含双键较多的橡胶与炭黑的亲和力较大。在橡胶共混物中，炭黑与IIR亲和力最小，其次是EPDM，亲和力较大的则是NR和SBR。因此，如果一种对炭黑亲和力很强的橡胶与一种对炭黑亲和力很弱的橡胶共混时，炭黑将大部分存留于前者中。补强剂在两相间分布不匀，显然会损害橡胶共混物的性能。

橡胶共混物两相的熔体黏度对补强剂的分配也有影响。这一影响可对应于“软包硬”的基本规律（参见本书第2章2.2.3.1），即补强剂倾向于进入黏度低的一相。

为了调整补强剂在两相间的分配，可以采用如下方法：其一，适当选择补强剂品种，或对补强剂进行表面处理，以调节补强剂对橡胶的亲和性；其二，通过改变混炼温度等方式，调节两相的黏度；其三，改变加料顺序，先将补强剂与亲和性较弱的橡胶共混，再与另一种橡胶共混。这样，补强剂在第二步共混中会自动向亲和力较强的橡胶中迁移，以达到最终的较为均匀的分布。

其他助剂在两相间的分配也会影响共混物的性能，可以参照以上方法进行调节。

3.4.1.2 橡胶共混物两相的共交联

为提高橡胶共混物两相间的界面结合力，最有效的方法是在两相间实现交联，这就是共交联（又称共硫化，或界面交联）。界面交联实际上是不同聚合物之间的交联反应。界面交联可使共混物形成统一的交联网络结构，可获得更好的改性效果。

两相共混物能否实现共交联，主要取决于交联活性点的特征。如果参与共混的聚合物具有相同性质的交联活性点，可选用共同的交联助剂；如果共混组分的交联活性点的性质不同，应采用多官能团交联剂，也可以对聚合物进行化学改性，使其具有新的活性点。

在NR、BR、SBR、NBR等通用橡胶的共混中，由于这些橡胶具有相同性质的交联活性点，可采用相同的硫化体系。但是，由于硫化助剂在不同橡胶中溶解度不同，所以在实际应用中还需精心设计配方，才能达到较好的共硫化。

其他橡胶共混体系，可选用适宜的硫化体系。如 EPDM/IIR 可采用硫磺促进剂体系，氟橡胶、丙烯酸酯橡胶共混体系可选用胺类交联剂，乙丙橡胶与硅橡胶共混可选用过氧化物交联剂等。

3.4.2 通用橡胶的共混改性

3.4.2.1 橡胶并用共混体系

（1）NR/BR 共混物　天然橡胶（NR）具有良好的综合力学性能；顺丁橡胶（BR）则具有高弹性、低生热、耐寒性、耐屈挠和耐磨耗性能优良的特点。NR 与 BR 相容性较好，两者共混后，可以在性能上得到互补。将 BR 与 NR 共混，可提高 NR 的耐磨性，在轮胎工业中广泛应用于胎面胶和胎侧胶中。

NR 与 BR 的硫化机制相同，硫化速度也相差不大。但不同的硫化助剂体系应用于 NR/BR 体系，交联速度是不同的。如选用 *N*-环己基-2-苯并噻唑次磺酰胺（CZ）体系交联，则 NR 的交联速度与 BR 相差较大；选用二硫化二苯并噻唑（DM）交联体系，交联速度相差较小。

（2）NR/SBR 共混物　丁苯橡胶（SBR）是最早实现工业化生产的合成橡胶，其加工性能、力学性能接近于 NR，耐磨性、耐热老化性能还优于 NR。在 NR/SBR 共混体系中若采用 DM 交联体系，则交联反应速度相差较小。

NR/SBR 共混物可应用于制造轮胎、输送带等用途中。

（3）NR/NBR 共混物　NR 还可与丁腈橡胶（NBR）共混。NBR 是具有优良的抗湿滑性能及耐油性能的极性橡胶。NR 与 NBR 的相容性较差，但由于两相间的界面交联，力学性能下降并不太大。NR 与 NBR 并用，用于胎面胶，可明显改善抗湿滑性能。

（4）NR/CIIR 共混物　在橡胶轮胎的使用过程中，抗臭氧老化和抗日光老化是需要解决的重要问题。氯化丁基橡胶（CIIR）具有丁基橡胶的优良的耐臭氧老化和耐天候老化性能，同时又具有较快的硫化速度和较好的黏合性。采用 NR 与 CIIR 共混，对 NR 而言，可改善其耐老化性能；对 CIIR 而言，则可进一步提高其黏合性和抗撕裂性能。

（5）BR/1,2-聚丁二烯橡胶共混物　1,2-聚丁二烯橡胶（1,2-PB）具有优良的抗滑、低生热、耐老化等性能，但耐低温性、弹性、耐磨耗和压出工艺性能较差。BR 的耐老化、耐湿滑性能较差。将二者共混，可以互相取长补短。

1,2-PB 的脆性温度为-38℃，而（1,2-PB）/BR 配比为 80∶20（质量比）时，脆性温度可降至-70℃。BR/(1,2-PB）共混还可明显改善 BR 的耐湿滑性和耐热老化性，并可使其生热降低。对 1,2-PB 而言，则可提高其弹性和耐磨性。

BR 还可与 CIIR 共混，以提高其耐老化性能。

（6）EPDM/IIR 共混物　丁基橡胶（IIR）具有优异的气密性、耐热老化和耐天候老化性能，适用于制造内胎。但在使用中会出现变软、黏外胎及尺寸变大等问题。这些缺点可通过与 EPDM 共混来解决。EPDM 有完全饱和的主链，耐臭氧和耐氧化性能优良。EPDM 老化后会产生交联而变硬。所以，EPDM 与 IIR 共混不仅具有极好的耐老化性能，而且能互相弥补缺陷。EPDM 与 IIR 并用制造内胎，具有收缩性小、表面光滑、永久变形小等优点，且可改善纯 IIR 内胎老化后变软发黏的不足。

在 EPDM/IIR 共混体系中，EPDM 品种的选择很重要。宜选用 ENB 型（第三单体为亚乙基降冰片烯）的 EPDM，且乙烯含量在 45%~55%为宜。EPDM 相对分子质量分布宽一些的，较为容易混炼。

（7）EPDM/聚氨酯橡胶共混物　EPDM 具有优良的耐候性和良好的低温性能。但是，由于 EPDM 大分子链中缺少极性基团，其黏附性较差，影响了 EPDM 制品的黏合性能。为提高 EPDM 的黏附性，可选用强极性的聚氨酯橡胶（PU）与 EPDM 共混。EPDM/PU 共混可选用 DCP 作为交联剂。

EDPM 中混入 PU 后，可使黏着力得到明显提高。在 EPDM 中加入 PU 的量为 10 质量份时，即可使黏着力明显提高。而在这一配比下，EPDM/PU 共混物的拉伸强度与 EPDM 基本相同。EPDM/PU 共混物的耐老化性也很好。

3.4.2.2　橡塑并用共混体系

（1）NBR/PVC 共混物　丁腈橡胶（NBR）是丁二烯和丙烯腈的共聚物，耐油性好，耐磨性和耐热性也较好。其缺点是耐臭氧性差，拉伸强度也较低。丁腈橡胶主要用于制造耐油橡胶制品，如耐油密封制品。

NBR 与 PVC 相容性较好，其共混体系应用颇为广泛。以 PVC 为主体的 PVC/NBR 共混物已在通用塑料的共混改性中作了介绍。在以丁腈橡胶为主体的 NBR/PVC 共混体系中，PVC 可对丁腈橡胶产生多方面的改性作用，可提高 NBR 的耐天候老化、抗臭氧性能，提高耐油性，使共混物具有一定的自熄阻燃性和良好的耐热性，还可提高 NBR 的拉伸强度、定伸应力。

NBR 中的丙烯腈含量对 NBR/PVC 共混物的相容性影响较大。一般来说，中等丙烯腈含量（含量为 30%~36%）的 NBR，与 PVC 共混有较好的综合性能。NBR/PVC 多采用硫黄硫化体系，只对 NBR 产生硫化作用，促进剂多用促进剂 M。NBR/PVC 共混物并用比对共混物硫化后的力学性能的影响如图 3-11 所示。

从图 3-11 中可以看出，在 NBR/PVC 共混物中，随 PVC 用量的增大，拉伸强度、定伸应力、撕裂强度、硬度都呈上升趋势；断裂伸长率在 PVC 用量少于 35%时为增长；永久变形有所减少；磨耗也下降（当 PVC 用量少于 35%时）。

图 3-12 所示为 NBR/PVC 共混硫化胶耐油性（质量变化率）与并用比的关系。从图中可以看出，PVC 可明显提高 NBR 的耐油性。

NBR/PVC 共混物可广泛应用于制造耐油的橡胶制品，如油压制动胶管、输油胶管、耐油胶辊、耐油性劳保胶鞋等。

（2）其他橡胶/PVC 共混物　氯丁橡胶（CR）与 PVC 共混，可提高 CR 的耐油性，并改善 CR 的加工性能。CR/PVC 的定伸应力和硬度也比 CR 有较大提高。CR/PVC 共混物可用于制造各种耐油橡胶制品。

聚氨酯（PU）橡胶也可与 PVC 共混，两者有一定的相容性。PVC 可提高 PU 橡胶的弹性模量。氯磺化聚乙烯弹性体也可以与 PVC 共混。PVC 可显著改善氯磺化聚乙烯的加工性能。

（3）橡胶/PE 共混物　丁基橡胶（IIR）与 PE 有良好的相容性。IIR/PE 共混硫化胶的拉伸强度、定伸应力、撕裂强度、硬度都随 PE 用量的增大而增加，断裂伸长率则随之下降。在 IIR 中并用 PE，还可改善 IIR 的电绝缘性能。IIR/PE 共混胶可采用硫黄硫化体系。

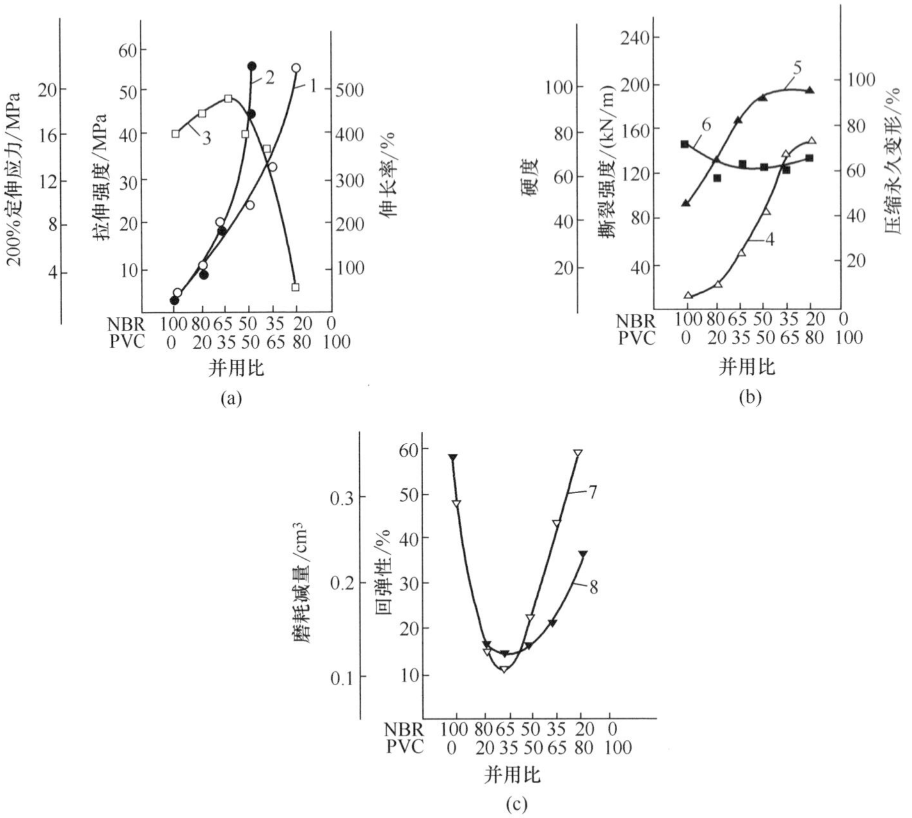

图 3-11 NBR/PVC 共混胶硫化后的力学性能与并用比的关系

1—拉伸强度 2—定伸应力 3—伸长率 4—撕裂强度 5—硬度

6—压缩永久变形 7—回弹性 8—磨耗减量

（a）NBR/PVC 共混物并用比与定伸应力、拉伸强度、伸长率的关系

（b）NBR/PVC 共混物并用比与硬度、撕裂强度、压缩永久变形的关系

（c）NBR/PVC 共混物并用比与磨耗减量、回弹性的关系

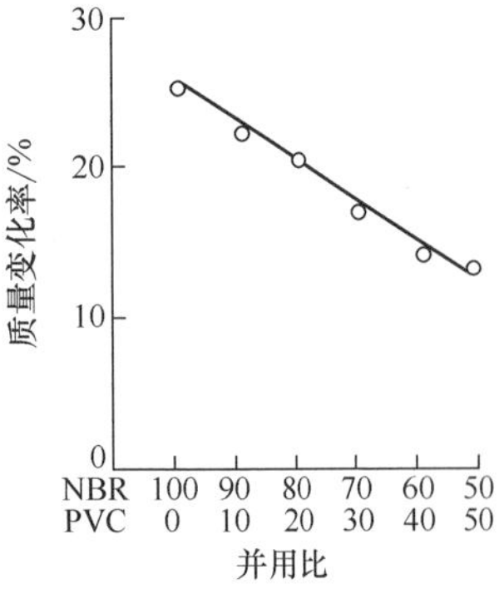

图 3-12 NBR/PVC 共混硫化胶耐油性与并用比的关系

（实验条件：苯：汽油=1：3，98℃，60min）

乙丙橡胶与 PE 也有良好的相容性，可制成性能良好的并用硫化胶。PE 对乙丙橡胶有明显的补强作用，还可提高其耐溶剂性能。除了制备硫化胶之外，乙丙橡胶还可与 PE 制成共混型热塑性弹性体。

丁苯橡胶（SBR）与 PE 共混的应用颇为广泛。PE 对 SBR 有优良的补强作用。在 SBR 中并用 15 质量份的 PE，可显著提高 SBR 的抗多次弯曲疲劳性能。PE 还可显著提高 SBR 的耐臭氧性能以及耐油性。

此外，PE 还可与 NR、BR 等橡胶并用。

（4）橡胶/PP 共混物 EPDM/PP 共混体系是相容性良好的并用体系。PP 对 EPDM 有良好的补强作用。在 PP/EPDM 中加入 3~5 质量份的丙烯酰胺，可有更显著的补强作用，并降低了永久变形。EPDM/PP并用体系可采用硫黄硫化体系，或者马来酰亚胺化合物。EPDM/PP共混物还可制成热塑性弹性体（参见本章3.4.4）。

橡胶还可与无规聚丙烯（APP）共混，可降低成本。一些非极性橡胶（如BR）与APP共混，明显地改善了橡胶的加工性能。APP对橡胶没有补强作用，随着APP用量增加，橡胶力学性能有所下降。所以，APP用量不宜过多。APP可改善NR、EPDM的耐油性或耐溶剂性。

（5）橡胶与其他塑料的共混物　非极性的二烯类橡胶（如NR、SBR、BR）可与PS共混，显著地改善橡胶的加工性能。对于BR/PS并用体系，PS有良好的补强作用。

NBR可与PA共混，两者有较好的相容性。PA对NBR有较明显的补强作用，且可改善NBR的耐热、耐油及耐化学腐蚀性。

橡胶还可与各种合成树脂（如酚醛树脂、氨基树脂、环氧树脂）等共混。

3.4.3 特种橡胶的共混改性

3.4.3.1 氟橡胶共混物

氟橡胶是指主链或侧链的碳原子上连接有氟原子的高分子弹性体。氟橡胶具有优异的耐热性（200~250℃），耐候性、耐臭氧性、耐油性、耐化学药品性都很好，气体透过性低，且属自熄型橡胶。氟橡胶的缺点是耐寒性差，而且价格颇为昂贵。将氟橡胶与一些通用橡胶共混，目的在于获得性能优异而成本较低的共混物。

氟橡胶与NBR共混，宜选用与氟橡胶相容性较好的高丙烯腈含量的NBR，氟橡胶可选用偏氟乙烯-六氟丙烯-四氟乙烯三元共聚物。对NBR而言，氟橡胶可明显提高其耐热性、耐油性。

将四丙氟橡胶（四氟乙烯-丙烯共聚物）与EPDM共混，可改善四丙氟橡胶的耐寒性，同时降低其成本。四丙氟橡胶的脆性温度为-26℃，四丙氟橡胶/EPDM配比为50：50时，脆性温度降至-40℃。该共混体系需选用过氧化二异丙苯（DCP）和三烯丙基异氰脲酸酯（TAIC）作为交联剂和交联助剂。

3.4.3.2 硅橡胶共混物

硅橡胶是指主链以Si—O单元为主，以单价有机基团为侧基的线形聚合物弹性体。硅橡胶耐寒性极好，耐热性则仅次于氟橡胶。

将硅橡胶与氟橡胶共混，可以改善氟橡胶的耐寒性，且成本降低。当硅橡胶与氟橡胶的适当品种共混时，硅橡胶用量为20%，脆性温度可降低10℃。

硅橡胶的力学性能较低，耐油性差。将硅橡胶与EPDM共混，共混物兼具硅橡胶的耐热性和EPDM的力学性能。共混中添加硅烷偶联剂，以白炭黑补强，可得到耐热优于EPDM，而力学性能优于硅橡胶的共混物。

3.4.3.3 丙烯酸酯橡胶共混物

丙烯酸酯橡胶（ACM）是以丙烯酸酯为主单体经共聚而得的弹性体，其主链为饱和碳链，侧基为极性酯基。由于特殊结构赋予其许多优异的特点，如耐热、耐老化、耐油、耐臭氧、抗紫外线等，力学性能和加工性能优于氟橡胶和硅橡胶，其耐热、耐老化性和耐油性优于NBR。ACM具有高温下的耐油稳定性能，一般可达175℃。ACM已成为近年来汽车工业着重开发的一种密封材料。ACM的缺点是耐寒性差，可通过共混加以改善。

对 ACM 可进行如下共混改性。

（1）ACM/硅橡胶共混物　ACM 的耐寒性较差；硅橡胶具有优良的耐高、低温性能，但是耐油性不佳。将硅橡胶与 ACM 共混，可以使 ACM 的耐寒性得到提高。采用的硫化剂为 1,4-双叔丁基过氧化异丙苯，助硫化剂为 *N*,*N'*-间亚苯基双马来酰亚胺。

（2）ACM/NBR 共混物　ACM 和 NBR 均为耐热、耐油橡胶，通过共混改性可以改善 ACM 的拉伸性能、加工性能并降低成本。但是，由于 ACM 和 NBR 的硫化机制、硫化剂种类和用量均不相同，共混的主要困难是硫化不同步，NBR 的硫化速度明显快于 ACM。国内外都对此进行过研究。

（3）ACM/ECO 共混物　氯醚橡胶（ECO，又称 CHC）为环氧氯丙烷和环氧乙烷共聚而成。ECO 具有良好的耐油性、耐高性和优异的化学稳定性，耐低温也良好（-45℃）。ECO 与 ACM 相容性较好。ACM/ECO 共混可以提高 ACM 的耐寒性。

3.4.4　共混型热塑性弹性体

3.4.4.1　概述

共混型热塑性弹性体是采用动态硫化方法生产的新型热塑性弹性体材料。所谓动态硫化，是指共混体系在共混过程中的剪切力作用下进行的硫化反应。在动态硫化过程中，橡-塑共混体系中的橡胶组分在机械共混的同时就完成了硫化。动态硫化是一种反应性共混过程。

动态硫化又分为部分硫化型和全硫化型。1972 年，美国优利来（Uniroyal）公司推出经动态硫化制出的部分交联的 EPDM 与 PP 的共混型热塑性弹性体，这是部分动态硫化型的最早工业产品。在这类产品中，橡胶相有少量交联结构存在。在 1980 年，美国孟山都公司又生产出全交联型的聚烯烃热塑性弹性体，又称全动态硫化热塑性弹性体。在这种热塑性弹性体中，橡胶相是完全交联的。

全动态硫化型热塑性弹性体比其他类型的热塑性弹性体（如 SBS）有优越的力学性能。与传统橡胶相比，又具有可用挤出、注塑等方式成型，加工方便，能耗低，边角料可重复利用等优点。

全动态硫化热塑性弹性体的生产，可采用密炼机或双螺杆挤出机。双螺杆挤出机的炼胶速度明显快于密炼机，制成的共混型热塑性弹性体的性能，也优于密炼机的产物。

共混型热塑性弹性体的形态，是以橡胶为分散相，塑料为连续相。材料的弹性由硫化交联的橡胶粒子提供，熔融流动性则由塑料连续相提供。一般来说，橡胶相粒子粒径较小时，弹性体的性能较好。橡-塑两组分的配比、橡胶粒子的交联程度，都对共混型热塑性弹性体的性能产生重要影响。

3.4.4.2　全动态硫化热塑性弹性体品种简介

全动态硫化型热塑性弹性体又被称为热塑性动态硫化橡胶（TPV）。在众多 TPV 中，乙丙橡胶的 TPV 受到格外重视。其中，EPDM/PP 体系制备的 TPV 又是进行了最为广泛研究的一种。国内自 20 世纪 80 年代初开始对 TPV 进行研究，但除了 EPDM/PP 体系的 TPV，真正实现产业化的还很少。

EPDM/PP 体系的 TPV 具有优良的力学性能。一种邵氏硬度为 73 的 EPDM/PP 热塑性动态硫化橡胶，其拉伸强度为 9.31MPa，100%定伸应力为 3.53MPa，断裂伸长率为

510%，撕裂强度为 34.3kN/m，拉伸永久变形（伸长 100%）为 8%，回弹性为 53%，脆性温度为-60℃。EPDM/PP 热塑性动态硫化橡胶的耐热老化性能、耐臭氧老化性能、耐溶剂性能、耐化学药品性能、电绝缘性能也很好。

除 EPDM/PP 体系的 TPV 外，EPDM 还可与 PE 等塑料共混，制成 TPV。美国孟山都公司生产了 EPDM/PE 热塑性动态硫化橡胶的商业产品，牌号为 Santoprene。此外，TPV 的品种还有 NBR/PP 体系、NR/HDPE 体系、NR/PP 体系、SBR/HDPE 体系、NBR/PA 体系、EPR/PA 体系等。

3.4.4.3　TPV 的主要用途

TPV 可广泛应用于除轮胎以外的各种橡胶制品，具有广阔的发展前景。

（1）汽车配件　汽车行业是 TPV 最大的应用行业，主要应用于汽车挡风玻璃密封条等密封材料、发动机系统的空气通风管等。许多原采用热固性硫化橡胶的汽车配件已被 TPV 替代。如以前用 EPDM 生产的净化空气通风管已改用 Santoprene 生产。此外，高硬度的 EPDM/PP 体系 TPV 可生产方向盘、保险杠等，较低硬度的则可生产风挡、密封条等。

（2）建筑材料　国外 EPDM/PP 体系的 TPV 正在代替 CR，用于制造门窗密封条。TPV 还可代替硅橡胶、EPDM 等，用作建筑物的膨胀接头。此外，TPV 还可用于制造防水卷材。国内也已研制生产了 EPDM/PP 体系的 TPV 防水卷材。

（3）医疗领域　由于 EPDM/PP 体系的 TPV 在制造过程中较少有化学药品残留，且可用高压蒸汽消毒，因而在医疗领域有广泛的应用前景。

（4）电子、电器领域　可用来生产洗衣机配件及导管、电线电缆绝缘护套、吸尘器软管等。此外，还可生产农业及园艺灌溉用管道。

TPV 是一种新型的共混材料，它的研究开发尚在进行之中。随着研究的深入，更多的 TPV 品种和更多的用途将会被开发出来。

3.5　聚合物共混体系在高精尖技术领域的应用进展

近年来，聚合物共混体系的应用领域越来越广泛，特别是在高精尖技术领域应用，取得了诸多成果。

张德印分析了聚合物基吸波导热复合材料的研究现状和存在问题。他在文章中指出，针对 5G 或 6G 通信设备、超级计算机、无线能量传输装置、AI、量子储存、虚拟现实（VR）技术和微波医疗器等精密电子设备，朝着小型化和高度集成化发展所带来的电磁兼容和散热两大问题，研制兼具良好的绝缘性、缓震性、高效吸波性能以及优良导热能力的柔性吸波导热复合材料非常必要。该项研究从单一的电磁波吸收功能复合材料和散热性能复合材料的设计制备出发，归纳了电磁波吸波机制与导热机制以及影响吸波和导热性能的重要因素。在此基础上介绍了一些国内外聚合物基吸波导热复合材料的综合性能及其设计制备方法，并在总结现有吸波导热多功能复合材料的研究现状和存在问题的基础上，考虑当前设计研发中存在的不足，提出了对于未来聚合物基吸波导热材料的发展方向的思考。该研究旨在为制备高性能吸波导热复合材料提供思路，提升行业技术水平，开发兼具高导热和优异电磁波吸收能力的新型复合材料。

Kadhim 研究了用于储能应用的可生物降解的聚合物基电介质复合材料的制备。由于具有宽容量范围、高工作电压、轻质、性能可靠等优点，聚合物基的电介质薄膜电容器等在现代电子学中具有重要作用。通常所研究的介电聚合物和填料都是不可生物降解的，这是产生电子废物污染的原因之一。为了解决这个问题，该研究选择了可生物降解的聚对苯二甲酸-己二酸丁二醇酯（PBAT）作为基体，将其分别与两种自制的生物质衍生填料复合，制备了可生物降解的聚合物基电介质复合材料。研究中，首先以香蕉皮废弃物（BP-W）为原料，通过热解的方法，分别制备了 N 掺杂和非掺杂的生物质炭，N 掺杂技术解决了非掺杂生物炭性能上的一些缺陷，通过透射电子显微镜（TEM）、X 射线衍射（XRD）、能量色散 X 射线分析（EDX）、X 射线光电子能谱（XPS）、傅里叶变换红外光谱（FTIR）和热重分析（TGA）等手段对产物进行了系统表征，结果证实了氮的成功掺杂。并将它们作为含碳导电有机填料分别与 PBAT 复合制备了复合电介质材料，掺杂 N 生物炭可以改善聚合物复合材料的介电性能和热稳定性，而不会降低力学性能和生物降解性。

此外，荣新雨等进行了 PVC/聚偏二氟乙烯（PVDF）-三氟氯乙烯（CTFE）共混中空纤维膜用于血液氧合的研究，也属于高新技术领域。

习　题

1. PVC 的弹性体增韧剂有哪些种类，各有什么特点？
2. PP 的弹性体增韧剂有哪些种类？
3. PPO 最常用的共混体系是什么？有什么特点？
4. 液晶聚合物的共混体系有何特点？
5. 简述影响橡胶硫化助剂在橡胶两相间分配的因素。

参 考 文 献

[1] 刘晓明，赵华山，王晓辉，等. PVC/CPE 体系的形态-加工条件-冲击性能之间的关系[J]. 聚氯乙烯，1984(5)：6.

[2] 杨文君，吴其晔，周丽玲，等. PVC/CPE 共混物的结构与性能[J]. 现代塑料加工应用，1993(4)：17.

[3] 罗伟，王国全. 废旧塑料回收用助剂的研究[J]. 塑料助剂，1997(3)：15.

[4] 吴培熙，张留城. 聚合物共混改性[M]. 北京：中国轻工业出版社，1998.

[5] 孟宪谭，朱卫红，韩晶杰，等. MBS 树脂改性 PVC 的研究[J]. 石油化工，2002(8)：626.

[6] 华幼卿，石宝忠，权旭辉. 高聚合度 PVC/部分交联粉末丁腈橡胶热塑性弹性体的亚微相态与力学性能研究[J]. 北京化工大学学报，1999(3)：12.

[7] 何光波. 聚丙烯酸酯类对 PVC 改性的研究[J]. 塑料科技，1991(4)：30.

[8] 尤伟，刘玉玲，张立群，等. 核/壳结构聚合物改性硬质聚氯乙烯的力学性能[J]. 高分子材料科学与工程，2008(9)：88.

[9] 佀庆波. ACR 的组成对 PVC 性能的影响[J]. 吉林化工学院学报，2012(1)：16.

[10] 邵军，张桂荣. 注塑用 ABS/PVC 合金的研究[J]. 现代塑料加工应用，1994(3)：21.

[11] 乔巍巍，王国英. ABS/PVC/CPE 共混体系的力学性能[J]. 塑料工业，2004，32(6)：20-21.
[12] 张金柱，陈弦. 电视机壳用 ABS/PVC 塑料合金[J]. 塑料科技，1995(5)：1.
[13] 黄成棣，郑会东，赵静，等. 热塑性聚氨酯和聚氯乙烯共混材料的研制[J]. 塑料工业，1991(1)：39.
[14] 叶成兵，张军，周圣中. 热塑性聚氨酯与聚氯乙烯共混改性研究[J]. 中国塑料，2004，18(8)：48-52.
[15] 许晓秋，常津. PVC/PU 共混改性的研究[J]. 塑料工业，1999，27(4)：9-11.
[16] 付东升，朱光明. PVC 的共混改性研究进展[J]. 塑料科技，2003(3)：60-64.
[17] 叶福根. HPVC 与 PVC 共混技术的应用研究[J]. 聚氯乙烯，1992(3)：16.
[18] 王国全. S-PVC/MS-PVC 共混体系的研究[J]. 聚氯乙烯，1992(5)：7.
[19] 解磊，曾晓飞，陈建峰，等. PP/POE/纳米 $CaCO_3$ 复合材料力学性能研究[J]. 中国塑料，2006，20(1)：36-39.
[20] 王慧卉. 聚丙烯共混改性研究进展[J]. 广东化工，2014(23)：73.
[21] 王鉴. 热塑性弹性体 POE 的应用研究进展[J]. 塑料科技，2014(5)：118.
[22] 刘西文. PP/共聚 PP/POE 共混体系的研究[J]. 塑料工业，2008(1)：29.
[23] 周琪. PP/POPP 及 PP/EPDM 共混改性研究[J]. 塑料科技，2007(7)：46.
[24] 薛刚，喻慧文，李彬，等. 非对称同相双螺杆挤出机加工 PP/HDPE/POE 共混复合材料的研究[J]. 塑料科技，2014(4)：57.
[25] 敖玉辉，张会轩，刘建国，等. 螺杆转速对 PP/POE 共混物形态及冲击性能的影响[J]. 工程塑料应用，2007(6)：38.
[26] 张增民，赵丹心，萧季驹，等. PP/HDPE/SBS 三元共混物的研究[J]. 现代塑料加工应用，1996(6)：1.
[27] 邱桂学，崔丽梅. 高韧性高流动性 PP/POE 复合材料的制备及其形态分析[J]. 青岛科技大学学报，2004，25(2)：139-143.
[28] 赵永仙，黄宝琛. 聚丙烯/聚丁烯热塑性弹性体共混物力学性能的研究[J]. 中国塑料，2004，18(7)：28-31.
[29] 蒋焘，杨红. 聚丙烯与氯化聚乙烯共混体系的研究[J]. 中国塑料，1995(2)：32.
[30] 樊敏，陈金周. PP/EPDM-g-MAH/TPU 共混物流变行为的研究[J]. 塑料工业，2004，32(11)：43-45.
[31] 郦华兴，张祥成. SBS 及 HDPE 共混改性 PP 粉料的研究[J]. 中国塑料，1989(3)：20.
[32] 黎珂. PP/POE/PA6 三元共混物相形态的预测及受混炼顺序的影响[J]. 化工学报，2013(6)：2285.
[33] 马晓燕，梁国正，曹中林，等. 聚丙烯/聚烯烃弹性体共混物非等温结晶动力学及力学性能研究[J]. 中国塑料，2004，18(7)：11-15.
[34] 田野春，杨其. PP/LLDPE 共混体系的研究[J]. 塑料工业，2003，31(8)：1.
[35] 梁基照. PP/LDPE 共混物熔体流动特性的研究[J]. 合成树脂及塑料，1995(1)：19.
[36] 宣兆龙，易建政. 聚丙烯的共混改性研究[J]. 塑料科技，1999(6)：17.
[37] 庞纯，张世杰. PP/LLDPE 交联共混物的力学性能研究[J]. 塑料工业，2004，32(3)：33-35.
[38] 李炳海，陈勇，安峰. PP/UHMWPE 共混物力学性能的研究[J]. 塑料工业，2003，31(7)：9-13.
[39] 刘功德，李惠林，刘军杰. 聚丙烯/超高摩尔质量聚乙烯共混物的结构与性能研究[J]. 塑料工业，2003，31(1)：20-23.
[40] 何慧，杨波，曾婕，等.（E/VAC）-g-MAH 对 PP/PBT 共混体系的增容改性[J]. 工程塑料应用，2004，32(8)：5-8.

[41] 沈经纬，阮文红．无规共聚 PP 与嵌段共聚 PP 共混的研究[J]．中国塑料，2001，15(7)：21-24.
[42] 袁丽娟，刘雄军，韩啸，等．不同弹性体改性聚丙烯效果研究[J]．电线电缆，2024，67(4)：14-19.
[43] 徐定宇，常秀贞，鲍续进．HDPE/SBS 共混方式对薄膜形态结构及性能的影响[J]．高分子材料科学与工程，1990(6)：44.
[44] 承民联，斐峻峰．LDPE/PA6 共混阻透薄膜的研制[J]．中国塑料，2001，15(7)：43-46.
[45] 罗卫华，周南桥．HDPE/PC 分散相纤维化及其原位复合材料的研究[J]．塑料工业，2004，32(4)：16-18.
[46] 吴彤，郜华萍．乙烯-醋酸乙烯酯共聚物对茂金属聚乙烯的改性研究[J]．中国塑料，2003，17(3)：25-31.
[47] 李炳海，陈勇，段凯，等．UHMWPE/HDPE 共混物的流动性及力学性能的研究[J]．塑料工业，2003，31(9)：9-12.
[48] 许长清．合成树脂及塑料手册[M]．北京：化学工业出版社，1991.
[49] 金敏善，洪重奎，黄英超，等．ABS/PMMA 合金组成与性能的研究[J]．塑料，2003，32(1)：82-85.
[50] 王国全．塑料合金研究概况[J]．塑料加工，1996(2)：7-9.
[51] 邓如生．共混改性工程塑料[M]．北京：化学工业出版社，2003.
[52] 杜强国，王荣海，陈文杰，等．增韧尼龙 6 的力学性质和形态[J]．高分子材料科学与工程，1991(1)：53.
[53] 王勇，黄劲．聚酰胺-聚烯烃共混体系的进展[J]．合成树脂及塑料，1993(3)：63-65.
[54] 陈晓松，熊煦，刘日鑫，等．PA11/POE/POE-g-MAH 共混合金的制备及性能研究[J]．塑料科技，2014(10)：64.
[55] 崔同伟．PA/PE 共混研究进展[J]．橡塑技术与装备（塑料版），2014(4)：3.
[56] 李澜鹏，白富林，尹波．PA6/EPDM-g-MAH/HDPE 三元共混物的形态与性能[J]．合成树脂及塑料，2015(1)：10.
[57] 张良均，童身毅．PP-g-MAH 增容 PP/PA66 共混物形态结构和性能[J]．塑料科技，2004，161(3)：35-36.
[58] 贺爱华，欧玉春，方晓萍，等．马来酸酐接枝热塑性弹性体在 PP/PA6 共混物中的作用[J]．高分子学报，2004(4)：534-540.
[59] 李海东，程凤梅．聚丙烯的官能化及与尼龙 1010 相容性研究[J]．塑料科技，2004，161(3)：1-3.
[60] 张新颖，谢建军．酯交换反应对 PET/PA6 共混体系性能的影响[J]．中国塑料，2004，18(5)：19-22.
[61] 周伟平，刘先珍，朱建军，等．PA6/SEBS/PP-g-MAH 的共混改性[J]．高分子材料科学与工程，2004，20(6)：203-206.
[62] 张世杰，杨得志．吸湿性 PA6/PVP 共混物的结构及性能研究[J]．塑料工业，2003，31(1)：33-36.
[63] 张金根，杨晓慧．PC/ABS 塑料合金的研制[J]．工程塑料应用，1987(2)：6.
[64] 白绘宇，张勇，张隐西，等．酯交换反应稳定剂对 PBT/PC 共混物性能和结构的影响[J]．中国塑料，2004，18(3)：23-26.
[65] 吕芸，邵静波，李杰，等．聚碳酸酯/聚乳酸共混体系的研究进展[J]．合成树脂及塑料，2012(6)：49.
[66] 牛建岭．性能优异的聚碳酸酯/聚乳酸复合材料[J]．国外塑料，2009(12)：61-62.

[67]　董建华，苗荣正．PET 塑料改性进展[J]．工程塑料应用，1985(3)：21.
[68]　陈枫，何鹏．PET/聚烯烃共混改性的研究进展[J]．工程塑料应用，2009(12)：84-87.
[69]　金日光，杨宏．PBT/EVA 共混合金的物机性能研究[J]．北京化工学院学报，1989(2)：37.
[70]　任华，张勇．PBT/ABS 共混体系研究进展[J]．中国塑料，2001，15(11)：6-9.
[71]　丁浩．塑料工业实用手册[M]．北京：化学工业出版社，1995.
[72]　孙皓，丁胜飞．PPO/PA 合金的研制[J]．塑料工业，2003，31(9)：13-15.
[73]　徐卫兵，朱士旺，周正发．POM/PU 共混物增容剂的合成与应用[J]．塑料工业，1995(2)：39.
[74]　马瑞申，黄秀云，江明．增韧聚甲醛的研究[J]．工程塑料应用，1987(1)：7.
[75]　傅全乐，丁筠，乔辉，等．聚甲醛增韧改性研究进展[J]．中国塑料，2014(12)：1.
[76]　徐卫兵，朱士旺，蔡琼英．共聚尼龙增韧改性聚甲醛的研究[J]．塑料工业，1994(3)：21.
[77]　张秀斌，房桂明．POM 共混增韧改性研究[J]．塑料科技，2004(6)：9.
[78]　徐卫兵．EPDM-g-MMA 对 FOM/EPDM 的增容作用[J]．现代塑料加工应用，1995(3)：7.
[79]　陈金耀，曹亚．POM/UHMWPE 共混物摩擦磨损性能研究[J]．塑料工业，2004(11)：39.
[80]　邓程方，邓凯恒．聚苯硫醚共混改性研究进展[J]．塑料科技，2011(7)：111-113.
[81]　梅庆祥．高性能工程塑料合金[J]．现代塑料加工应用，1992(3)：49-51.
[82]　李思远．聚醚醚酮共混改性研究进展[J]．中国塑料，2015(5)：1-4.
[83]　于全蕾，于笑梅，郑玉斌．聚醚醚酮/聚醚砜共混物的研究[J]．塑料工业，1990(3)：25-26.
[84]　杨晨，曾汉民．PPS/PES 共混物动态力学行为的研究[J]．工程塑料应用，1990(4)：45-47.
[85]　江东，张丽梅．聚醚砜与聚碳酸酯增容共混物及性能[J]．吉林大学学报（理学版），2005，43(5)：673-676.
[86]　邓本诚，李俊山．橡胶塑料共混改性[M]．北京：中国石化出版社，1996.
[87]　于清溪．橡胶原材料手册[M]．北京：化学工业出版社，1996.
[88]　赵艳芳，廖建和，廖双泉．天然橡胶共混改性的研究概况[J]．特种橡胶制品，2006(1)：55-58.
[89]　贾芳．三元乙丙橡胶共混改性的研究进展[J]．特种橡胶制品，2008(2)：46-50.
[90]　吴福生，王真琴．丙烯酸酯橡胶与丁腈橡胶并用研究[J]．弹性体，2001，11(6)：27-30.
[91]　张中岳，乔金梁．动态全硫化乙丙橡胶/聚烯烃共混型热塑性弹性体[J]．合成橡胶工业，1986，9(5)：361-363.
[92]　陈尔凡，韩云凤，邓雯雯，等．动态硫化热塑性弹性体的研究进展[J]．高分子材料科学与工程，2011，27(3)：171-174.
[93]　张德印，路天宇，张嘉迅，等．聚合物基吸波导热复合材料的研究进展[J]．复合材料学报，2024，41(12)：6308-6322.
[94]　KADHIM K A M．用于储能应用的可生物降解的聚合物基电介质复合材料的制备[D]．北京：北京化工大学，2024.
[95]　荣新雨，吕晓龙，刘娟娟，等．PVC/PVDF-CTFE 共混中空纤维膜用于血液氧合的研究[J]．膜科学与技术，2024，44(6)：55-63.

第 4 章　聚合物填充、增强体系及纳米复合材料

聚合物的填充体系，是指在聚合物基体中添加与基体组成和结构不同的固体添加物所制备的复合体系。这样的添加物称作填充剂，也称作填料。“填充”一词有增量的含义。某些填充剂，确实主要是作为增量剂使用的。但随着材料科学的发展，越来越多的具有改性作用或特殊功能的填充剂被开发出来并得到了应用。聚合物中添加填充剂，有的仅仅是为了降低成本，但更多是为了改善性能。例如，有的填充体系是为增强或改善加工性能，有的可以提高耐热性或耐候性；有一些填充剂可以改善聚合物的质感，还有一些填充剂具有阻燃或抗静电等作用。

用于聚合物改性的无机粒子的粒径，随着制备技术的进展，呈现出细微化的趋势。无机纳米粒子/聚合物复合材料日益受到关注。本章将对无机纳米粒子/聚合物复合材料进行简单介绍。

纤维增强是提高聚合物力学性能的重要手段。短纤维增强热塑性聚合物复合材料的制备方法与共混方法接近，热固性树脂基纤维增强复合在聚合物改性中有重要作用，都将在本章进行介绍。

4.1　填充剂与增强纤维

4.1.1　填充剂的种类

填充剂的种类繁多，可按多种方法进行分类。

按化学成分，可分为无机填充剂和有机天然材料填充剂两大类。目前实际应用的填充剂大多数为无机填充剂，而天然材料填充剂（如木粉等天然纤维类填充剂）也展示出良好的发展前景。

将无机填充剂进一步划分，可分为碳酸盐类、硫酸盐类、金属氧化物类、金属粉类、金属氢氧化物类、含硅化合物类、碳素类等。其中，碳酸盐类包括碳酸钙、碳酸镁、碳酸钡，硫酸盐包括硫酸钡、硫酸钙等，金属氧化物包括二氧化钛（钛白粉）、氧化锌、氧化铝、氧化镁、三氧化二锑等，金属氢氧化物如氢氧化铝，金属粉如铜粉、铝粉，含硅化合物如二氧化硅（白炭黑）、滑石粉、陶土、硅藻土、云母粉、硅灰石等，碳素类如炭黑。

填充剂按形状划分，有粉状、粒状、片状、纤维状等。

4.1.2　无机填充剂

现将一些主要无机填充剂品种进行介绍。

（1）碳酸钙　是用途广泛而价格低廉的填充剂。因制造方法不同，可分为重质碳酸钙和轻质碳酸钙。重质碳酸钙是石灰石经机械粉碎而制成的，其粒子呈不规则形状，粒径在 10μm 以下，相对密度 2.70~2.95。轻质碳酸钙是采用化学方法生产的，粒子形状呈针

状，粒径在10μm以下，其中大多数粒子在3μm以下，相对密度2.4~2.7。近年来，超细碳酸钙、纳米级碳酸钙也相继研制出来。将碳酸钙进行表面处理，可制成活性碳酸钙。活性碳酸钙与聚合物有较好的界面结合，可有助于改善填充体系的力学性能。轻质碳酸钙的电镜照片如图4-1所示。

图4-1　轻质碳酸钙的电镜照片

在塑料制品中采用碳酸钙作为填充剂，不仅可以降低产品成本，还可改善性能。例如，在硬质PVC中添加5~10质量份的超细碳酸钙，可提高抗冲击强度。碳酸钙广泛应用于PVC中，可制造管材、板材、人造革、地板革等，也可用于PP、PE等塑料中，在橡胶制品中也有广泛的应用。

（2）陶土　又称高岭土，是一种天然的水合硅酸铝矿物，经加工可制成粉末状填充剂，相对密度2.6。

作为塑料填充剂，陶土具有优良的电绝缘性能，可用于制造各种电线包皮。在PVC中添加陶土，可使电绝缘性能大幅度提高。

陶土在橡胶工业也有应用，可用作NR、SBR等的补强填充剂。

（3）滑石粉　是天然滑石经粉碎、研磨、分级而制成的。滑石粉的化学成分是含水硅酸镁，为层片状结构，相对密度为2.7~2.8。

滑石粉用作塑料填充剂，可提高制品的刚性、硬度、阻燃性能、电绝缘性能、尺寸稳定性，并具有润滑作用。滑石粉常用于填充PP、PS等塑料。

粒度较细的滑石粉可用作橡胶的补强填充剂。超细滑石粉的补强效果可更好一些。

（4）云母　是多种铝硅酸盐矿物的总称，主要品种有白云母和金云母。云母为鳞片状结构，具有玻璃般光泽。云母经加工成粉末，可用作聚合物填充剂。云母粉易于与塑料树脂混合，加工性能良好。

云母粉可用于填充PE、PP、PVC、PA、PET、ABS等塑料，可提高塑料基体的拉伸强度、模量，还可提高耐热性，降低成型收缩率，防止制品翘曲。云母粉还具有良好的电绝缘性能。

云母粉呈鳞片状形态，在其长度与厚度之比为100以上时，具有较好的改善塑料力学性能的作用。在PET中添加30%的云母粉，拉伸强度可由55MPa提高到76MPa，热变形温度也有大幅度提高。

云母粉在橡胶制品中应用，主要用于制造耐热、耐酸碱及电绝缘制品。

（5）二氧化硅（白炭黑）　用作填充剂的二氧化硅大多为化学合成产物，其合成方法有沉淀法和气相法。二氧化硅为白色微粉，用于橡胶可具有类似炭黑的补强作用，故被称为“白炭黑”。白炭黑是硅橡胶的专用补强剂，在硅橡胶中加入适量的白炭黑，其硫化胶的拉伸强度可提高10~30倍。白炭黑还常用作白色或浅色橡胶的补强剂，对NBR和CR的补强作用尤佳。气相法白炭黑的补强效果较好，沉淀法则较差。

在塑料制品中，白炭黑的补强作用不大，但可改善其他性能。白炭黑填充 PE 制造薄膜，可增加薄膜表面的粗糙度，减少粘连。在 PP 中，白炭黑可用作结晶成核剂，缩小球晶结构，增加微晶数量。在 PVC 中添加白炭黑，可提高硬度，改善耐热性。

（6）硅灰石　天然硅灰石的化学成分为 β 型硅酸钙，具有针状结构。经加工制成硅灰石粉，为针状填充剂。天然硅灰石粉化学稳定性和电绝缘性能好，吸油率较低，且价格低廉，可用作塑料填充剂。硅灰石可用于 PA、PP、PET、环氧树脂、酚醛树脂等，对塑料有一定的增强作用。

硅灰石粉白度较高，用于 NR 等橡胶制品，可在浅色制品中代替部分钛白粉。硅灰石粉在胶料中分散容易，易于混炼，且胶料收缩性较小。

（7）二氧化钛　俗称钛白粉，在高分子材料中用作白色颜料，也可兼作填充剂。根据结晶结构的不同，二氧化钛可分为金红石型（Rutile）和锐钛型（Anatase）等晶型，金红石型着色力高、遮盖力好、耐光性好；锐钛型在紫外线照射下会发生反应，一般不应用到塑料着色中。钛白粉不仅可以使制品达到相当高的白度，而且可使制品对日光的反射率增大，保护高分子材料，减少紫外线的破坏作用。添加钛白粉还可以提高制品的刚性、硬度和耐磨性。钛白粉在塑料和橡胶中都有广泛应用。

（8）氢氧化铝　为白色结晶粉末，在热分解时生成水，可吸收大量的热量。因此，氢氧化铝可用作塑料的填充型阻燃剂，与其他阻燃剂并用，对塑料进行阻燃改性。作为填充型阻燃剂，氢氧化铝具有无毒、不挥发、不析出等特点。还能显著提高塑料制品的电绝缘性能。经过表面处理的氢氧化铝，可用于 PVC、PE 等塑料中。氢氧化铝还可用于 CR、SBR 等橡胶中，具有补强作用。氢氧化铝的热分解温度较低，因而不适用于加工温度较高的工程塑料。

（9）氢氧化镁与水镁石　除氢氧化铝外，填充型无机阻燃剂还有氢氧化镁等。氢氧化镁的热分解温度较高，可用于一些工程塑料。

水镁石是一种天然矿物，主要成分是氢氧化镁，是自然界含镁最高的矿物。水镁石粉经表面改性后，可用于 PE、PP 等塑料的阻燃改性，且成本低廉。

（10）炭黑　是一种以碳元素为主体的极细的黑色粉末。炭黑因生产方法不同，分为炉法炭黑、槽法炭黑、热裂法炭黑和乙炔炭黑。

在橡胶工业中，炭黑是用量最大的填充剂和补强剂。炭黑对橡胶制品具有良好的补强作用，且可改善加工工艺性能，同时可作为黑色着色剂。

在塑料制品中，炭黑的增强作用不大，可发挥紫外线遮蔽剂的作用，提高制品的耐光老化性能。此外，在 PVC 等塑料制品中添加乙炔炭黑或导电炉黑，可降低制品的表面电阻，起抗静电作用。炭黑也是塑料的黑色着色剂。

（11）玻璃微珠　是一种表面光滑的微小玻璃球，可由粉煤灰中提取，也可直接以玻璃制造。由粉煤灰中提取玻璃微珠可采用水选法，产品分为“漂珠”与“沉珠”。漂珠是中空玻璃微珠，相对密度为 0.4~0.8。

直接用玻璃生产微珠的方法又分为火焰抛光法与熔体喷射法。火焰抛光法是将玻璃粉末加热，使其表面熔化，形成实心的球形珠粒。熔体喷射法则是将玻璃料熔融后，高压喷射到空气中，可形成中空小球。

实心玻璃微珠具有光滑的球形外表，各向同性，且无尖锐边角，因此没有应力高度集中的现象。此外，玻璃微珠还具有滚珠轴承效应，有利于填充体系的加工流动性。玻璃微珠的膨胀系数小，且分散性好，可有效防止塑料制品的成型收缩及翘曲变形。实心玻璃微珠主要应用于尼龙，可改善加工流动性及尺寸稳定性。此外，也可应用于 PS、ABS、PP、PE、PVC 以及环氧树脂中。玻璃微珠一般应进行表面处理以改善与聚合物的界面结合。

中空玻璃微珠除具有普通实心微珠的一些特性外，还具有密度低、热传导率低等优点，电绝缘、隔音性能也良好。但是，中空玻璃微珠壳体很薄，不耐剪切力，不适用于注射或挤出成型工艺。目前，中空玻璃微珠主要应用于热固性树脂为基体的复合材料，采用浸渍、注模、压塑等方法成型。中空玻璃微珠与不饱和聚酯复合可制成“合成木材”，具有质量轻、保温、隔音等特点。

（12）金属粉末与金属纤维　金属粉末包括铜粉、铝粉等，可用于制备抗静电或导电高分子材料。

近年来，金属纤维填充热塑性导电塑料发展迅速，采用的金属纤维主要是铜纤维或不锈钢纤维。

4.1.3 增强纤维及晶须

用于纤维增强复合材料的纤维品种很多，主要品种有玻璃纤维、碳纤维、芳纶纤维，此外还有尼龙、聚酯纤维以及硼纤维。晶须也可用于增强复合材料的制备。

增强纤维的主要品种简介如下。

（1）玻璃纤维　玻璃纤维增强塑料是已获得颇为广泛应用的纤维增强复合材料。玻璃纤维按化学组成可分为无碱铝硼硅酸盐（简称无碱纤维）和有碱无硼硅酸盐（简称中碱纤维）。玻璃纤维可用于增强 PP、PET、PA 等热塑性塑料，也广泛应用于热固性塑料。

玻纤增强塑料具有比强度高、耐腐蚀、隔热、介电、容易成型等优点。玻纤与基体塑料的界面结合情况对复合材料的力学性能影响很大，一般应用偶联剂处理。

（2）碳纤维　碳纤维是由聚丙烯腈纤维、黏胶或沥青原丝经碳化而制成的。由于原料不同和制造方法不同，碳纤维的强度和模量也不相同。碳纤维的相对密度为 1.3~1.8，而玻璃纤维的相对密度则约为 2.5；采用碳纤维增强的复合材料，其模量明显高于采用玻纤增强的复合材料。碳纤维增强复合材料是一种质轻、高强的新型复合材料，不仅在航空、航天工业中有广泛用途，而且已在体育、生活用品中获得应用。碳纤维还具有耐高温、导电等特性。碳纤维可用于 PC、PA、PP、PE 等热塑性塑料，以及环氧树脂等热固性塑料。

（3）芳纶纤维　芳香族聚酰胺纤维，简称芳纶纤维，是一种高强度、高模量且质轻的新型合成纤维。其代表性品种是美国 Du Pont 公司开发的 Kevlar 纤维，化学组成为聚对苯二甲酰对苯二胺。Kevlar 纤维的比强度为钢丝的 5 倍，相对密度仅为 1.43~1.45，且具有良好的耐热性。

（4）其他纤维　硼纤维也是一种新型纤维，模量高于玻璃纤维，主要应用于航空领域。聚酯纤维和尼龙纤维，主要应用于汽车轮胎和胶带、胶管的骨架材料。

（5）晶须（whiskers）　是以单丝形式存在的小单晶体。晶须的种类很多，代表性品种有碳化硅晶须和硫酸钙晶须等。晶须具有很高的强度和模量。例如，碳化硅晶须的模量为钢丝的 4 倍，拉伸强度约为钢丝的 3 倍。与其他增强纤维材料相比，晶须具有更微细的尺寸和较大的长径比。例如，硫酸钙晶须的长度为100~200μm，直径仅为1~4μm。因此，将晶须添加到聚合物中，不仅很少增加熔体黏度，而且还可以使加工流动性得到改善。晶须还具有卓越的耐热性，质量也较轻。硫酸钙晶须具有很高的强度，且价格与其他品种晶须相比较低，有较高的性能价格比。

利用晶须对聚合物进行增强或增韧，在国外已得到广泛应用，主要用于汽车、机器制造、电子仪器以及航空航天等。国内自20世纪80年代开始进行对于晶须的研究。

4.1.4 天然材料填充剂

可用于天然材料填充剂/塑料复合材料的天然纤维品种很多，除各种木材废料外，还包括稻草、秸秆、糠壳等。这些材料在我国资源丰富，但利用水平很低。除少量农业植物纤维被用于生产饲料和经济作物外，大部分被焚烧处理，不仅造成自然资源严重浪费，还污染了环境。

目前，天然材料填充剂/塑料复合材料的大规模应用以木塑制品为主。木粉是采用木材生产中的下脚料（如枝丫、边角废料），经机械粉碎、研磨而制成。木粉的细度通常为50~100目。木粉被大量地用作酚醛、脲醛等热固性树脂的填充剂。近年来，由木粉/热塑性塑料（主要采用废旧塑料）复合制成木塑复合材料的制备技术取得了重大的进展，木塑复合材料也获得了日益广泛的应用。竹纤维、麻纤维、秸秆纤维与聚合物的复合材料，也在进行研究和应用开发。

木塑复合材料除具有木材制品的特点外，还具有机械性能好、强度高、防腐、防虫、防湿、抗强酸强碱、不易变形、使用寿命长、可重复使用等优点，且主要原料为废旧材料，价格便宜，成本低廉，有利于环保。它还具有传统木材所不及的优越特性，如无木节疤、斜纹；制品表面光滑、平整、坚固，并可压制出各种立体图案和形状，不需要复杂的二次加工等。

木塑制品的应用已相当广泛。例如，在建筑装修和装饰材料中可作护墙板、地板、踢脚板、装饰板、壁板及建筑模板等；在市政交通中可制成标牌、广告板、汽车装饰板材、高速公路噪声隔板等；还可用于包装材料的搬运垫板和托盘；此外，还可用于制成露天桌椅、围墙、防潮隔板等。

天然材料填充剂/塑料复合材料以聚乙烯、聚丙烯、聚氯乙烯等各种废弃塑料为原料，大大提高了废旧资源的综合利用水平，促进了环境综合治理。

4.2 填充剂的基本特性及表面改性

4.2.1 填充剂的基本特性

填充剂的基本特性包括填充剂的形状、粒径、表面结构、相对密度等，这些基本特性对填充改性体系的性能有着重要影响。

4.2.1.1 填充剂的细度

填充剂的细度是填充剂最重要的性能指标之一。颗粒细微的填充剂粉末，如能在聚合物基体中达到均匀分散，可获得增韧、增强等作用，或者至少可以有利于保持基体原有的力学性能。而颗粒粗大的填充剂颗粒，则会使材料的力学性能明显下降。填充剂的改性作用，如补强、增韧、提高耐候性、阻燃、电绝缘或抗静电等，也要在填充剂颗粒达到一定细度且均匀分散的情况下才能实现。

填充剂的细度可用目数或平均粒径来表征。对于超细粉末填充剂和纳米级填充剂，也常用比表面积表征其细度。

4.2.1.2　填充剂的形状

填充剂的形状多种多样，有球形（如玻璃微珠）、不规则粒状（如重质碳酸钙）、片状（如陶土、滑石粉、云母）、针状（如硅灰石），以及柱状、棒状、纤维状等。

对于片状的填充剂，其底面长径与厚度的比值是影响性能的重要因素。陶土粒子的底面长径与厚度的比值不大，属于“厚片”，所以提高塑料刚性的效果不明显。云母的底面长径与厚度的比值较大，属于“薄片”，用于填充塑料，可显著提高其刚性。

针状（或柱状、棒状）填充剂的长径比对性能也有较大影响。短纤维增强聚合物体系，也可视作是纤维状填充剂的填充体系，因而，其长径比也会明显影响体系的性能。

4.2.1.3　填充剂的表面特性

填充剂的表面特性，包括填料颗粒的表面自由能、表面形态等。

固体的表面自由能，可用通过固体表面与液体的接触角来测定。但一般的接触角测定仪，不适用于测定粉末状填料的接触角。对于粉末状填料，可采用浸润速度法和相应的接触角测定仪测定其接触角。

填充剂表面的化学结构各不相同，影响其表面特性。例如，炭黑表面有羧基、内酯基等官能团，对炭黑性能有一定影响。许多无机填充剂的表面具有亲水性，与聚合物基体的亲和性不佳，因此，需要通过表面处理，使表面包覆偶联剂等助剂，以改善其表面特性。

填充剂的表面形态也多种多样，有的光滑（如玻璃微珠），有的则粗糙，有的还有大量微孔。

4.2.1.4　其他特性

填充剂的密度不宜过大。密度过大的填充剂会导致填充聚合物的密度增大，不利于材料的轻量化。硬度较高的填充剂可增加填充聚合物的硬度。但硬度过大的填充剂会加速设备的磨损。

填充剂的含水量和色泽也会对填充聚合物体系产生影响。含水量应控制在一定限度之内。色泽较浅的填充剂可适用于浅色和多种颜色的制品。填充剂特性还包括热膨胀系数、电绝缘性能等。

4.2.2　填充剂的表面改性

为改善填充剂颗粒与聚合物基体的界面结合，通常需要对填充剂颗粒进行表面改性，也称作表面处理。经适当表面处理的填充剂，用于聚合物填充材料，与采用未经改性的填充剂相比，力学性能可以显著提高，成型加工过程中的熔融流动性也可以得到明显改善。表面改性剂种类和改性工艺条件，对聚合物填充体系的性能会有重要影响。

4.2.2.1　表面改性剂的种类

表面改性剂的种类，包括偶联剂、表面活性剂、有机高分子处理剂、无机处理剂等，分述如下。

（1）偶联剂（Coupling agent） 在填充剂的表面改性中有着广泛应用。偶联剂的化学结构含有两类基团，一类是亲无机填料的基团，一类是亲有机聚合物的基团。借助于偶联剂的作用，可以使表面性质相差悬殊的无机填料和有机聚合物之间获得良好的界面结合。

偶联剂的主要品种有钛酸酯偶联剂、硅烷偶联剂等，详见本书第 6 章。

（2）表面活性剂 表面活性剂是能够改变材料表面性质的物质。表面活性剂的分子结构包含两个组成部分：其分子的一端为羧基等极性集团，可以与无机填充剂粒子表面发生吸附或化学反应；分子的另一端为长链烷基，结构与聚合物分子相似，因此和聚烯烃等高聚物有一定的相容性。表面活性剂覆盖于填充剂粒子表面，可形成一层亲油性结构，使填充剂和树脂有良好的亲和性，改善填充剂的分散性、提高填充剂的添加量。

表面活性剂分为离子型和非离子型两大类，离子型又包括阴离子、阳离子和两性离子型。其中，脂肪酸及其盐类、酯类，是广泛应用于无机填充剂改性的表面活性剂。

（3）有机高分子表面改性剂 采用有机高分子表面改性剂，可在无机填充剂的表面形成高分子包覆层，改变无机填充剂的表面性质。

用于无机填充剂改性的有机高分子表面改性剂，包括高分子表面活性剂（如聚丙烯酸钠等）、高分子溶液或乳液等。此外，也可以采用原位聚合的方法，在无机填充剂表面形成高分子包覆层。如果在刚性的无机填充剂表面包覆弹性的高聚物层，再填充于塑料中，可对塑料起增韧作用。

（4）无机改性剂 无机改性剂应用于钛白粉等颜料以及云母等填充剂的表面改性。

钛白粉表面经氧化铝、氧化锆等氧化物的包覆处理，可以提高钛白粉的耐候性，适用于户外用途的塑料制品和涂料等。

采用四氯化钛等处理白云母，可制备珠光云母。

4.2.2.2 表面改性的方法

填充剂的表面改性方法很多，根据表面改性过程中所使用的设备与工艺的不同，有如下 3 种常用的改性方法。

（1）干法改性 是将表面改性剂和填充剂颗粒在高速搅拌机中搅拌，对填充剂颗粒表面进行改性处理。将表面改性剂直接加到高速搅拌机中，或将表面改性剂用少量稀释剂稀释后加到高速搅拌机中，使填充剂颗粒在“干态”的状态下，借助高速搅拌的高剪切力和高速混合作用，将改性剂包覆于无机颗粒表面，并形成表面处理层。

干法改性的优点是简便易行，是最常采用的表面改性方法。对于微米级无机颗粒的表面改性，干法改性可以获得较好的效果。但对于纳米级无机颗粒的表面改性，由于纳米颗粒粒径和质量微小，纳米颗粒在高速搅拌运动时获得的动能也很小，不足以带动表面改性剂在纳米颗粒间的分散，也就难以实现表面改性剂在纳米颗粒表面的均匀包覆。

（2）湿法改性 是将填充剂颗粒悬浮分散于液体介质中，将表面改性剂添加并分散于液体介质，使填充剂颗粒在“湿态”的状态下进行表面改性的方法。液体介质可以采用水，也可以采用有机溶剂。采用有机溶剂涉及成本、回收、环境等问题，因此，最常采用的介质是水。当以水为介质时，要求改性剂能在水中溶解或乳化成乳液状态，且改性剂要有耐水解性。

湿法改性的优点是改性剂能均匀包覆在填充剂颗粒表面，改性效果好。该法的缺点是需要经过干燥过程，工艺较为复杂，成本也相应提高。而且，湿法改性对改性剂有特殊的要求，因此，限制了改性剂的选择范围。只有少数品种的改性剂可以用于水做介质的湿法改性。

（3）加工现场处理法　是指在塑料制品制备时，在某一操作过程中将表面改性剂加入，在"现场"对填充剂颗粒进行表面改性的一类方法。主要有捏合法、反应共混法（如反应挤出法）和研磨法。捏合法是将表面改性剂与填充剂颗粒和其他物料一起在高速搅拌机中进行混合（捏合），在捏合过程中实现表面改性。反应挤出法是熔融共混过程中，在挤出机中进行改性剂对填充剂颗粒的包覆改性，并完成熔融共混。该方法对设备的要求较高。研磨法是在研磨设备中进行填充剂颗粒的表面改性，一般用于涂料生产中对填充剂和颜料的表面改性。

4.3　填充剂对填充体系性能的影响

4.3.1　力学性能

对于许多填充体系而言，特别是对于粒径较大或未经表面处理的颗粒状填充剂填充塑料体系，随着填充量的增大，体系的拉伸性能、抗冲击性能等力学性能是下降的。对填充剂进行表面处理，可以减小力学性能下降的幅度。当填充剂的粒径足够细，且进行了适当的表面处理时，还会有一定的增强效果。关于超细填充剂对聚合物的增强作用的机制，一般认为，是随着填充剂粒子变细，比表面相应增大，填充剂与聚合物基体之间的相互作用（如吸附作用）也随之增大，因此使力学性能得到提高。此外，云母（薄片状）、硅灰石（针状）等填料对聚合物也有增强效果。填充体系的弯曲弹性模量（刚性），通常会得到提高。无机纳米粒子还会对塑料基体产生增韧作用，将在本章 4.4 中介绍。

4.3.2　结晶性能

填充剂颗粒可以起到结晶性塑料的结晶成核剂作用。以 PP 为例，等规 PP 有 α、β 等晶型，其中，α 晶型最稳定也最常见，β 晶型的 PP 则具有较高的抗冲击强度。在 PP 中添加碳酸钙等无机颗粒，可以促成 PP 的 β 晶型的形成。碳酸钙作为 PP 结晶成核剂的作用，与碳酸钙的粒径和表面改性剂的种类都有关系。选择适当粒径和表面改性剂（如特定品种的铝酸酯偶联剂）改性的碳酸钙，可以增加 β 晶型在 PP 结晶总量中所占的比例，同时提高 PP 的抗冲击强度。

超细的填充剂颗粒可以使结晶性塑料的结晶细化。例如，以纳米碳酸钙作为结晶成核剂，可使 PP 的球晶明显细化。PP 的球晶细化后，抗冲击强度会有所提高，成型收缩率会降低。

4.3.3　热学性能

对于 PP、PBT 等结晶性聚合物，添加填充剂可使其热变形温度提高。例如，纯 PP 的热变形温度为 90～120℃，填充滑石粉（填充量为 40%）的 PP 的热变形温度可达 130～140℃。

一般无机填充剂的热膨胀系数只有聚合物的 20%～50%，所以填充改性聚合物的热膨胀系数会比纯聚合物的热膨胀系数小，提高了尺寸稳定性。

4.3.4 熔体流变性能

一般来说，由于填充剂的加入，聚合物熔体的黏度会增大，影响加工的流动性。当填充量较大时，这一现象尤为明显。可通过添加加工流动改性剂来改善加工流动性。对填充剂进行表面改性，也可以改善加工流动性。

此外，一些硬度较高的填料对设备磨损较为严重，应予注意。

除上述性能外，填充体系还有一些特殊性能。由于填充剂品种多样，性能特点各异，就为聚合物的各种改性提供了有效的途径。例如，氢氧化铝等填充剂具有阻燃效果，中空玻璃微球可隔音隔热，陶土可提高电绝缘性，炭黑（特别是导电炭黑）可赋予填充体系一定的导电性等。

4.4 无机纳米粒子/聚合物复合材料

纳米复合材料是指复合材料的多相结构中，至少有一相的一维尺度达到纳米级。纳米粒子则是指平均粒径小于100nm的粒子。由于纳米粒子尺寸大于原子簇而小于通常的微粉，处在原子簇和宏观物体的过渡区域，因而在表面特性、磁性、催化性、光的吸收、热阻和熔点等方面与常规材料相比较显示出特异的性能，得到极大的重视。

自20世纪90年代以来，纳米材料研究的内涵不断扩展，领域逐渐拓宽，所取得的成就及对各个领域的影响和渗透一直引人注目。

无机纳米粒子/聚合物复合材料是纳米材料研究的一个重要领域。制备无机纳米粒子/聚合物复合材料可采用的方法有多种。其中，共混法最适用于大规模工业化生产。将无机纳米粒子与聚合物共混，制备无机纳米粒子/聚合物共混复合材料，可以对聚合物产生多方面的改性效果。

4.4.1 无机纳米粒子/聚合物复合材料的制备方法

无机纳米粒子具有巨大的比表面积，表面能很高。由于能量趋低，纳米粒子很容易发生团聚。纳米粒子之间相互团聚，形成团聚体，使之难以在聚合物基体中很好地分散，这样就不仅不能发挥纳米粒子改性聚合物的效果，反而可能会降低性能。无机纳米粒子/聚合物复合材料制备方法研究的一个重要内容，就是解决纳米粒子的团聚问题，实现纳米级的分散。目前纳米粒子/聚合物复合材料的主要制备方法介绍如下。

4.4.1.1 插层复合法

插层复合法用于制备具有层状结构的无机物（主要是层状硅酸盐，以蒙脱土为代表）与聚合物的复合材料。其方法有多种。可以在层状硅酸盐的层间插入插层剂（如烷基季铵盐等），使层间距被撑大；进而将经过上述处理的层状硅酸盐与聚合物单体复合，使聚合物单体插入层间，再在一定条件下使单体聚合，层状硅酸盐以纳米尺度分散于聚合物基体中，形成纳米复合材料。也可采用聚合物熔体、溶液或乳液进行插层的方法。

4.4.1.2 原位聚合法

原位聚合（In situ polymerization），又称原位分散聚合。该方法先使纳米粒子在聚合单体中均匀分散，然后在一定条件下聚合，形成纳米复合材料。这一方法制备的复合材料中纳米粒子可均匀分散。原位聚合也有其不足之处，就是某些纳米粒子或纳米粒子的表面改性剂，可能会对聚合过程产生不利影响，如阻聚或发生副反应。

4.4.1.3　共混法

共混法是将各种无机纳米粒子与聚合物直接进行机械共混而制得的一类复合材料，有溶液共混、悬浮液或乳液共混、熔融共混等。其中，熔融共混的过程较为简单，易于实现工业化生产。其缺点是纳米粒子的均匀分散较为困难。通过对纳米粒子进行表面改性和采用母料法等加工工艺，可以解决熔融共混中纳米粒子在聚合物基体中的分散问题。

4.4.1.4　溶液法

溶液法是将无机纳米粒子分散于聚合物溶液中制备聚合物基纳米复合材料的方法。该方法需将聚合物溶于适当溶剂，再将纳米粒子分散于溶液中，采用搅拌和超声振动的方法使纳米粒子均匀分散，再运用涂覆或浇铸的方式成型，将溶剂挥发形成纳米复合材料，分别称作溶液涂覆法和溶液浇铸法。

溶液法制备的纳米复合材料与熔融共混法相比，最大的优点是可以使无机纳米粒子的充分分散，达到或接近纳米级，且制备过程简便。在工业化生产中，溶剂可以回收再利用，降低生产成本并避免环境污染。

此外，纳米粒子制备方法还有溶胶-凝胶（Sol-Gel）法。该方法是纳米粒子及复合材料制备中应用最早的一种方法。

比较上述几种方法，共混法最易于实现工业化生产，插层法适于制备具有层状结构的无机物的纳米复合材料，原位聚合法则更利于纳米粒子的均匀分散。

4.4.2　无机纳米粒子/聚合物复合材料的研究进展

无机纳米粒子/聚合物复合材料中可采用的无机材料种类很多，包括蒙脱土、纳米 SiO_2、纳米 $CaCO_3$、纳米 Al_2O_3、纳米 TiO_2、纳米 ZnO 等。可采用的聚合物基体则包括各种塑料和弹性体。下面对这一研究的进展情况进行介绍。

4.4.2.1　蒙脱土/聚合物纳米复合材料

层状硅酸盐/聚合物纳米复合材料是采用插层复合法制备的复合材料。目前研究较多的层状硅酸盐是黏土类矿物，主要是蒙脱土。本节对蒙脱土/聚合物纳米复合材料做一简介。

（1）蒙脱土的结构与插层复合　蒙脱土属 2∶1 型层状硅酸盐，即每个单位晶胞由两个硅氧四面体晶片中间夹带一个铝氧八面体晶片，构成“三明治状”结构。每层的厚度约为 1nm，长度约 100nm。蒙脱土的片层间通常吸附有 Na^+、K^+等水合阳离子，它们很容易与有机或无机阳离子进行交换，使层间距扩大。

蒙脱土特殊的结晶结构，使其适合于采用插层复合法制备纳米复合材料。插层法是在蒙脱土的层间插入插层剂（如烷基季铵盐等），烷基季铵盐等插层剂与蒙脱土的片层间的阳离子进行交换，使层间距被撑大；进而插入聚合物单体后进行聚合（或采用熔融、溶液等插层方法），使蒙脱土的层片结构发生剥离，以纳米尺度分散于聚合物基体中。

（2）聚合物/蒙脱土纳米复合体系　包括尼龙/蒙脱土、聚酯/蒙脱土、PE/蒙脱土、PP/蒙脱土等体系。自 1987 年日本丰田中央研究所首次报道成功制备尼龙 6/黏土插层型纳米复合材料以来，聚合物/黏土（蒙脱土）纳米复合材料的研究引起了国内外的广泛关注。

中国科学院化学研究所漆宗能等研究了蒙脱土的插层聚合、熔融插层方法制备的纳米复合材料，开发出了以聚酰胺（PA6 和 PA66）、聚酯（PET 和 PBT）、聚乙烯（包括超高分子质量聚乙烯 UHMWPE）、聚苯乙烯、环氧树脂、硅橡胶等聚合物为基体的一系列聚合物/蒙脱土纳米复合材料。

PA6/蒙脱土纳米复合材料的性能，与 PA6 对比，如表 4-1 所示，拉伸强度、热变形温度、弯曲模量等，都有显著提高。

表 4-1　PA6/蒙脱土纳米复合材料的性能与 PA6 的对比

性能	PA6	PA6/蒙脱土
熔点/℃	215~225	213~223
拉伸强度/MPa	75~85	95~105
热变形温度/℃(1.85MPa)	65	135~160
弯曲模量/GPa	3.0	3.5~4.5
悬臂梁缺口抗冲击强度/(J/m)	40	35~60

4.4.2.2　纳米 SiO_2/聚合物复合材料

纳米 SiO_2/聚合物复合材料也是有广泛应用前景的聚合物/无机纳米粒子复合材料，可以大幅度提高聚合物材料的力学强度（特别是抗冲击强度）、耐磨性、耐水性、光稳定性和热稳定性。纳米 SiO_2 可用于塑料和橡胶的改性。已进行过研究的纳米 SiO_2/塑料复合体系中的基体聚合物，既包括 PP 等通用塑料，也包括聚醚砜酮这样的高性能工程塑料。

无机纳米粒子在塑料中应用，重要的作用之一是提高材料的韧性，即抗冲击性能。纳米 SiO_2 可应用于 PP、PA 等的增韧改性。无机纳米粒子对脆性塑料和准韧性塑料都有增韧作用，而对准韧性塑料基体的增韧效果更为显著。因此，与有机刚性粒子增韧体系相似，无机纳米粒子增韧体系通常也要求被增韧的塑料基体本身有一定韧性。为了增加被增韧的塑料基体的韧性，可以在共混体系中添加一些弹性体，组成无机纳米粒子/弹性体/塑料三元共混体系。

吴唯等研究了 PP/纳米 SiO_2/EPDM 三元共混体系，探讨了纳米 SiO_2 和 EPDM 共同对 PP 的增韧效果。纳米 SiO_2 粒径为 20nm。结果表明，当 PP/纳米 SiO_2/EPDM 配比为 80∶3∶20 时，增韧效果最佳。

江涛等采用熔融共混法制备 PP/纳米 SiO_2/POE 复合材料，当 PP/纳米 SiO_2/POE 配比为 100∶4∶15 时，综合力学性能最优。

PP/纳米 SiO_2 二元复合体系也有良好的改性效果，这与 SiO_2 纳米粒子起到 PP 结晶成核剂的作用有关。王平华等研制了 PMMA 接枝包覆纳米 SiO_2，并与 PP 共混制备复合材料。结果表明，PMMA 接枝包覆纳米 SiO_2 与 PP 复合，使 PP 的力学性能有较大幅度的提高。

王东等用毛细管流变仪研究了 PP/纳米 SiO_2 复合体系熔体的熔融流变性能。结果表明：PP/纳米 SiO_2 复合体系的熔体黏度随纳米 SiO_2 含量的增加而增大，非牛顿指数则随纳米 SiO_2 含量的增加而减小；在恒定剪切应力下，膨胀比随纳米 SiO_2 含量的增加而减小。

刘珊等采用熔融共混的方法制备了 PA66/POE-g-MAH/纳米 SiO_2 三元共混体系，结果表明，POE-g-MAH 与纳米 SiO_2 对 PA66 有协同增韧效应，当 PA66/POE-g-MAH/纳米 SiO_2 配比为 100∶30∶0.1 时，复合体系的缺口抗冲击强度达到最大，为 PA66/POE-g-MAH（100∶30）二元体系的 1.8 倍。纳米 SiO_2 也可应用于 PBT，使力学性能得到提高。

邵鑫等研究纳米 SiO_2/聚醚砜酮（PPESK）复合材料，在摩擦磨损试验机上考察了不同载荷、速度及不同纳米 SiO_2 含量对 PPESK 复合材料摩擦磨损性能的影响，并用扫描电子显微镜观察分析 PPESK 及纳米 SiO_2/PPESK 复合材料磨损表面形貌及磨损机理。结果表明：纳米 SiO_2 可以显著提高 PPESK 的耐磨性。

4.4.2.3　纳米 $CaCO_3$/聚合物复合材料

由于纳米 $CaCO_3$ 价格较为低廉，且 $CaCO_3$ 作为填充剂在塑料领域已有长期的广泛应用，所以纳米 $CaCO_3$/聚合物复合体系的研究受到较多关注，取得多方面的进展。纳米 $CaCO_3$/聚合物复合材料制备中通常采用的是共混法。纳米 $CaCO_3$ 可应用于 PP、PVC 等塑料的增韧改性。为了提高基体的韧性，可以在共混体系中添加一些弹性体，组成塑料/弹性体/纳米 $CaCO_3$ 三元共混体系。也可以采用塑料/纳米 $CaCO_3$ 二元共混体系。

（1）纳米 $CaCO_3$/PP 复合材料　在纳米 $CaCO_3$/PP 复合材料中添加弹性体，制备纳米 $CaCO_3$/弹性体/PP 三元复合材料，纳米 $CaCO_3$ 粒子可发挥较显著的增韧作用。纳米 $CaCO_3$/弹性体/PP 复合材料中的弹性体，可以选用 EPR（乙丙橡胶）、EPDM（三元乙丙橡胶）、POE（乙烯-1-辛烯共聚物）、SBS（苯乙烯-丁二烯-苯乙烯嵌段共聚物）等。

曾晓飞等采用母料法，制备了纳米 $CaCO_3$/POE/PP 共混复合材料，缺口抗冲击强度和弯曲弹性模量如表 4-2 所示。采用的纳米 $CaCO_3$ 粒径为 30nm，经过了表面改性。制样方法为双螺杆挤出机造粒，注塑制样。

表 4-2　　纳米 $CaCO_3$/POE/PP 复合材料的缺口抗冲击强度和弯曲弹性模量

序号	组分配比/质量份			简支梁缺口抗冲击强度/（kJ/m²）	弯曲弹性模量/MPa
	PP	POE	纳米 $CaCO_3$		
1	100	12		28.6	677
2	100	12	12	58.5	864

从表 4-2 可以看出，采用母料法制备的纳米 $CaCO_3$/POE/PP 复合材料的缺口抗冲击强度达 58.5kJ/m^2，比 POE/PP 二元体系高 105%。弯曲弹性模量则提高了 27.6%。如果采用弹性体增韧，在抗冲击强度（韧性）提高的同时，弯曲弹性模量（刚性）是要下降的。而采用纳米 $CaCO_3$ 增韧，韧性和刚性可以同时提高，这正是纳米粒子增韧的优势。无机纳米粒子增韧体系属于非弹性体增韧，使韧性和刚性同时提高正是非弹性体增韧的特性。

王文一等研究了纳米 $CaCO_3$/EPR/PP 三元共混体系，在 PP/EPR/纳米 $CaCO_3$ 配比为 100∶20∶8 时，复合材料的缺口抗冲击强度达到 50kJ/m^2，与未添加纳米 $CaCO_3$ 的试样（缺口抗冲击强度 27kJ/m^2）相比，提高了 85%。添加纳米 $CaCO_3$ 还使弯曲弹性模量由 660MPa 提高到 820MPa，提高了 24%。

对于未添加弹性体的纳米 $CaCO_3$/PP 二元共混体系，纳米 $CaCO_3$ 也有一定的增韧作用。当二元共混体系中选用的 PP 的熔融指数较低的时候，纳米粒子的增韧作用较为明显。熔融指数较低则熔体黏度较高；共混过程中，在相同剪切速率条件下，施加于共混体系的剪切力也较大，有利于纳米粒子的分散。

（2）纳米 $CaCO_3$/PVC 复合材料　是纳米 $CaCO_3$ 的另一个重要应用领域。

胡圣飞等研究了纳米 $CaCO_3$/PVC 共混复合材料的力学性能，并与微米 $CaCO_3$/PVC 共混体系进行对比。结果表明，纳米 $CaCO_3$/PVC 共混体系的缺口抗冲击强度明显高于微米 $CaCO_3$/PVC 体系，如图 4-2 所示。纳米 $CaCO_3$/PVC 共混体系的拉伸强度，在纳米 $CaCO_3$ 用量为 10%时，也明显高于微米 $CaCO_3$/PVC 体系，如图 4-3 所示。

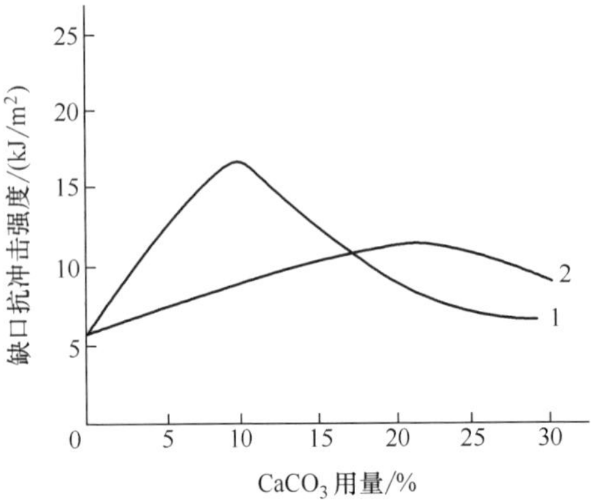

图 4-2　$CaCO_3$/PVC 共混体系的缺口抗冲击强度与 $CaCO_3$ 用量的关系

1—30nm $CaCO_3$/PVC 共混体系

2—1μm $CaCO_3$/PVC 共混体系

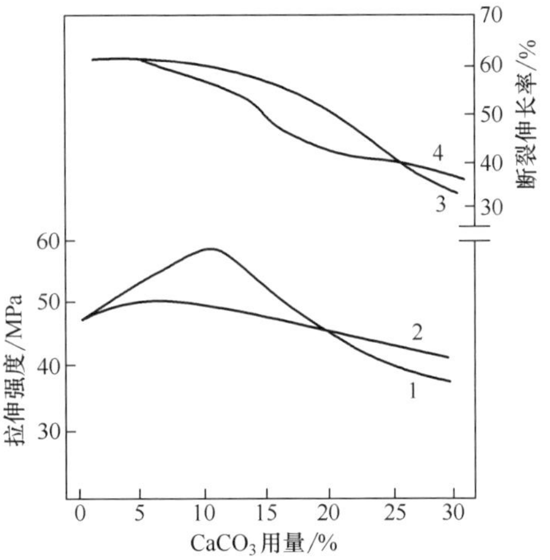

图 4-3　$CaCO_3$/PVC 共混体系的拉伸强度和断裂伸长率与 $CaCO_3$ 用量的关系

1、3—30nm $CaCO_3$/PVC 共混体系

2、4—1μm $CaCO_3$/PVC 共混体系

（3）纳米粒子的作用机制　关于无机纳米粒子对于塑料的增韧机制，一般认为，随着粒子的细微化，比表面积增大，与塑料基体的界面也增大。当填充复合材料受到外力时，微小的刚性粒子可引发大量银纹，同时粒子之间的塑料基体也产生塑性变形，吸收冲击能量，达到增韧的效果。对于结晶性塑料，如 PP、PA，无机纳米粒子则可起到结晶成核剂的作用，影响结晶结构，进而影响性能。

对于塑料/弹性体/无机纳米粒子三元共混体系，如 PVC/弹性体/纳米 $CaCO_3$ 共混体系，纳米 $CaCO_3$ 粒子在共混过程中可以使弹性体颗粒细化，降低弹性体颗粒的粒径，从而显著提高增韧效果。这可用以解释纳米粒子与弹性体的协同增韧作用。另外，弹性体的加入提高了基体的韧性，也更好地满足了非弹性体增韧对于基体韧性的要求。

4.4.2.4　溶液法的应用

如前所述，溶液法可分为溶液涂覆法和溶液浇注法。陈业煌采用溶液浇铸法制备了聚偏氟乙烯（PVDF）/钛酸钡（$BaTiO_3$）纳米复合材料，并且对其结晶行为和热电性能进行了研究。同时，为了验证其他纳米复合材料中纳米粒子对聚合物结晶行为的影响是否如 PVDF/$BaTiO_3$ 纳米复合体系一样，又制备了聚乳酸（PLA）/四氧化三铁（Fe_3O_4）纳米复合材料。首先测试了纯 PVDF 的结晶行为。经过热处理的 PVDF 膜只发现 α 晶体的存在。PVDF 在 165℃以上等温结晶时出现了环带球晶，且环带球晶的环带间隙随结晶温度的升高而逐渐增大。实验测出 PVDF 的平衡熔点约为 197℃，并且测出结晶温度为 155~160℃时，PVDF 晶体的熔点为 177.5~179℃。当熔融温度处于平衡熔点以上时，其对 PVDF 的等温结晶影响较小，球晶数量和大小没有较大的变化；当熔融温度处于平衡熔点以下时，随着熔融温度的降低，PVDF 球晶数量增多、尺寸变小，且随着熔融结晶次数的增加，球晶数量越来越多、尺寸变得越来越小。继而，研究了 PVDF/$BaTiO_3$ 纳米复合材料的结晶行为及性能。当 PVDF 从溶液中析出形成薄膜时，$BaTiO_3$ 的加入提高了 PVDF 的 β 晶型的含量，而在经过热处理的 PVDF 只剩下 α 晶体。非等温过程中 $BaTiO_3$ 的加入提高了 PVDF 的结晶度。等温结晶过程中，当 $BaTiO_3$ 含量低于 1.0%时倾向于促进 PVDF 成核作用，当 $BaTiO_3$ 含量高于 1.0%时促进成核的作用消失。$BaTiO_3$ 能提高 PVDF 的电导率和赛贝克（Seebeck）系数。$BaTiO_3$ 能提高 PVDF 的热稳定性。还研究了 PLA/Fe_3O_4 纳米复合材料的结晶行为。结果显示，非等温结晶条件下，低浓度 Fe_3O_4 促进 PLA 结晶，超过一定浓度后 Fe_3O_4 促进 PLA 的成核作用减弱；在等温结晶条件下，当 Fe_3O_4 含量小于 1.5%时，Fe_3O_4 对 PLA 最有利于异相成核，当 Fe_3O_4 含量大于 1.5%，Fe_3O_4 对 PLA 的异相成核效应开始减弱。

4.4.2.5　其他无机纳米粒子/聚合物复合材料

无机纳米粒子/聚合物复合材料还包括纳米 Al_2O_3、纳米 TiO_2、纳米 ZnO、纳米 $Al(OH)_3$、纳米 $Mg(OH)_2$，以及各种纳米级金属粉末等。

纳米 Al_2O_3 可用于 PS、PA 等复合材料，也可与炭黑并用于橡胶补强。

纳米 TiO_2 用于 PP 复合材料，可以增韧和提高耐光老化性能；也可用于 PA 复合材料的增强、增韧。

纳米 ZnO 可用于制备抗菌塑料，也可用于橡胶补强。

采用纳米 $Al(OH)_3$、纳米 $Mg(OH)_2$ 等纳米级阻燃剂应用于阻燃高分子材料，材料的阻燃性能和力学性能都优于微米级阻燃剂。

风雷等研究了平均粒径约为 10nm 的非晶纳米 Si_3N_4 对聚甲醛（POM）的改性。加入 3%的纳米 Si_3N_4 后，POM 的抗冲击强度和拉伸强度达到最大值，分别为 POM 的 260%和 125%。

4.4.2.6　石墨烯/聚合物复合材料

石墨烯是碳原子紧密堆积成单层二维蜂窝状晶格结构的碳质材料。石墨烯具有优异的导电、导热和力学性能，可成为制备高强导电复合材料的理想纳米材料。石墨烯与聚合物复合，可采用熔融共混或溶液共混，也可采用原位聚合的方法。石墨烯的加入可赋予复合材料多方面的功能，不但表现出优异的力学、热学和电学性能，且具有优良的加工性能，为纳米复合材料的制备提供了广阔的空间。

熔融共混法制备的石墨烯/聚对苯二甲酸乙二醇酯（PET）纳米复合材料具有优异的导电性能，可应用于电磁屏蔽领域。原位聚合法制备的石墨烯/尼龙 6 复合材料则具有优良的力学性能。

目前，无论是在理论还是实验研究方面，石墨烯/聚合物纳米复合材料均已展示出重大的科学意义和应用价值，且已在生物、电极材料、传感器等方面展现出独特的应用优势。

4.5 聚合物增强体系

聚合物增强体系，主要是指聚合物基纤维增强复合材料。

聚合物基纤维增强复合材料是以聚合物为基体，以纤维为增强材料制成的复合材料。该复合材料综合了基体聚合物与纤维的性能，是具有优越性能和广泛用途的材料。复合材料的最大特点是复合后的材料特性优于各单一组分的特性。

纤维增强复合材料可按聚合物基体的不同分为塑料基体和橡胶基体。其中，塑料基体又可分为热固性塑料与热塑性塑料。本书限于篇幅，只介绍塑料基体的纤维增强复合材料。

4.5.1 纤维增强复合材料概述

纤维增强复合材料按基体分类，可分为热固性塑料与热塑性塑料。其中热固性塑料基体的树脂品种有环氧树脂、聚酯树脂、酚醛树脂、三聚氰胺树脂等。热塑性塑料基体的树脂品种有 PP、PA、PC 等。

纤维的品种有玻璃纤维、碳纤维、芳纶纤维等。其中，玻璃纤维增强复合材料是应用最广的纤维增强复合材料，占塑料基复合材料总量的 90%以上。

纤维增强复合材料还可按纤维的长度分类，分为长纤维增强复合材料和短纤维增强复合材料。

纤维增强复合材料有如下优点：

（1）轻质高强　衡量材料的承载能力，通常用比强度、比模量来表征。比强度、比模量分别是材料的强度、模量与其密度的比值。玻璃纤维增强热固性树脂的比强度能够大大超过钢的比强度，但比模量较低。碳纤维增强热固性树脂则是比强度和比模量都高的复合材料。

纤维增强热塑性树脂，也可使其力学性能显著改善。如玻璃纤维增强 PP、随着玻璃纤维用量增大，拉伸强度、弯曲强度、模量、抗冲击强度都大幅度上升，热变形温度也明显提高，而其密度只略有增大，如表 4-3 所示。可以看出，纤维增强热塑性树脂复合材料也是一种质轻高强的材料。

（2）耐化学腐蚀　热固性树脂基的纤维增强复合材料一般都耐酸、耐稀碱、耐盐、耐有机溶剂等。热塑性树脂基复合材料也有较好的耐腐蚀性。

（3）其他性能　复合材料中的纤维与树脂基体界面有吸收振动能量的能力，振动阻尼高，可避免共振造成的破坏。与金属材料相比，复合材料的热导率低，且热膨胀系数小，在有温差时产生的热应力远比金属材料低。玻璃纤维增强复合材料还具有良好的电绝缘性能。碳纤维增强复合材料则具有一定的导电性。

表 4-3　　玻璃纤维短纤维增强 PP 复合材料的性能

性能	玻璃纤维含量/%			
	0	10	20	30
相对密度	0.91	0.96	1.03	1.12
拉伸强度/MPa	32	55	77	88
伸长率/%	800	4	3	2
弯曲强度/MPa	44	74	98	118
弯曲模量/MPa	1570	2551	3924	5396
缺口抗冲击强度/(J/m)	20	59	88	88
热变形温度/℃	65	135	150	153

纤维增强复合材料也有一些缺点，如耐热性较差，一般玻璃纤维增强复合材料的使用温度在 100℃以下。表面硬度低，易磨损，还存在老化的问题。此外，高分子材料多具有可燃性，通过阻燃改性可使之阻燃或自熄。

4.5.2　热固性树脂基纤维增强复合材料

热固性树脂基纤维增强复合材料大多以玻璃纤维作为增强材料，所以俗称玻璃钢。玻璃钢以玻璃纤维或其制品（如玻璃纤维布）为骨架，聚合物为基体，经一定的成型工艺制成复合材料。

在玻璃钢中，玻纤的拉伸强度约为树脂基体的 30 倍，玻纤的模量约为树脂的 20 倍。所以，玻璃钢的力学性能主要取决于玻纤的数量和排列方向。当然，纤维与树脂基体的界面结合也对力学性能有重要影响。没有良好的界面结合，玻纤的力学性能就无法充分转化为复合材料的力学性能。玻璃钢的耐化学性、耐热性、阻燃性，则主要取决于树脂基体的性能。以上规律也适用于其他纤维增强热固性树脂。

热固性树脂基纤维增强复合材料的成型方法多种多样，分别简介如下。

（1）手糊成型　是用手工方法在纤维上浸渍树脂进行黏合的方法。手糊时可采用简单的工具，如滚轮、毛刷、刮刀等。手糊成型所用的树脂在固化时应没有副产物产生，因而不需要真空负压除去反应副产物。手糊成型可用于制造由尺寸较小的产品到船只那样的大型制品。

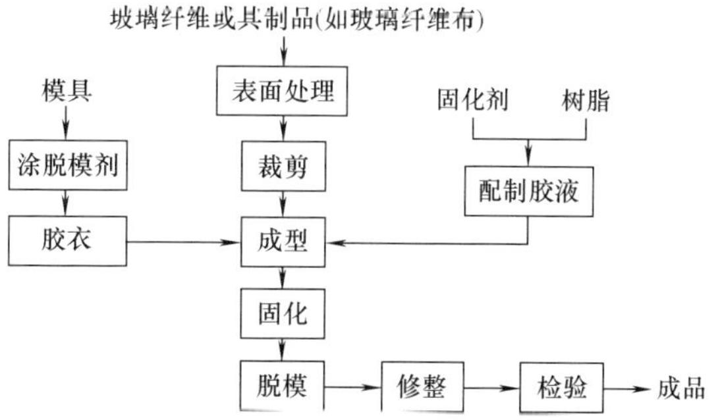

图 4-4　手糊成型工艺流程

手糊成型的工艺流程如图 4-4 所示。成型操作中，先在模具上涂脱模剂，然后制作一层胶衣层。胶衣层对制品起保护作用，厚度一般为 0.3~0.4mm。然后，将经表面处理后的纤维或其制品与胶液进行铺层（手糊成型）。手糊成型的示意图如图 4-5 所示。成型后的制品经固化后，即可脱模。脱模后的制品一般需在室温下放置至少一个月后才能使用。

手糊成型的制品质量在一定程度上取决于操作者的技术熟练程度。手糊成型目前在国

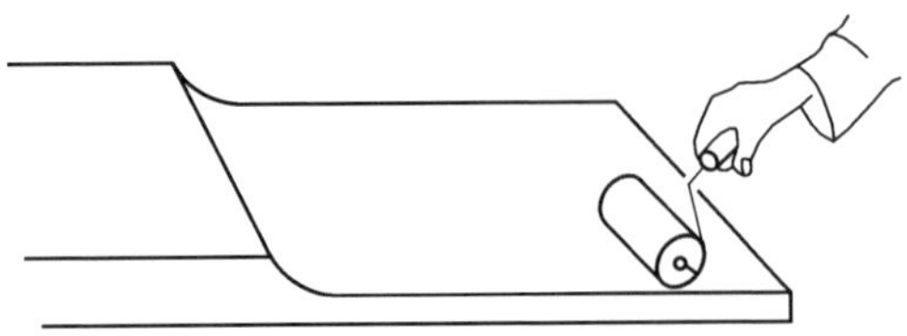

图 4-5　手糊成型示意图

内玻璃钢制品生产中占主导地位，在国外也仍保留着一定的地位。

（2）缠绕成型　是将连续纤维经过浸胶后，在一定张力下规整地卷缠在旋转着的芯轴（模具）上，如图 4-6 所示。层叠到规定厚度后，经固化脱模而得到制品。缠绕成型可适用于制备纤维含量高的制品，纤维含量可达 65%~75%，从而使制品具有高强度。制品可大批生产且质量稳定。

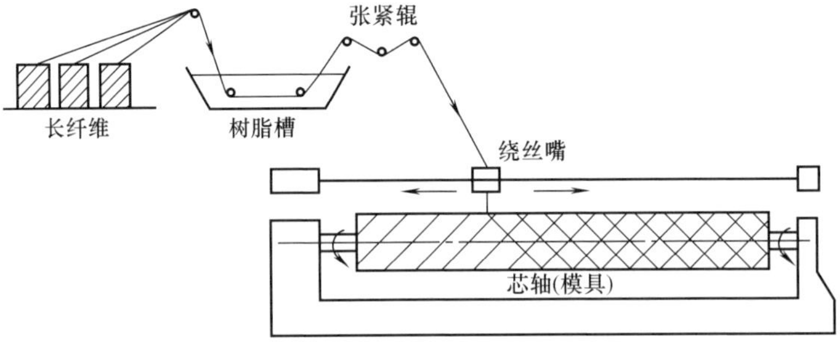

图 4-6　缠绕成型示意图

（3）喷射成型　是将短切纤维与树脂胶液同时喷到模具上制成复合材料的工艺。操作时，将树脂从喷枪中喷出，同时在喷枪中利用切割器将连续纤维切割成短纤维（25mm 左右），与树脂一同喷出。喷到规定厚度后，用滚轮滚压，固化。此法制备的复合材料纤维含量一般为 30%~40%。

（4）其他成型方法　纤维增强热固性树脂的成型方法还有拉挤成型、层压成型等。

拉挤工艺是一种连续生产纤维增强热固性树脂型材的方法。该工艺是将纤维或其制品先进行树脂浸渍，然后通过具有一定截面形状的成型模具，使其在模内固化成型后连续出模，形成连续拉挤制品的一种自动化生产工艺。

层压成型是将增强材料（如玻纤布、碳纤维布）浸渍树脂，经烘干制成预浸料，再将预浸料经裁切叠合在一起，在压力机中施加一定的压力和温度，经一定时间的层压和固化，制成层压制品。层压工艺适合于制造各种板材。

4.5.3　热塑性树脂基纤维增强复合材料

热塑性树脂基纤维增强复合材料（FRTP）又称为纤维增强热塑性复合材料，所用的纤维包括玻璃纤维、碳纤维、芳纶纤维等。其中，玻璃纤维增强热塑性塑料（GFRTP）具有强度高、耐热性好的优点，且玻纤的价格远比碳纤维、芳纶纤维低廉，因此，工业化的产品大部分是玻纤增强塑料。

纤维增强热塑性塑料的基体，可以是 PP、PA、PBT、PC、ABS、POM、PPS、PEEK 等品种。为改善塑料与纤维的界面结合，应先对纤维进行偶联剂处理。对于玻璃纤维，宜采用硅烷偶联剂。

热塑性树脂基纤维增强复合材料，是采用高强纤维与热塑性塑料通过挤出机等设备进行复合而制成的复合材料。制备纤维增强热塑性塑料的过程中，要将长纤维切断为短纤维，因而属于短纤维增强复合材料。

纤维增强热塑性塑料的基本原理，是利用纤维与聚合物良好的界面结合，将作用于复合材料的外力传导到纤维上，使纤维的强度得到充分发挥。为达到这一目的，纤维的强度、纤维的长径比、纤维与聚合物基体的界面结合、纤维在聚合物基体中的分布状况，都是重要的影响因素。首先，保持短纤维在复合材料中有一定的长度，是获得良好增强效果的必要条件。但随着纤维长径比增大，对于加工流动性的不利影响也会增大。

对纤维进行表面处理，以保证纤维与聚合物良好的界面结合，是获得良好增强效果的必要条件。为改善塑料与纤维的界面结合，应先对纤维进行偶联剂处理。对于玻璃纤维，宜采用硅烷偶联剂。

对于 PP 等非极性高聚物，为与玻纤有良好的界面结合，除对玻纤进行偶联剂处理外，还应对聚合物进行改性，增加极性基团，或添加过氧化物，或添加双马来酰亚胺等，使树脂与玻纤产生一定的化学作用。

热塑性树脂基纤维增强复合材料（FRTP）的成型加工方法与通用型热塑性塑料类似，可以采用挤出、注射、模压等工艺成型。但在工业生产中，大都采用挤出机制成粒料，再注射成型制成 FRTP 制品。FRTP 制品的制造工艺流程图如图 4-7 所示。在 FRTP 制品中，纤维用量一般为 20%~40%。

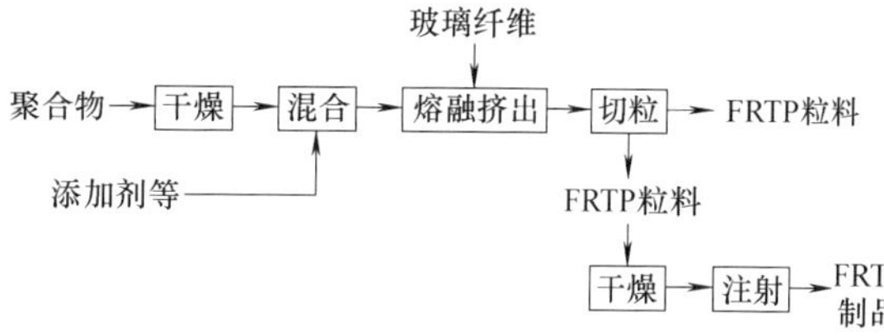

图 4-7　FRTP 制品制造工艺流程示意图

4.5.4　热塑性塑料的其他增强体系

（1）云母粉增强体系　云母粉作为薄片状填料，可用于提高塑料的拉伸强度、刚性和耐热性。为达到增强塑料的目的，云母粉应经过适当的表面改性，并在塑料/云母复合体系的成型加工过程中，尽可能保持云母粉的片状形貌。

云母粉填充 PP 体系的拉伸强度如表 4-4 所示。经过适当表面改性的云母粉，可以显著提高 PP 的拉伸强度。

表 4-4　　云母粉填充 PP 体系的拉伸强度

性能	纯 PP	PP+40%云母（未表面改性）	PP+40%云母（经表面改性）
拉伸强度/MPa	33.99	27.92	42.68

此外，针状的硅灰石经适当表面改性后，也有一定增强效果。

（2）超细及纳米填料增强体系　聚合物填充体系的力学性能，一般会随填料颗粒的细化而增高。纳米碳酸钙对 PE 等塑料有一定的增强效果，纳米二氧化硅也可增强 PA、PBT 等工程塑料。

（3）晶须增强体系　晶须是以单丝形式存在的小单晶体，具有高强、耐热等优点，晶须增强聚合物体系是很有发展前景的增强材料。晶须的种类很多，代表性品种有碳化硅晶须和硫酸钙晶须等。目前，以晶须填充聚合物提高复合材料力学性能的研究越来越多。在国外，晶须被广泛用在尼龙、聚甲醛、PBT、聚苯硫醚等一些工程塑料中。

习　　题

1. 试列举 3 种填充剂并说明其主要用途。
2. 填充剂有哪些基本特性？填充剂的细度如何表征？
3. 试述填充剂对填充体系性能的影响。
4. 简述纳米复合材料的制备方法。

参考文献

[1] 段予忠. 塑料改性[M]. 北京：科学技术文献出版社，1988.
[2] 曾人泉. 塑料加工助剂[M]. 北京：中国物资出版社，1997.
[3] 于清溪. 橡胶原材料手册[M]. 北京：化学工业出版社，1996.
[4] 黄家康，岳红军，董永祺. 复合材料成型技术[M]. 北京：化学工业出版社，1999.
[5] 许长清. 合成树脂及塑料手册[M]. 北京：化学工业出版社，1991.
[6] 葛铁军，杨洪毅，韩跃新. 硫酸钙晶须复合增强聚丙烯性能研究[J]. 塑料科技，1997(1)：16-18.
[7] 朱德钦，刘希荣，曾炜祥，等. 聚合物基木塑复合材料的研究进展[J]. 塑料工业，2005，33(12)：1-4.
[8] 张明珠，薛平，周甫萍. 木粉/再生热塑性塑料复合材料性能的研究[J]. 塑料，2000，29(5)：39-40.
[9] 薛平，丁筠. 木塑复合材料与包装托盘[J]. 人造板通讯，2002，9(10)：17-20.
[10] 王国全. 聚合物共混改性原理与应用[M]. 北京：中国轻工业出版社，2007.
[11] 刘英俊，刘伯元. 塑料填充改性[M]. 北京：中国轻工业出版社，1998.
[12] 窦强. 聚丙烯/碳酸钙复合材料中 β 晶型聚丙烯生成及其作用[J]. 中国塑料，2006，20(1)：6-11.
[13] 张立德，牟季美. 纳米材料和纳米结构[M]. 北京：科学出版社，2001.
[14] 张志昆，崔作林. 纳米技术与纳米材料[M]. 北京：国防工业出版社，2000.
[15] 黄锐，王旭，李中明. 纳米塑料[M]. 北京：中国轻工业出版社，2002.
[16] 贾巧英，马晓燕. 纳米材料及其在聚合物中的应用[J]. 塑料科技，2001(2)：6-10.
[17] 邬润德，童筱莉. SOL-GEL 法制有机聚合物/无机纳米粒子复合材料[J]. 浙江工业大学学报，2000，28(4)：288-292.
[18] 陈光明，李强，漆宗能. 聚合物/层状硅酸盐纳米复合材料研究进展[J]. 高分子通报，1999，(4)：1-10.
[19] 赵竹第，李强，漆宗能，等. 尼龙 6/蒙脱土纳米复合材料的制备、结构与力学性能的研究[J]. 高分子学报，1997(5)：519-523.
[20] 吴唯，徐仲德. 纳米刚性微粒与橡胶弹性微粒同时增强增韧聚丙烯的研究[J]. 高分子学报，2000(1)：99-104.
[21] 江涛，王旭，金日光. PP/纳米 SiO_2/POE 复合材料的研究[J]. 塑料，2002，31(6)：11-14.

[22]　王平华，严满清．纳米 SiO_2 粒子对 PP 结晶行为的影响[J]．中国塑料，2003，17(3)：21-24.

[23]　王东，高俊刚，姚子华．聚丙烯/纳米 SiO_2 复合材料的流变行为、力学性能和相态学研究[J]．塑料，2003，32(5)：7-11.

[24]　刘珊，王国全，崔巧丽，等．PA66/POE-g-MAH/纳米 SiO_2 复合材料的制备及性能[J]．塑料，2010(1)：114-116.

[25]　陈煌，王国全，黄源，等．PA6/POE-g-MAH/纳米 SiO_2 复合材料的形态和力学性能[J]．塑料，2007(6)：21-23.

[26]　李海亮，王国全，曾晓飞，等．纳米二氧化硅对 PBT 力学和结晶性能的影响[J]．塑料，2007(1)：56-58.

[27]　邵鑫，田军，刘维民，等．纳米 SiO_2 对聚醚砜酮复合材料摩擦学性能的影响[J]．材料工程，2002(2)：38-42.

[28]　王国全，曾晓飞，陈建峰，等．PP/POE/纳米 $CaCO_3$ 复合材料的制备与性能研究[J]．中国塑料，2006，20(7)：40-42.

[29]　王文一，王国全，陈建峰，等．纳米 $CaCO_3$/EPR/PP 复合材料性能与结构研究[J]．复合材料学报，2004，21(4)：67-70.

[30]　俞江华，王国全，陈建峰，等．PP/SBS/纳米 $CaCO_3$ 复合材料结构与性能研究[J]．中国塑料，2005，19(2)：22-25.

[31]　胡圣飞．纳米级 $CaCO_3$ 粒子对 PVC 增韧增强研究[J]．中国塑料，1999(6)：25-27.

[32]　陈业煌．聚合物/无机纳米粒子复合材料的溶液浇铸法制备及性能研究[D]．武汉：湖北工业大学，2017.

[33]　凤雷，李道火．非晶纳米 Si_3N_4 对 POM 的增强与增韧研究[J]．量子电子学，1994(4)：70-76.

[34]　樊玮，张超，刘天西．石墨烯/聚合物复合材料的研究进展[J]．复合材料学报，2013，30(1) 14.

[35]　丁浩．塑料工业实用手册[M]．北京：化学工业出版社，1995.

第 5 章　接枝、嵌段共聚改性及互穿聚合物网络

复合材料可分为宏观复合及微观复合两种，像玻璃纤维、碳纤维等增强材料属于宏观复合材料；而将不同组分组合，在微观上聚合物成分共存，如聚合物合金就属于后者。聚合物合金可以通过物理法和化学法得到。物理法以聚合物共混物为代表，化学法一般通过聚合反应进行，在聚合方法中主要是通过共聚反应实现，包括无规共聚、交替共聚、接枝共聚及嵌段共聚，其中以接枝共聚（Graft copolymerization）和嵌段共聚（Block copolymerization）尤为重要。此外，化学共混法还包括互穿聚合物网络。

5.1　接枝共聚改性

5.1.1　基本原理

接枝共聚是高分子化学改性的主要方法之一。所谓接枝共聚是指在聚合物成分（主干或主链聚合物）存在下，使一定的单体聚合，在主干聚合物上将分支聚合物成分通过化学键结合上一种分枝的反应。接枝共聚物通常是在反应性大分子存在下，将单体进行自由基、离子加成或开环聚合得到。其结构特征如下式所示。

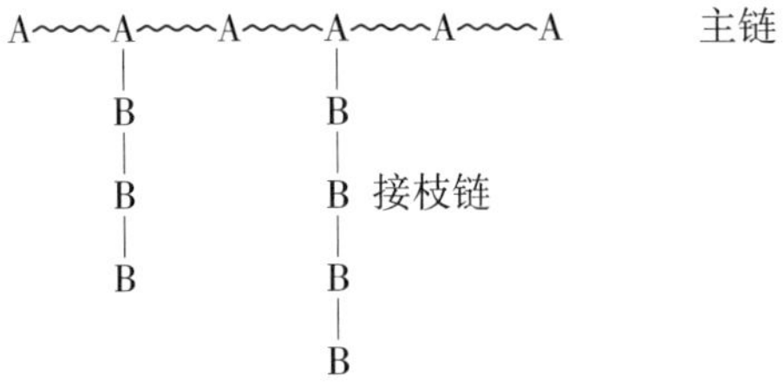

式中包括主链聚合物“A”和接枝在它上面的许多支链“B”。主链和接枝链的化学性质，以及将它们联结起来的方式可以有很大的变化范围。能够发生接枝共聚的主链聚合物的结构如表 5-1 所示。这些主链聚合物可以通过自由基接枝聚合、离子型接枝聚合等反应机制，将单体接到侧链，形成接枝共聚物。

表 5-1　　　用于接枝的典型反应主链

主链结构	反应位置	机制
~~CHCH═CHCH~~~（两个 CH 上各连一个 H）	烯丙基氢	自由基
~~CH_2C~~~（C 上连 CH_3 及 O—OH）	过氧化氢	自由基

续表

主链结构	反应位置	机制
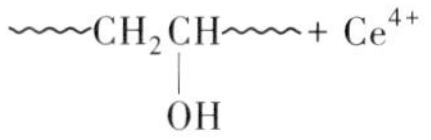	氧化-还原	自由基
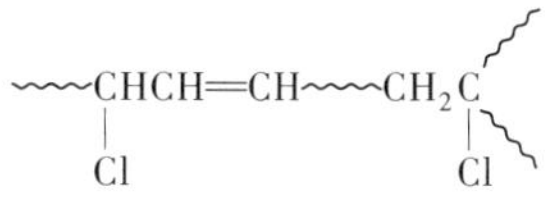	PVC 上的烯丙氯或叔氯	阳离子
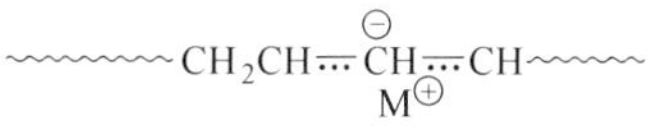	金属化的聚丁二烯	阴离子
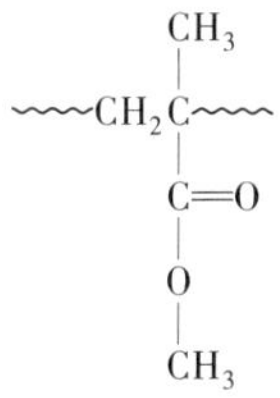	酯基	阴离子

自由基接枝方法有两种，一种是烯烃单体在带有不稳定氢原子的预聚体存在下进行聚合。例如，在聚丁二烯（PB）上接枝苯乙烯（St），引发可通过过氧化物、辐照或加热等方法实现。其接枝聚合的机制是过氧化物引发剂或生长链从主链上夺取不稳定氢原子，使主链形成自由基。接枝链和主链间的联结，是通过主链自由基引发单体，或者通过和支链的重新结合而形成的。另一种方法是先在主链上形成过氧化氢基团或其他官能团，然后以此引发单体聚合。例如，通过聚丙烯链上的过氧化氢基团引发苯乙烯单体聚合，以及通过铈离子氧化还原引发甲基丙烯酸甲酯接枝聚合到纤维素或聚乙烯醇上。

自由基接枝共聚物的组成范围宽泛，并且混有较多的均聚物。由于阳离子接枝效率较低，一般的离子型接枝聚合以阴离子接枝共聚为主。阴离子接枝方法包括主链引发和主链偶联两大类。前者如用金属化 PB（表 5-1）引发 St，通过 PB 和有机锂反应形成具有引发作用的主链，这种方法适用于可进行阴离子聚合的单体，如苯乙烯和二烯类。为了减少均聚物的形成，需要有机锂在金属化过程中全部消耗掉。主链引发的另一个例子是通过大分子上的酯基团（表 5-1），如 St-MMA（甲基丙烯酸甲酯）共聚物上的酯基，引发己内酰胺阴离子聚合，酯基和己内酰胺阴离子反应生成乙酰化内酰胺，产生大分子引发中心。主链偶联可用活性聚苯乙烯阴离子和带有侧酯基的大分子，如甲基丙烯酸甲酯反应，反应结果为甲氧基团被取代生成酮基接枝链（Graft linkage）。

接枝共聚物可能是非交联聚合物中最难以准确表征的聚合物类型。除了混杂有大量的均聚物外，每个分子的接枝数目、间距、接枝链的平均长度、接枝链和主链的多分散性等，都很难搞得十分清楚。

5.1.2　接枝共聚的方法

聚合物接枝共聚方法是指高分子主链上产生接枝点的方法，通常有链转移接枝、化学接枝和辐射接枝等。

5.1.2.1 链转移接枝

利用引发剂产生的自由基使其与聚合物主链上的氢发生提取反应产生接枝点，例如：

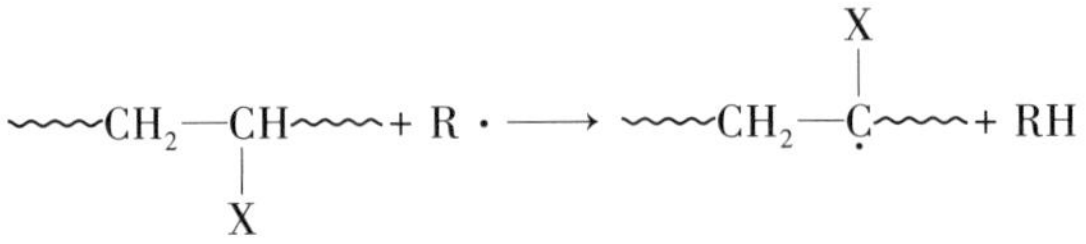

或者，$\sim\sim CH_2—CH{=}CH—CH_2\sim\sim + R\cdot \longrightarrow \sim\sim CH_2—CH{=}CH—\dot{C}H\sim\sim + RH$

式中　R——由引发剂产生的自由基。

在接枝共聚过程中，通常有 3 种聚合混合物：未接枝的原聚合物、已接枝的聚合物及单体的自聚物或混合单体的共聚物。因此，在接枝共聚中需要考虑接枝效率问题，接枝效率可以用下式表示：

$$接枝效率=\frac{已接枝单体质量}{已接枝单体质量+接枝单体均聚物质量}\times100\%$$

接枝效率的高低与接枝共聚物的性能有关。在链转移接枝中，影响接枝效率的因素有很多，例如，引发剂、聚合物主链结构、单体种类、反应配比及反应条件等。一般认为，过氧化苯甲酰（BPO）的引发效率比偶氮二异丁腈（AIBN）好，原因是 $C_6H_5\cdot$ 比 $(CH_3)_2\dot{C}—CN$ 活泼，更易获取主链上的 H。

如果聚合物主链上同时有几种可被提取的氢，则接枝点往往是在酯基的甲基上，例如：

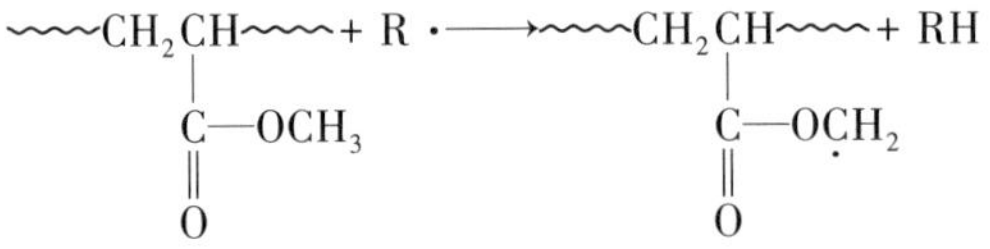

单体结构对接枝效率的影响是容易发生聚合的单体也容易接枝。

5.1.2.2 化学接枝

这里的化学接枝是指用化学方法首先在聚合物的主干上导入易分解的活性基团，然后分解成自由基与单体进行接枝共聚。例如：

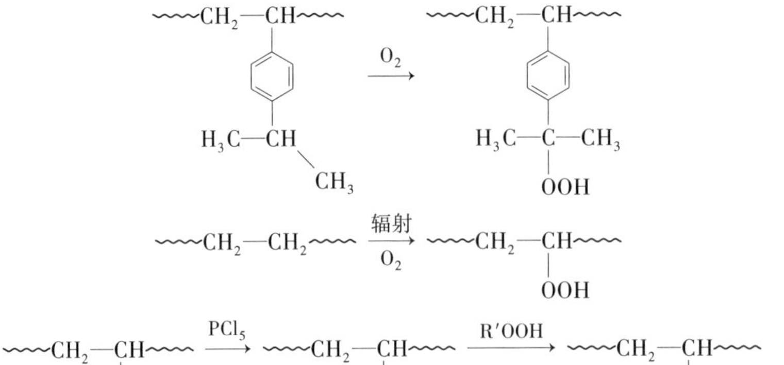

上述过氧化物分解产生两种自由基，产生的自由基位于主链上时是可以接枝的自由基，而产生 HO· 和 RO· 类的自由基时，这类自由基可引发单体自聚。为了提高接枝效

率，需要除去这类自由基，除去方法为应用氧化还原体系，例如：

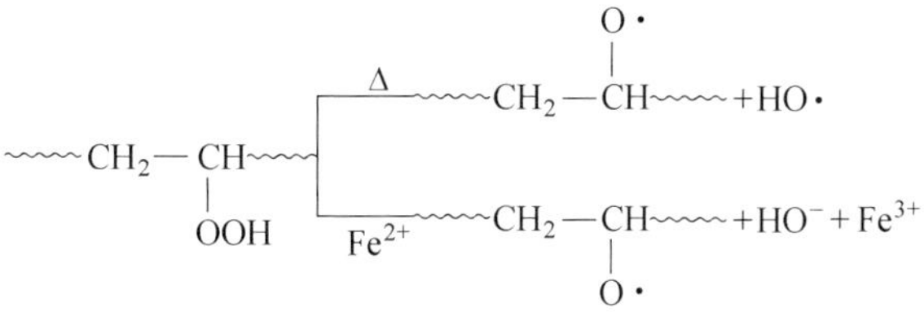

另外，也可以采用降低反应温度，提高单体和聚合物的浓度，减少主链上的空间位阻等提高接枝效率。离子型聚合物也可实现化学法产生接枝点制备接枝共聚物，例如：

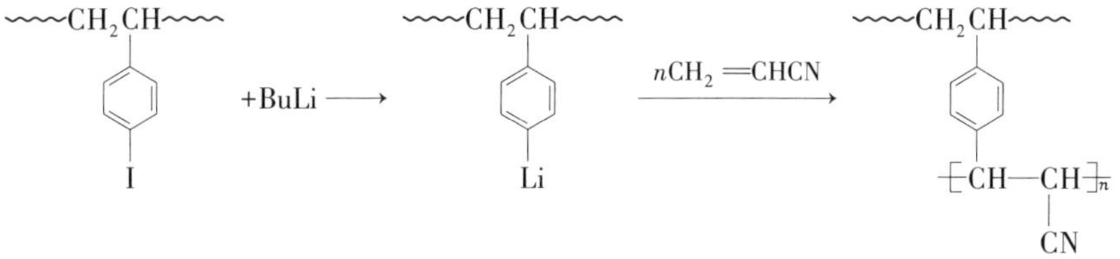

5.1.2.3　辐射接枝

利用辐射能使聚合物产生自由基型的接枝点与单体进行共聚。辐射接枝有直接辐射法和预辐射法两种。直接辐射法是将聚合物和单体在辐射前混合在一起，共同进行辐射。常用的辐射源为紫外光，主链聚合物是那些容易受紫外光激发产生自由基的结构，如侧链含有 $\rangle C=O$ 或 $-\overset{|}{\underset{|}{C}}-Cl$：

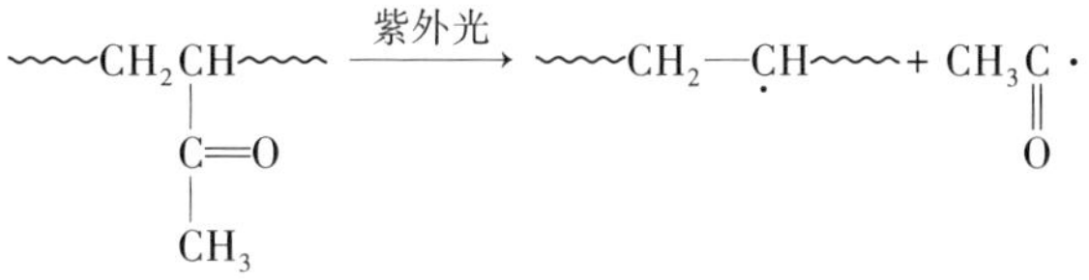

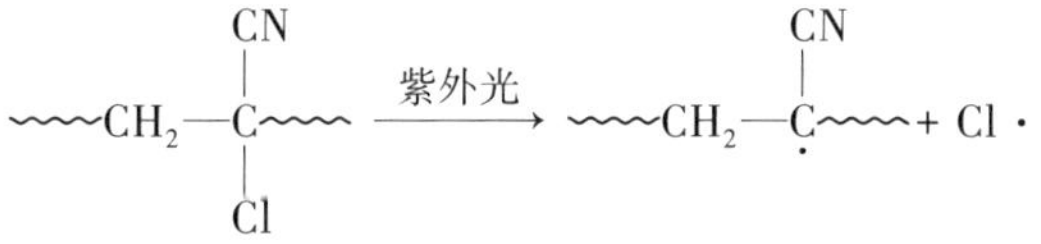

加入光敏剂如二苯甲酮可提高接枝效率，但在生成接枝共聚物的同时也生成均聚物。

预辐射法是先辐照聚合物，使之产生捕集型自由基，再用乙烯型单体继续对已辐照过的聚合物进行处理，得到接枝共聚物。预辐射法所用的辐射源为高能量 γ 射线。在无氧的情况下，γ 辐照有两种主要作用：

① 聚合物链无规地失去侧基或氢原子，产生自由基

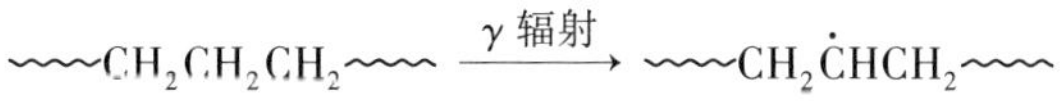

② 主链断裂，产生自由基

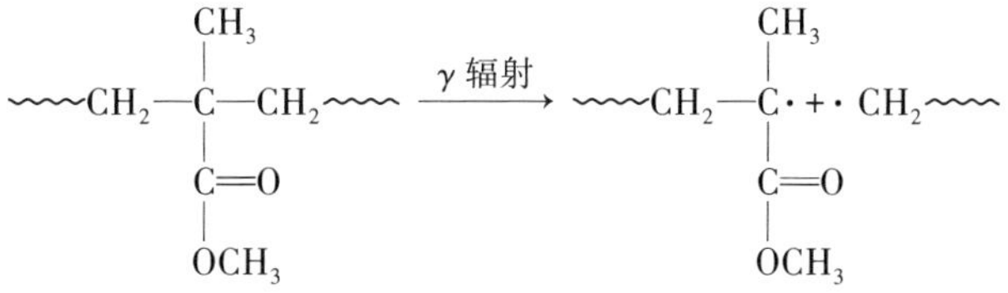

在接枝反应中，第二种情况是不希望发生的，为此，要求辐射的剂量必须控制在一定的范围内，但因此也会导致聚合物产生的自由基减少。总之，预辐射法产生的接枝点较少，但是其接枝效率较高，在该体系中，很少产生均聚物。

5.1.3 接枝共聚物的性能与应用

采用接枝聚合对聚合物改性的主要优点在于：接枝共聚物这种杂交类型不同于共混物，它是单一的化合物，可以发挥每一个组分的特征性质，而不是它们的平均性质。接枝共聚物的形态结构很大程度上依赖于接枝链和主链的体积分数。而较高浓度的组分，通常形成连续相，对共聚物的物理性质影响较大，当两个组分的浓度相等时，相的连续性急剧地随着样品的制作条件而变化，这种效应首先是在甲基丙烯酸甲酯接枝到天然橡胶上的两相共聚物中观察到的。

接枝共聚物存在着两相形态，还反映在它们的热转变行为上。与物理共混物相似，这些接枝共聚物表现出两个不同的玻璃化转变温度，所不同的是由于接枝共聚物的链段间以化学键相连，在形态上具有更精细的结构。如果不混杂有均聚物，则其无定型体系应有良好的光学透明性。

接枝共聚物有一个主要特性是，容易和它们相应的均聚物共混。这一特性在刚性体和弹性体方面都已获得应用。如用苯乙烯-丁二烯接枝共聚物改性聚苯乙烯的抗冲击性能。

5.1.3.1 聚苯乙烯接枝改性

均聚物聚苯乙烯（PS）具有较好的着色性、表面装饰性，抗辐射性好，电绝缘性能优良，具有较高的刚性、表面硬度和光泽度，但是其抗冲击性能和韧性差，限制了其作为电器制品等领域的应用，而将 St 与 PB 进行接枝共聚反应，得到接枝共聚物，其韧性得到明显改善，具有较高的抗冲击强度。抗冲击型 PS（IPS）有中等抗冲击 PS、高抗冲 HIPS 及超高抗冲 UHIPS，IPS 的韧性及抗冲击强度提高的程度如表 5-2 所示。

表 5-2　　HIPS 与 PS 性能比较

性能	PS	中等 IPS	高 IPS	超高 IPS
熔体流动速率/(g/10min)	2.8~13	2.8~14	2.8~6	6.5
拉伸强度/MPa	33~42	19~35	15~20	14.5
悬臂梁抗冲击强度/(kJ/m)	0.01	0.04~0.06	0.07	0.08
断裂伸长率/%	<25	25~30	35	35
维卡软化点/℃	85~99	84~97	87~94	84

接枝共聚物 HIPS 的抗冲击强度和伸长率的增加，获得了较高的抗冲击性能，但是，需要指出的是抗冲击型 PS 的拉伸强度下降，拉伸强度不如 PS。而将接枝共聚物用于物理共混中可作为增容剂（又称相容剂）起到增容的作用。

接枝共聚物与其组分聚合物具有较好的相容性，原因在于接枝共聚物具有独立组分的微相结构，从而可以较自由地控制接枝共聚物与组分聚合物形成的共混物的相容性。例如 ABS 树脂，其组成成分 PAS 和 PB 的相容性较差，但是将苯乙烯（St）与丙烯腈（AN）共接枝聚合到 PB 上得到的 PB、PAS 接枝聚合物，由于其各聚合物组分是以化学键结合，因而具有良好的相容性，并且克服了 PAS 抗冲击性能差的不足，获得的接枝型 ABS 树脂，

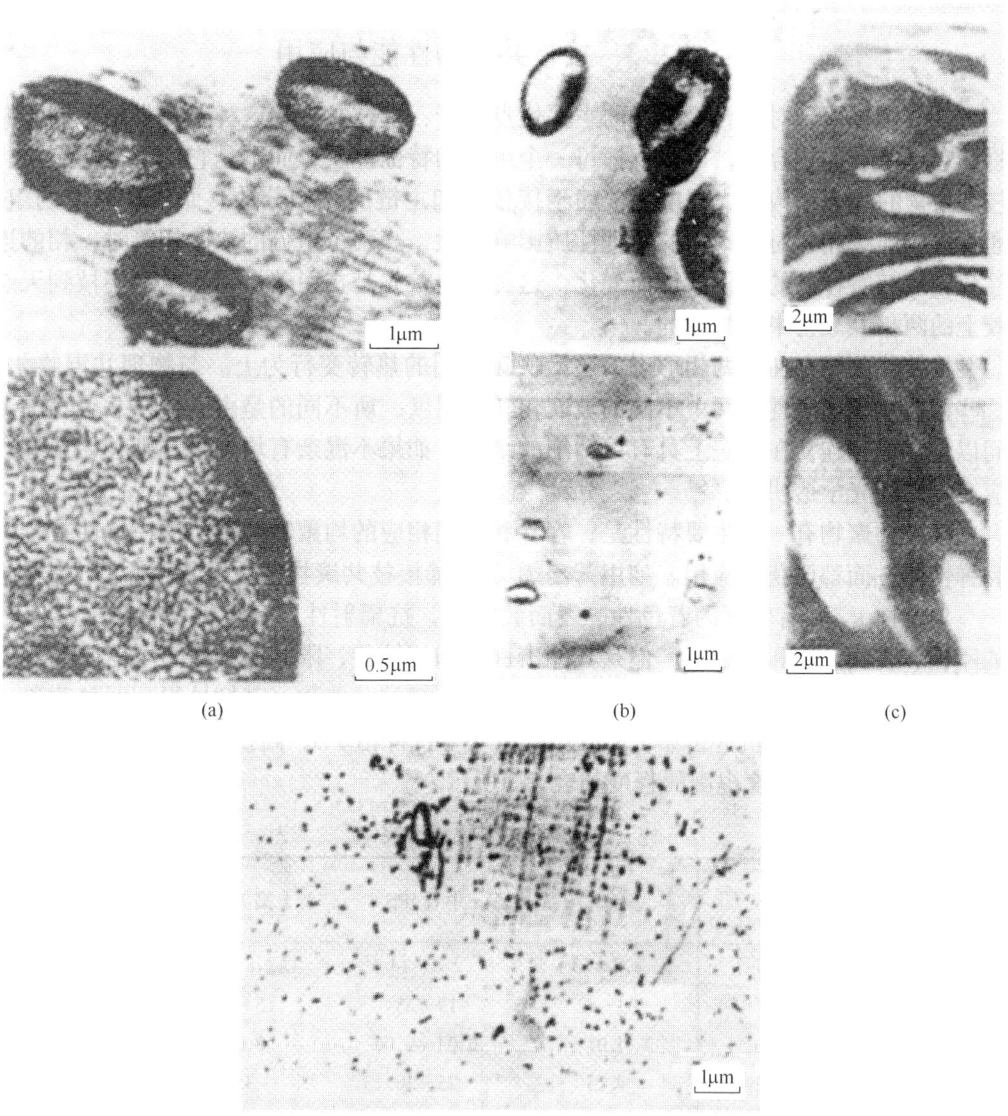

(d)

图 5-1　在溶解过程中接枝共聚物微相结构共混物与 PS 相对分子质量间的相互关系

（a）均聚物 PS 相对分子质量为接枝共聚物的 20 倍的共混体系（PS-g-PS/PS：15/85）

（b）均聚 PS 的相对分子质量约 3 倍共聚物　（c）均聚物 PS 相对分子质量约 1.5 倍共聚物

（d）均聚物相对分子质量比接枝共聚物小

由于 PB 为玻璃化转变温度较低的弹性体，因而该 ABS 在低温下仍具有高抗冲击强度和高韧性。

又如将 St 与 PB 发生接枝共聚反应，得到的高抗冲聚苯乙烯 HIPS 显示出对 PS 的增容作用。图 5-1 表示在溶解过程中接枝共聚物微相结构共混物与 PS 相对分子质量间的相互关系。图 5-1（a）中均聚物 PS 的相对分子质量是接枝共聚物的 20 倍，在 PS 基体上形成 0.2~5.0μm 圆状微区。在该微区内，25~30μm 蚯蚓状的 PB 和 PS 微相互相交叉，形成了 HIPS 的微观结构。在图 5-1（a）的微区中，HIPS 对 PS 无增容能力。当均聚物 PS 的相对分子质量为 3 倍时［图 5-1（b）］，接枝共聚物以微区分散在基体中，当 PS 的相对分子质量变小时（1.5 倍及比接枝共聚物的相对分子质量小），分别如图 5-1（c）和图 5-1（d）所示，球状或块状的 PB 微区进一步变小，能够均匀地分散在基体中，即接枝共聚物 HIPS 与 PS 完全相容。

因此，为了最大限度地发挥接枝共聚物的增容能力，使接枝聚合物的相对分子质量比均聚物的相对分子质量高为宜。

5.1.3.2 聚丙烯接枝改性

聚丙烯（PP）是一种综合性能优良的热塑性通用塑料。其特点是：密度小、易加工、价格较低、熔点较低、热变形温度低、抗蠕变性差、尺寸稳定性差、抗冲击性能差等。主要用于日常用品、包装材料、家用电器、汽车工业、建筑施工领域。PP 自身的不足使其作为工程材料受到限制。

对 PP 进行共混改性是提高其性能的有效途径。然而，共混改性组分与 PP 基体之间的相容性，成为影响改性效果的重要因素。常用的提高聚合物改性体系相容性的方法，主要是在体系中加入接枝、嵌段共聚物或低分子质量化合物作相容剂。相容剂的加入可以使不相容的两相通过物理作用或化学反应取得协同效应，增加相容性，并提高改性体系的性能。通过 PP 接枝共聚的方法得到 PP 接枝物作为相容剂，是提高 PP 共混体系相容性和综合性能的较理想的一种方法。

采用极性单体对 PP 接枝改性使其极性化，借助极性基团的极性和反应性改善其性能上的不足，同时又赋予其新的性质与性能，这是开发扩大 PP 材料用途的一种行之有效的方法。

PP 接枝改性的方法有溶液接枝法、熔融接枝法、固相接枝法、悬浮接枝法，以及气相接枝法、辐射接枝法、高温接枝法、光引发接枝法等。现将 4 种主要方法分述如下。

（1）PP 的溶液接枝改性　首先在 100~140℃ 温度下，将 PP 溶解在沸腾的甲苯、二甲苯或苯溶液中，然后加入接枝单体和引发剂进行接枝反应，接枝物经丙酮萃取未反应的单体后形成最终产物。该方法反应副产物少、PP 降解少、接枝率较高。但使用大量有机溶剂，污染环境，反应时间长（1~3h），生产成本高，工业上已很少采用。

（2）PP 的熔融接枝改性　可以利用双螺杆挤出机进行接枝反应。将 PP、接枝单体、引发剂等在适宜的条件下共挤出，反应过程在 PP 熔点以上，一般为 190~230℃，反应操作简单，无须回收溶剂。但这种方法有两大缺点，其一，反应温度较高，PP 链 β 断裂倾向大，在有小分子引发剂的接枝体系中，大分子自由基的降解严重，因此反应过程难以控制，产物接枝率低，材料的性能不稳定。其二，残留在产物中的未反应的单体和引发剂难以除去，影响接枝物的使用性能。

（3）PP 的固相接枝改性　是将接枝单体和引发剂配成少量溶液，与粉末状 PP 在惰性气体保护下，于低于其熔点（一般在 100℃ 左右）的温度进行接枝反应。此法的优点是反应条件温和，溶剂用量少，后处理简单，PP 降解少，能很好地保持 PP 固有的机械性能。此法被认为是一种很有发展前景的接枝方法。

（4）PP 的悬浮接枝改性　是将 PP 粉末、薄膜或纤维与接枝单体一起在水相中接枝的方法。这种方法比较简单，反应温度低，PP 降解程度低，反应容易控制，无溶剂回收，利于保护环境。在反应中，若聚合物能被接枝单体溶胀，则接枝效率较高，否则需在反应前于较低的温度下令聚合物与单体先接触一定时间，然后再进行升温反应，或者加入某种溶剂作为界面活性剂来加速单体向聚合物中的扩散。

PP 接枝改性方法常用的接枝单体有马来酸酐（MAH）、丙烯酸（AA）、甲基丙烯酸缩水甘油酯（GMA）、苯乙烯（St）等。上述 4 种 PP 接枝共聚改性方法及其特点如表 5-3 所示。

表 5-3　　4 种 PP 接枝共聚改性方法及其特点的比较

项目	溶液接枝法	熔融接枝法	固相接枝法	悬浮接枝法
原料形态	粉末、颗粒	粉末、颗粒	粉末	粉末
宏观特点	均相、整体改性	非均相、整体改性	非均相、局部改性	非均相、局部改性
常用单体	MAH、AA 等	MAH、AA、GMA、St 等	MAH、AA、GMA、St 等	MAH、AA
反应温度	低于溶剂沸点	高于 PP 熔点	低于溶剂沸点	低于介质沸点
反应时间	长(大于 1h)	短(约 10min)	较长(约 1h)	较长(约 1h)
溶剂用量	多	无	少量	无或少量
副反应	较少	多	较少	较少
后处理脱单体	较难		容易	容易
生产方式	间歇式	可连续化	间歇式	间歇式
生产成本	高	低	低	低
环境保护	不好	一般	较好	好

5.1.3.3　天然生物高分子材料接枝改性

作为生物基原料的天然生物高分子（淀粉、纤维素、甲壳素等）材料，通过接枝共聚改性制备新型的生物基材料，可以获得更加广泛的应用。

以纤维素接枝共聚为例。纤维素的接枝共聚是以分子链中的羟基为接点，将合成的聚合物连接到纤维素骨架上，赋予纤维素特定性能和功能的过程。纤维素接枝共聚主要方法有自由基聚合、离子型共聚、开环聚合以及原子转移自由基聚合。部分纤维素接枝共聚体系如表 5-4 所示。根据聚合条件的不同，支链或接枝链的长度也随之变化。可供接枝的单体种类繁多，其中以丙烯基和乙烯基单体应用最为广泛。常用的接枝单体的活性顺序为丙烯酸乙酯>甲基丙烯酸甲酯>丙烯腈>丙烯酰胺>苯乙烯。接枝共聚在交联纤维素、氧化纤维素、羧甲基纤维素甚至交联衍生物的合成上均有应用。接枝后的纤维素本身固有的优点不会遭到破坏，大分子的引入可起到优化纤维素性能的作用，因而广泛用于生物降解塑料、离子交换树脂、吸水树脂、复合材料、絮凝剂以及螯合纤维等方面。

表 5-4　　部分纤维素接枝共聚体系

种类	接枝单体	引发剂	聚合方式
羟乙基纤维素	甲基丙烯酸-*N*,*N*-二甲氨基乙酯	四价铈盐	自由基聚合
羟甲基纤维素	甲基丙烯酸甲酯	过硫酸钾	自由基聚合
交联纤维素	2-丙烯酰胺基-2-甲基丙磺酸	亚硫酸钠、过硫酸钾	离子型聚合
微晶纤维素	*E*-己内酯	苯甲醇	开环聚合
纤维素膜	甲基丙烯酸二甲氨乙酯	2-溴代异丁酰溴	原子转移自由基聚合

天然生物高分子接枝共聚的引发剂包括以硝酸铈铵（Ceric Ammonium Nitrate，CAN）为代表的铈盐引发体系、过硫酸钾体系、芬顿（Fenton）试剂等，分述如下。

（1）硝酸铈铵引发剂　在纤维素接枝共聚的引发剂中，四价铈盐引发剂较常用，最常用的四价铈盐为硝酸铈铵（CAN）。四价铈盐直接氧化法具有易实施、接枝率较高的优点。该引发过程为：四价铈离子（Ce^{4+}）在酸性条件下使纤维素骨链上产生自由基。当纤维素被四价铈盐氧化时，通过一个电子转移过程在纤维素上产生自由基，这些自由基可以引发乙烯基接枝。其中四价铈盐通过单个电子转移在纤维素表面形成活性位点，从而抑制了均聚物的生成。纤维素和 Ce^{4+} 之间可能形成一个纤维素被氧化的可逆中间体（络合物），接着中间体分解形成纤维素自由基，其引发机制如图 5-2 所示。

$$\text{Cellulose—OH} + Ce^{4+} \rightleftharpoons [\text{Cellulose—}Ce^{4+}] \longrightarrow \text{Cellulose—}\dot{O} + Ce^{3+} + H^{+}$$

$$\text{Cellulose—}\dot{O} + \text{单体} \longrightarrow \text{接枝共聚物}$$

(a)

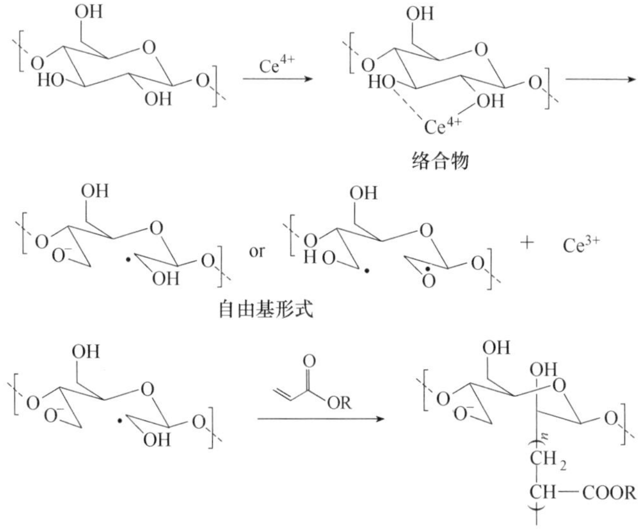

(b)

图 5-2　四价铈盐引发纤维素接枝机制

（a）四价铈盐引发纤维素接枝机制　（b）四价铈盐引发纤维素接枝机制

这种引发接枝改性的方法还可以用于淀粉、壳聚糖、亚麻籽胶浆、大麻、纤维纸浆等的接枝改性。例如，可以在四价铈盐（如硝酸铈铵）引发条件下将丙烯腈（AN）接枝到这类生物基原料物上，合成制备高吸水性聚合物，将其用于工业污水中的絮凝剂、高吸水材料等。

淀粉-丙烯腈接枝共聚物是第一个工业化的高吸水性树脂（Super Absorbent Polymer）。其淀粉改性过程为：低于 90℃，将淀粉糊化；冷却至 25℃，再加入丙烯腈，以硝酸铈铵为催化剂，在 30℃以上进行接枝共聚反应。共聚产物在强碱作用下加水分解，接枝的 PAN 部分转变成聚丙烯酰胺和聚丙烯酸钠，最后精制、干燥得到产品。淀粉-丙烯腈接枝共聚物合成反应如图 5-3 所示。

（2）过硫酸钾体系　以过硫酸钾（KPS）引发纤维素、淀粉等接枝反应，主要是在

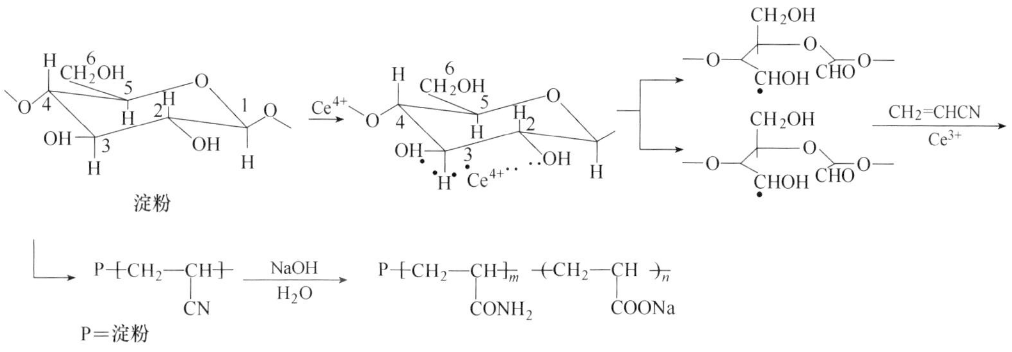

图 5-3　淀粉-丙烯腈接枝共聚物合成反应

高分子骨架表面产生自由基位点，可将生物高分子浸泡在饱和过硫酸钾中实现，引发机制如图 5-4 所示。Srikulkit K 等利用过硫酸钾引发体系，将阳离子单体甲基丙烯酰丙基三甲基氯化铵（MAPTAC）接枝到棉纤维上，并且设计了一种可染性改性和棉布漂白在同一染浴中进行的染色过程。通过对棉纤维进行阳离子化改性，提高活性染料与棉纤维之间的亲和力，在无盐条件下实现活性染料的上染，实现低盐或无盐染色，从而实现高固色率并达到节能减排的目的。

（3）Fenton 试剂引发　（Fenton）试剂（Fe^{2+}—H_2O_2）为二价铁和双氧水的氧化还原引发剂，在水溶液中产生活性自由基·OH，·OH 与纤维素等或者活性烯类单体继续引发得到共聚物和均聚物。反应机制如图 5-5 所示。

$S_2O_8^{2-} \longrightarrow 2HSO_4^{-}\cdot$

$Starch—OH+S_2O_8^{2-} \longrightarrow Starch—\dot{O}+HSO_4^{-}+SO_4^{-}\cdot$

$Starch—\dot{O}$+单体⟶接枝共聚物路线

$SO_4^{-}\cdot$ +单体⟶均聚物路线

图 5-4　过硫酸钾引发接枝聚合机制

$Fe^{2+}+H_2O_2 \longrightarrow Fe^{3+}—HO\cdot+OH^{-}$

$Cellulose—OH+HO\cdot \longrightarrow Cellulose—\dot{O}+H_2O$

$Cellulose—\dot{O}$+单体⟶接枝共聚物路线

HO·+单体⟶均聚物路线

图 5-5　Fenton 试剂（Fe^{2+}—H_2O_2）引发纤维素接枝反应机制

此外，接枝共聚物在医学材料抗凝血作用方面也取得了较好的应用研究结果。如在链段型聚醚氨酯（SPEU）上，接枝聚合丙烯酰胺，使支链形成长侧链结构，这种接枝共聚物改善了 SPEU 的抗凝血性。在高密度聚乙烯、聚乙烯醇缩丁醛膜上接枝丙烯酰胺等接枝共聚物的抗凝血效果也有程度不同的改善。

5.1.4　接枝共聚物研究

接枝聚合物高分子材料的研究主要包括两个方向，一个是对接枝聚合物材料自身的研究，另一个是以接枝聚合物作为增容剂，提高相容性的应用研究。

前者是搞清楚分子结构，通过化学键将具有各种特殊性质的聚合物连接，设计出具备高度复合特性的材料，即所谓的聚合物分子设计，接枝聚合物能够形成各自成分的微相结构，因此，可根据主链（骨干）聚合物和支链（分支）聚合物的多种功能，充分发挥其复合特性。

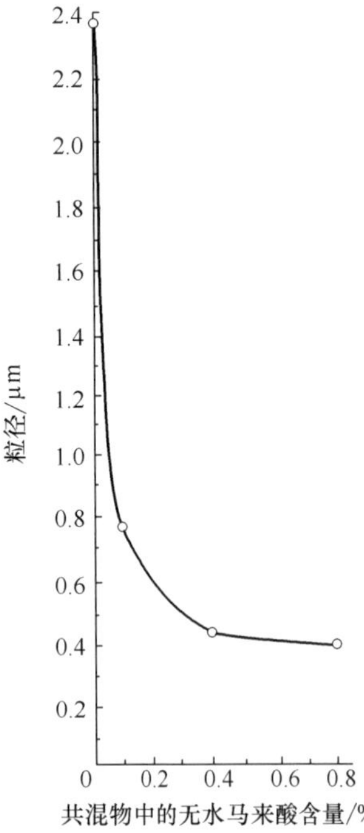

图 5-6　分散粒子在尼龙 66 与 PE 接枝的无水马来酸共混物中的直径变化

后者是利用接枝聚合物的增容能力，作为增容剂使用，从而自由地控制聚合物共混物的相容性，即将接枝聚合物作为增容剂进行分子设计，制备高分子材料。

将少量的接枝聚合物添加到聚合物共混物中，界面张力大幅度下降，两组分聚合物的相容性提高，分散粒子直径变小。图 5-6 给出了尼龙 66 与无水马来酸改性 PE 共混物的分散粒子直径的影响，对应于尼龙 66 与改性 PE 的接枝聚合物的生成量，随 PE 粒子的直径大大减小，聚合物共混物体系趋于稳定。

利用接枝聚合物作为增容剂，既可大幅度提高聚合物共混物的相容性，又能有效地发挥力学特性。这种特性在工业上的优势是，与利用 100%的接枝聚合物相比，其投资很少，利润很高。其力学性能一般可进行以下排列：接枝聚合物>增容化共混物>聚合物共混物。接枝聚合物增容化，其操作容易，价格低，力学性能优异，应用对象广泛。因此，作为聚合物材料改性技术备受注目，是重要的研究方向。

5.2　嵌段共聚改性

5.2.1　基本原理

嵌段共聚可以看成是接枝共聚的特例，其接枝点位于聚合物主链的两端。嵌段共聚物指的是聚合物主链上至少具有两种单体聚合而成的以末端相连的长序列（链段）组合成的共聚物。

嵌段共聚的链段序列结构有三种基本形式：$A_m—B_n$ 二嵌段聚合物；

$A_m—B_n—A_m$ 或 $A_m—B_n—C_n$ 三嵌段聚合物；

$\leftarrow\!\!\!(A_m—B_n)\!\!\!\rightarrow_n$ 多嵌段聚合物。

此外，还有较不常见的放射型嵌段共聚物，它是由 3 个或多个二嵌链段从中心向外放射，所形成的星状大分子结构，如图 5-7 所示。

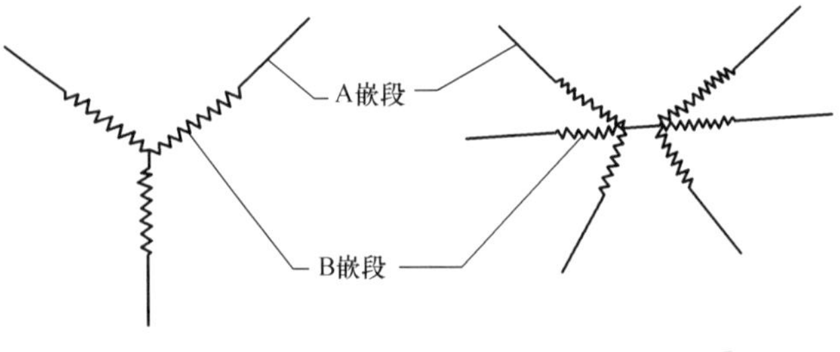

图 5-7　放射型嵌段共聚物的链段序列结构

嵌段共聚物大多混有少量的均聚物，因此，其表征要比均聚物或聚合物共混物困难，但准确确定嵌段共聚物的序列结构、数目比接枝共聚物要容易。常见的嵌段共聚物如表 5-5 所示。

表 5-5　常见嵌段共聚物

嵌段共聚物类型	种类	举例
A_m—B_n 型	聚苯乙烯嵌段共聚物	苯乙烯-丁二烯、苯乙烯-异戊二烯、苯乙烯-芳烯烃
	聚丙烯酸类和聚乙烯吡啶嵌段共聚物	丙烯酸类、乙烯吡啶
	α-聚烯烃嵌段共聚物	乙烯-丙烯、其他 α-烯烃
	杂原子嵌段共聚物	醚-醚、醚-烯烃、内酯类、硫醚类、酰胺类与亚胺类、硅氧烷
A_m—B_n—A_m 型	碳氢链嵌段共聚物	苯乙烯-二烯类、星状苯乙烯-二烯类、改性苯乙烯-二烯类、其他芳烯烃-二烯类、二烯-二烯类、苯乙烯-芳烯烃类
	聚丙烯酸类和聚乙烯	丙烯酸类,乙烯吡啶
	吡啶嵌段共聚物	—
	杂链 A_m—B_n—A_m 嵌段共聚物	醚-醚、醚-烯烃、酯类、硫醚类、酰胺类、硅氧烷类
$\leftharpoondown A_m—B_n \rightharpoondown_n$ 型	醚-醚	
	醚-烯烃	
	醚-酯	对苯二甲酸烷烃酯类、对苯二甲酸芳烃酯类、其他酯类
	酯-酯	—
	酯-烯烃	—
	碳酸酯类	碳酸酯-碳酸酯、碳酸酯-聚砜、碳酸酯-醚、碳酸酯-酯、碳酸酯-苯乙烯、碳酸酯-亚胺酯
	酰胺类	酰胺-酰胺、酰胺-醚、酰胺-酯、酰胺-烯烃、其他各种酰胺或酰亚胺
	亚胺酯类	聚氨酯纤维
	聚硅氧烷	硅氧烷-硅氧烷、硅氧烷-硅芳烃硅氧烷、硅氧烷-烷醚、硅氧烷-芳醚、硅氧烷-烯烃、硅氧烷-酯
	交联环氧树脂体系	—

5.2.2　嵌段共聚物的制备方法

制备嵌段共聚物最常用的方法有两种：活性加成聚合及缩聚合（又称逐步生长聚合）方法：

① 活性加成聚合法

$$* \sim\sim\sim * \quad + nB \longrightarrow \sim\sim\sim BBB \sim\sim\sim BBB \sim\sim\sim$$

带有活性端基的聚合物 A　　单体

② 缩聚法

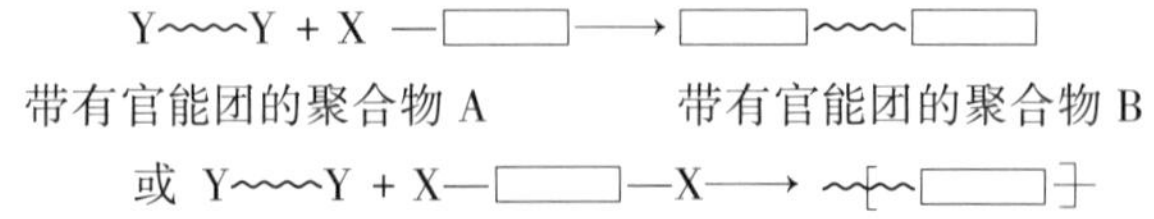

以上两种方法具有制备嵌段共聚物的 3 个特点：①活性位置和浓度已知；②受均聚物污染程度最小；③链段的长度和排列位置可以控制。活性加成聚合法可以得到 3 种嵌段共聚物结构：A_m—B_n 型、A_m—B_n—A_m 型及$\lbrace A_m—B_n \rbrace_n$型，而缩聚法只能得到$\lbrace A_m—B_n \rbrace_n$型嵌段共聚物。活性加成聚合比缩聚体系更容易获得长嵌段和窄分子质量分布。其原因是缩聚体系中齐聚物末端基团浓度太低、相对分子质量呈高斯分布、对杂质的敏感度比活性加成聚合方法低等。

A_m—B_n 和 A_m—B_n—A_m 序列结构主要通过阴离子活性聚合制备，$\lbrace A_m—B_n \rbrace_n$结构则常通过缩聚法制备。下面将分别介绍常用的嵌段聚合物制备方法。

5.2.2.1 活性加成聚合法

活性加成聚合法也称为顺序加料活性聚合。从理论上讲，活性加成聚合法不但可用于烯类聚合，也可用于开环聚合。

（1）活性阴离子聚合　活性阴离子聚合是制备结构清楚的嵌段共聚物的最重要的方法，它是在形成单体 A 的活性聚合物之后，该大分子阴离子若能继续定量地引发单体 B 则将形成链段分布均匀的 A_m—B_n 二嵌段共聚物：

$$R^{\ominus}+nA \longrightarrow R\sim\sim AAA^{\ominus} \xrightarrow{mB} R\sim\sim \lbrace AAA \rbrace BBB\sim^{\ominus}$$

若采用双官能团化合物去终止上述反应，则可得三嵌段物：

$$R\sim\sim AAAA—BBBB\sim\sim^{\ominus}Li^{\oplus} + (CH_3)_2SiCl_2$$
$$\rightarrow RAAA\cdots BBB\cdots AAAR$$

以上三嵌段物同样也可以先合成 B 单体的双负离子活性聚合物，再和单体 A 反应制备：

$$^{\ominus}\sim BBBBB\sim^{\ominus} + 2nA \longrightarrow AAAA\sim BBBBB\sim\sim AAAA$$

阴离子活性聚合制备结构清楚的嵌段物，首先要求单体必须是阴离子可聚合的，其次活性阴离子必须有足够的亲核性去迅速攻击单体而不产生副反应。阴离子可聚合单体按其亲电性的增加有下列顺序：

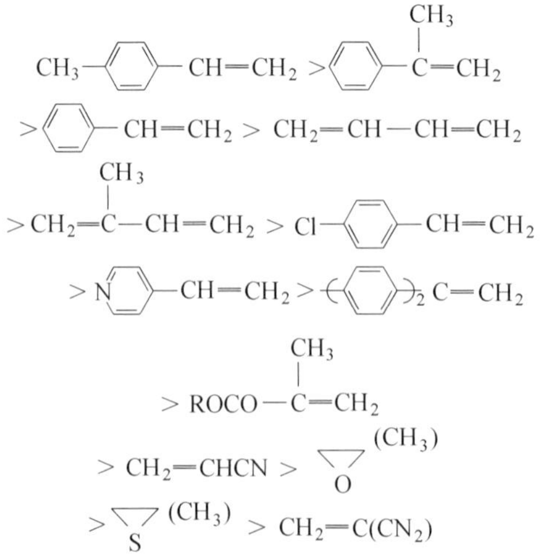

亲电性越强的单体，其相应的负离子亲核性越弱，因此对于已知单体的碳负离子原则上能够引发在其下面的单体聚合，反之则不行。为了避免两种嵌段单体的亲电、亲核活性太悬殊而导致副反应，可以通过对 1,1-二苯基乙烯（DPE）的中间体加成以减低碳负离子的亲核性。由于 DPE 不能均聚，只能形成单个的二苯基碳负离子终端，然而它们具有足够的活性引发亲电性较大的单体，例如：

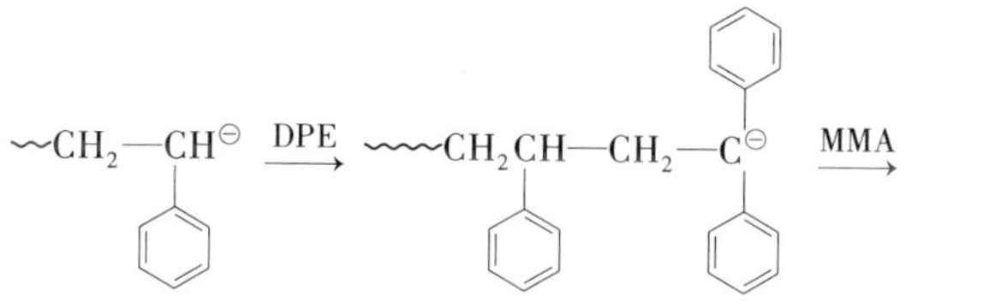

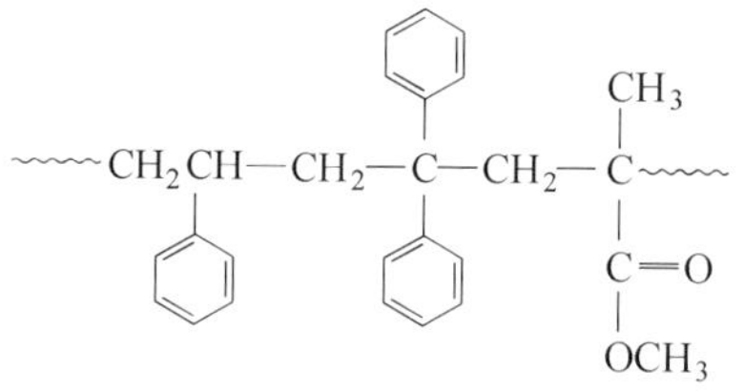

利用负离子的活性差异也可以合成三嵌段共聚物，例如要合成聚苯乙烯-聚丁二烯-聚苯乙烯（SBS）嵌段共聚物，可首先让 S 用烷基锂做催化剂合成聚苯乙烯单活性负离子，然后再加入计算量的苯乙烯和丁二烯混合单体。由于丁二烯对负离子的加成活性大于苯乙烯，则首先与丁二烯加成聚合直到丁二烯单体消耗殆尽，再继续与苯乙烯加成，最终获得 SBS 三嵌段聚合物。SBS 是一种热塑性弹性体，它既具有橡胶的性能，又可以进行热塑性加工成型。

（2）活性阳离子加成聚合　从理论上讲，活性正离子聚合可以预期得到正离子可聚合单体的嵌段共聚物，或者通过引发-转移剂（Inifer）技术制备嵌段物，但实际上成功的例子并不多，且结构较复杂。

一个成功的例子是活性聚苯乙烯负离子与活性聚四氢呋喃正离子进行交替终止而得到如下嵌段共聚物。

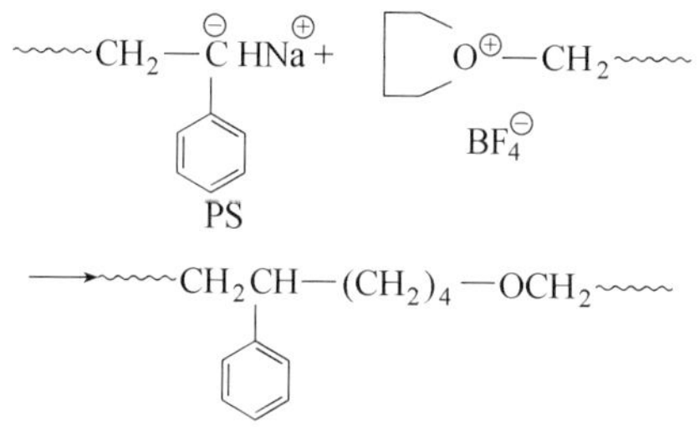

PS-PTHF 嵌段共聚物

另一种方法是通过活性中心的转换技术，例如：

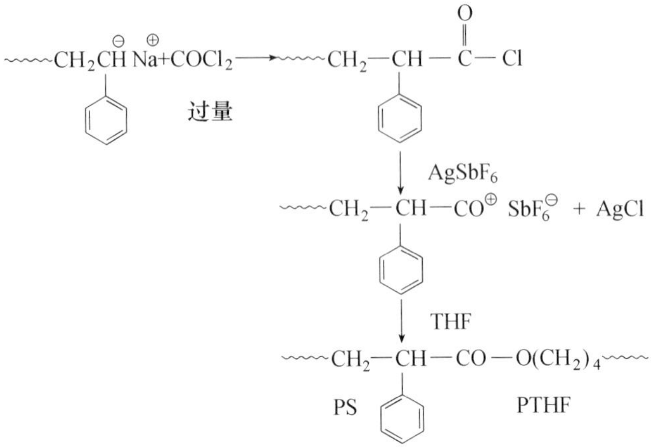

通过以上两种方法，可以得到用一种相同的活性中心不能得到的嵌段共聚物。

（3）自由基加聚　用自由基反应合成嵌段共聚物一般是不太合适的，因为通常得不到结构清楚的嵌段物，只有少数的成功例子，如用双官能团的引发剂：

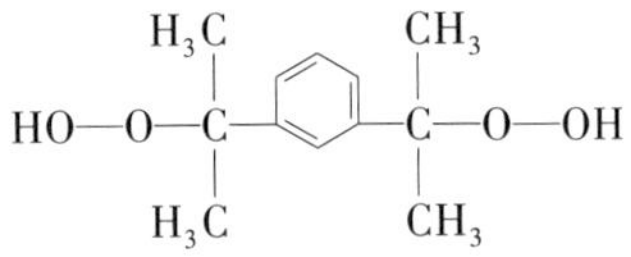

首先将单体 A 在温和条件下与双官能引发剂反应，得到含有过氧化氢端基的聚合物 A：

$$\sim\sim AAAAA—R—O—OH + Fe^{2+} \longrightarrow Fe^{3+} + OH^{-}$$
$$+\sim\sim AAAAA—R—O\cdot + B \longrightarrow \sim\sim AAAA—R—BBBB\sim\sim$$

再在还原剂和单体 B 存在下得到 A—B 型嵌段共聚物，或者可以利用链转移反应，如在带有叔胺端基的聚合物 A 存在下使单体 B 聚合，若叔胺端基对自由基 B 的转移常数足够大，则可以得到 A—B 嵌段共聚物。

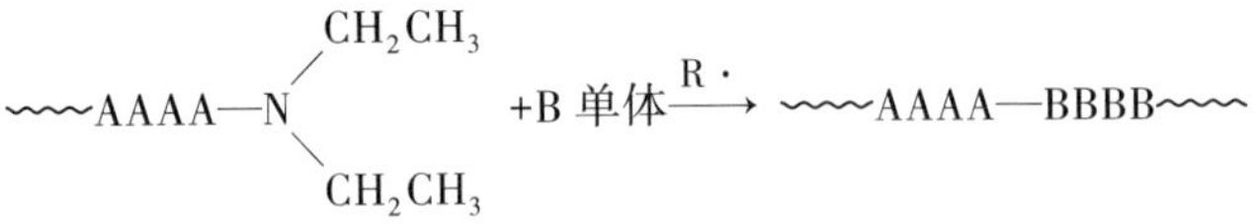

5.2.2.2　缩聚法

具有末端官能团的低聚体可用来制备各种各样的嵌段共聚物。低聚体可以用逐步生长反应、合适的加成或开环聚合反应来制备。在缩合反应结果自然生成末端基团，这些低聚体的端基就是所用的过量的那个单体的端基，如式（5-1）所示末端为羟基的聚砜即是一个例子。在开环或加成聚合的情况下使末端带有一定的官能团。如式（5-2）中聚己内酯和聚苯乙烯是用这个方法合成这类低聚体的例子。此外这个方法也可用于制备聚酰胺、聚碳酸酯、聚氨酯、聚硅氧烷、聚烷醚和聚芳酯低聚体。末端官能团除了羟基以外，还有胺基、异氰酸酯基、酰卤基、氯硅烷基，甚至负碳离子。唯一主要的要求条件是：要有一个高效的反应基团。

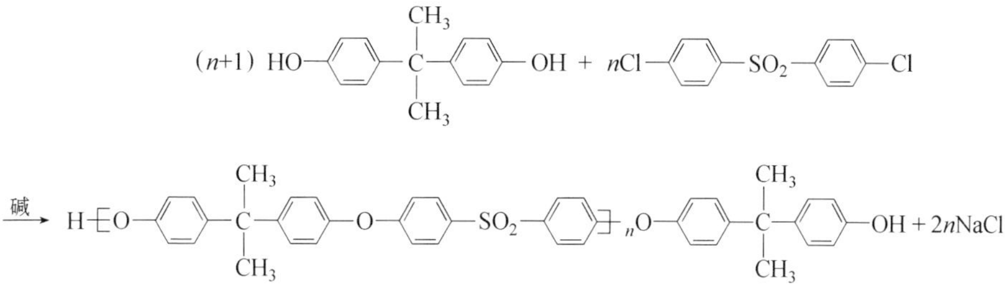

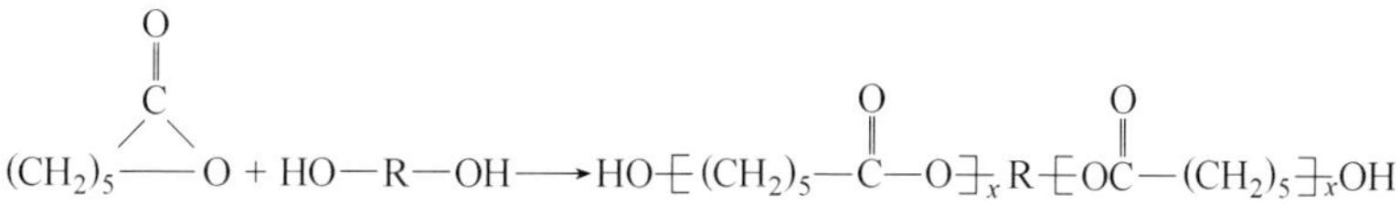

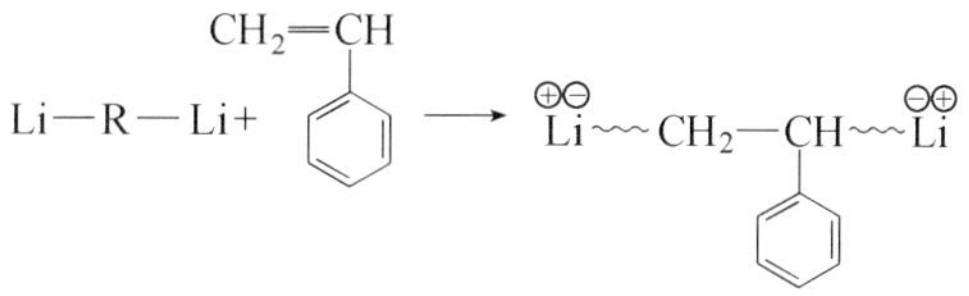

（5-1）

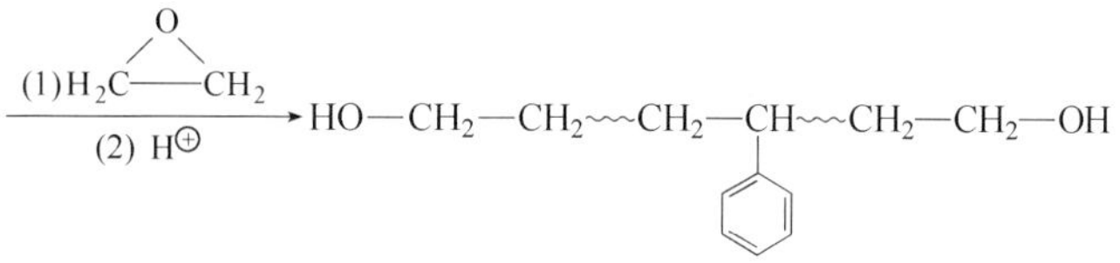

（5-2）

上述具有末端官能团的低聚体，在生成$\leftarrow A_m—B_n \rightarrow_n$。嵌段共聚物时，可以是完全交替链段或者是按统计规律排列的链段。当使用带有相互进行反应的两种末端官能团的低聚体时，则可得到完全交替排列的链段。按照定义，这样的低聚体仅能进行相互反应，而不能自身反应，如式（5-3）所示。

$$X\sim\sim\sim Y + Y—Y \rightarrow (\sim\sim\sim/—)_n + XY \qquad (5\text{-}3)$$

一般合成技术，可以聚砜-聚（二甲基硅氧烷）嵌段共聚物的合成为代表。末端为二甲基胺的硅氧烷与带有羟基末端的聚砜按照式（5-4）进行反应。

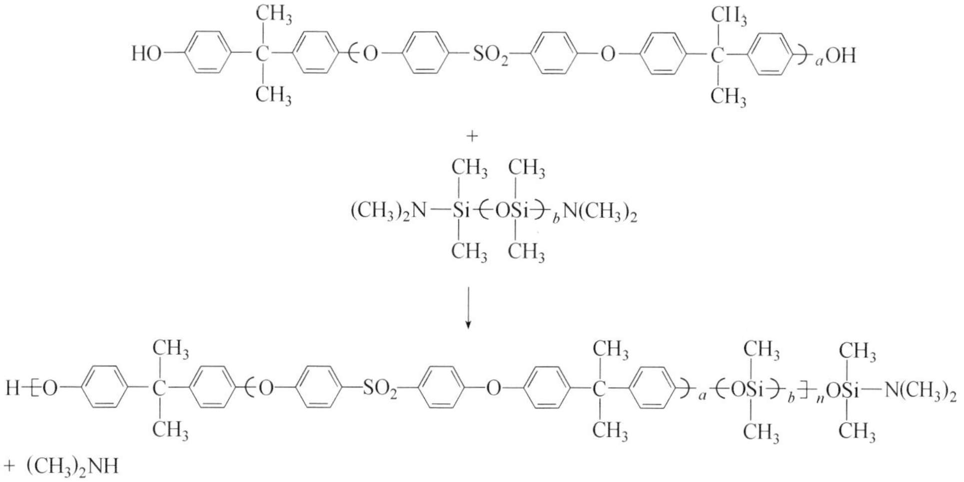

（5-4）

除通过具有末端官能团低聚体偶联成嵌段共聚物外，嵌段共聚物也可能自身偶合来改变它们的序列结构。例如：$A_m—B_n$ 型、$A_m—B_n—A_m$ 型可以分别偶合成 $A_m—B_n—A_m$ 或 $\leftarrow A_m—B_n \rightarrow_n$ 体系。这种方法能用于比较稳定的“末端基团”，例如：碳阴离子、硅氧烷根和硫醇根，以及种种偶联剂，如：光气、二卤代烷和二卤硅烷。聚苯乙烯-聚丁二烯的线形偶联，即是一个例子，如式（5-5）所示。

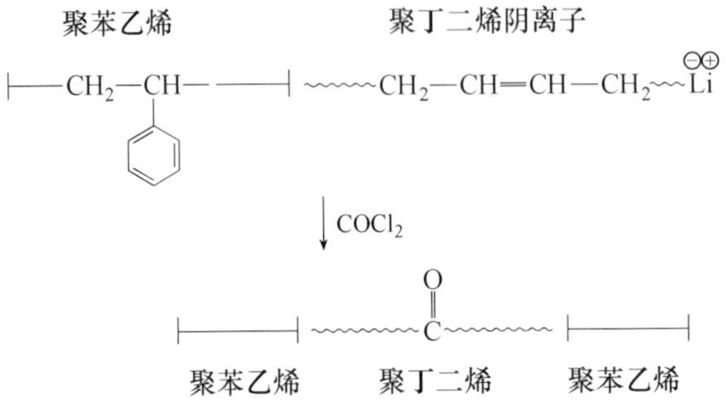

（5-5）

所谓的星形嵌段共聚物可以用相似的方法制成，即用一个多官能团偶联剂，例如：用四氯化硅来产生星形的结构，如式（5-6）所示。

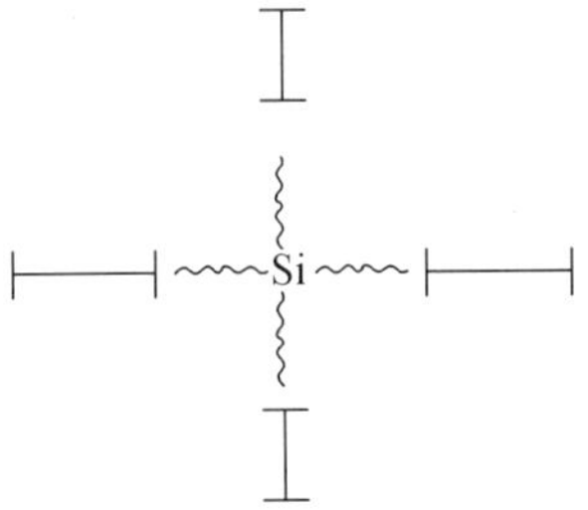

（5-6）

5.2.3 嵌段共聚物的性能与应用

链段序列结构对嵌段共聚物的弹性行为、熔体流变性和刚性材料的韧性等有很大的影响。而热转变性能、耐化学性、稳定性、电性能及透过性等仅与链段的化学性质有关，与链段的序列结构基本无关。

嵌段共聚物在微观尺度范围（Domain）内分为两相，呈微相分离结构，这种微区（10~100nm）与那些能观察到的不相容聚合物混合物的区域（大于 10nm）相比小很多，使其表现出超分子结构行为。

嵌段共聚物的合成和表征等都比较困难，但是鉴于其所表现出来的特殊性能，尤其是微相分离结构所表现的特殊性能，使嵌段共聚物在弹性体等领域有很大的用途。嵌段共聚在聚合物化学改性或聚合改性中占有重要的地位。

5.2.3.1 嵌段共聚物的性能

（1）热性能　嵌段共聚物的模量-温度关系，与无规共聚物的模量温度关系有本质的不同，如图 5-8 所示。

从单体 A 和 B 得到的无规共聚物的模量温度关系介于均聚物 A 和均聚物 B 之间。同时只有一个玻璃化转变温度（T_g）处于两均聚物的 T_g 温度之间。无规共聚物的 T_g 位置与 A 和 B 两单体的质量分数有关。单相嵌段共聚物中的两嵌段高度相容时，模量温度关系与

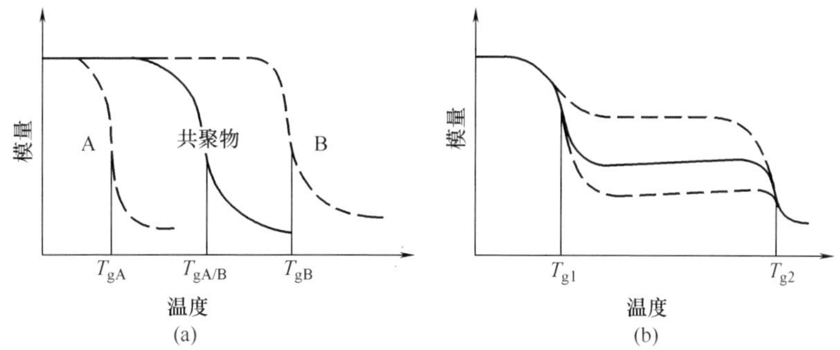

图 5-8　共聚物模量与温度的关系

(a) 典型的无定形无规共聚物模量-温度关系　(b) 两相嵌段共聚物模量-温度关系

无规共聚物相似。但是，两相嵌段共聚物保持了两种嵌段固有的性质，所以明显有两个玻璃化转变温度。在两个 T_g 数值之间，有一个模量平台部分。这平台的平坦程度取决于相分离的程度。相分离越完善则模量对温度的敏感性越低。某些高度相分离的嵌段共聚物体系与理想的情况如聚砜-聚二甲基硅氧烷十分接近。然而，与前面所述无规共聚物的行为相反，两相体系中的两个 T_g 值与其两嵌段含量没有显著关系。两模量平台的位置却与两嵌段含量有关。

模量温度关系有重要的实际用处。在单相刚性体系中，一种链段的 T_g 和热畸变温度，可以通过与另一个可相容的高 T_g 链段进行嵌段共聚加以提高。另外，两相嵌段共聚物的模量行为中的不变部分，在弹性体系应用中有很大的用处。

(2) 加工性能　这里的加工性能是指通过溶液浇注或熔融方法将材料变为有用形状的性能。嵌段共聚物在溶液加工方面没有什么特殊的问题。然而，无定形的两相嵌段共聚物的熔体加工，一般比分子质量大小差不多的均聚物、无规共聚物或单相嵌段共聚物的加工要困难些。这是由于两相嵌段共聚物在熔融时仍然部分地保留了两相形态，因而有不寻常的流变性质。高熔体的黏度和弹性，常常需要用较高的加工温度和较高的压力才行。所需的高温常常会达到甚至超过此共聚物的热稳定限度。再者，在这些体系中，切变速度的灵敏性可以成为限制因素。例如有时可以看到很容易挤出成型的嵌段共聚物在成型时表现出高度的熔体破裂。这种破裂现象反映了这种材料的高弹性和高黏性。这种性质使得熔体破裂在很低的剪切速度下出现。

嵌段共聚物的嵌段组成结构对熔体加工性能有重大的影响。A—B 式嵌段共聚物要比 A—B—A 或 $\leftarrow A_m - B_n \rightarrow_n$。共聚物加工容易得多，例如，苯乙烯-丁二烯，由于后两种序列结构形成的网络结构，是在熔融态时依然存在的缘故。

(3) 力学性能　根据室温模量，把嵌段共聚物分为两类，刚性嵌段共聚物和弹性嵌段共聚物。刚性嵌段共聚物由两个硬嵌段或一个硬嵌段与一个短的软嵌段组成。硬嵌段的定义是 T_g 或 T_m 在室温以上的嵌段。软嵌段的定义是 T_g（也可以是 T_m）在室温以下的嵌段。弹性嵌段共聚物一般含有一个软嵌段与一个短的硬嵌段。嵌段共聚物也有可能含有两种软嵌段，但这在力学性能上并没有显著的优点。

由两种硬嵌段组成的刚性嵌段共聚物，它们的抗蠕变或抗应力松弛等力学性能好（例如酯族-芳族聚酰胺嵌段共聚物），而且，由于高度的相分散和相间的黏着力好，使得硬-硬嵌段共聚物的嵌段固有的延展性得以保留。相比之下，由于没有这种结构特点，两种有延伸性均聚物的共混物常常是脆的。

本来是脆性的刚性聚合物，通过与小部分软嵌段组成嵌段共聚物，在韧度方面得到很大改善。这是由于此体系中的两相特性和软嵌段的低转变温度的缘故。属于这种体系的，如：含聚苯乙烯为主的线形或星型 A—B—A 苯乙烯-丁二烯-苯乙烯嵌段共聚物，以及环氧-聚己内酯热固性嵌段共聚物等。

形态结构类型在决定弹性嵌段共聚物的力学性能上极其重要。A—B 型形态结构与无规共聚物弹性体相比，在力学性能上没有显著改善。A—B 嵌段共聚物和无规共聚物都必须用化学交联或硫化来得到良好的性能。然而，具有 A—B—A 型（线形或星型）或（A—B）形态结构的弹性共聚物具有十分独特的性能。苯乙烯-丁二烯（A—B）和苯乙烯-丁二烯-苯乙烯（A—B—A）嵌段共聚物可以很好地说明这两种类型在性能方面的不同。

这种 A—B—A 型和 $\leftarrow A_m—B_n \rightarrow_n$ 型共聚物，叫作热塑弹性体，它同时具有交联橡胶的力学性能，又具有线形热塑聚合物的加工性能。这种不寻常的两种性能都有的特点，是多年来深入研究嵌段共聚物的主要推动力。除了苯乙烯-二烯体系以外，这个现象应用在其他嵌段共聚物上也很成功，其中包括聚氨酯、聚硅氧烷、聚酯和聚醚。表 5-6 列出了商品名为 Hytrel 的聚酯型线形嵌段共聚物的性能。

表 5-6　　室温下 Hytrel 的性能

性能	A_{92}	A_{97}	A_{100}
拉伸强度/MPa	35.2	42.2	45.7
断裂伸长率/%	800	680	560
100%模量/MPa	12.5	15.2	13.4
硬段熔点/℃	158	201	388

热塑性弹性体是由大量的软嵌段和少量的硬嵌段组成的两相嵌段共聚物。软硬两种嵌段各有各的用处，软嵌段提供柔韧的弹性，而硬嵌段则提供物理交联点和起填料的功能。其所以能够如此，是因为体系出现了不寻常的两相形态结构所致。由于微观的相分离，使得硬嵌段在橡胶体中相互聚集，从而产生了分散的小微区（10~30nm），并用化学链与橡胶部分连接。这些微区形成链间有力的缔合，使之形成物理交联。这种物理交联与硫化弹性体中的化学交联有同样的功能。

热塑弹性体中的硬嵌段微区交联点，与化学硫化的弹性体的情况不同，在 T_g 或 T_m 以上时，这种硬微区将变软或熔融，因而热塑弹性体可以用熔融加工的方法进行加工。另外，这种玻璃态或晶态的硬嵌段微区还有一个好处，即是使橡胶弹性体增强而产生高强度。其所以如此，是由于：①硬嵌段微区形成分离相；②硬段微区有理想的大小和均匀性；③链段间的化学键使两相间的黏着力得到保证。

热塑弹性体的性能依靠软硬嵌段的相对分子质量所占的体积分数而定。嵌段的长度必须大到可以形成两相体系，但又不能大到影响其热塑性质。软硬嵌段比例的变化对模量、弹性回复和力学性能都会有影响。如果要想得到高弹性回复和高拉伸强度，硬度所占的体积分数必须高于一定程度（≥20%），以便有足够的物理交联。但是硬嵌段过多时（接近

30%），能使硬段微区从分散的小球变成连续的层状结构。这种层状结构破坏了弹性回复的性能。由于热塑弹性体的性能很大程度上取决于网络结构的完善性，所以任何能破坏网络结构的嵌段结构上的不纯物必须尽量除去。A—B 嵌段共聚物就能破坏 A—B—A 热塑弹性体的网络结构。

（4）化学性能　不论是刚性和弹性的嵌段共聚物，在光学透明度上，都比均聚物的共混物要好得多。这是由于共聚物颗粒大和各个宏观相的折射率不同的缘故。即使在嵌段间只有一个化学键存在也能限制其熵，所以嵌段共聚物仅能产生微观的相分离而形成很小的微区结构。这种微区大大小于光的波长（100nm），所以即使各嵌段的折射率相差很大也是透明的。例如，有机硅氧烷，以及苯乙烯/二烯类就是这样。微区的大小随相对分子质量增加而增加，但是除非相对分子质量很高，一般不会不透明。

（5）耐化学性　一般来说，嵌段共聚物的耐化学性能和耐应力开裂，与它们同组分的均聚物相比不会更好。然而，嵌段共聚物中含有耐化学能力好的嵌段与耐化学能力差的嵌段时，则可以达到相当程度的耐化学能力而不损失其延性。但由均聚物制成的共混物，由于它们之间严重的不相容性和相与相之间黏接力差而变得很脆。显然，结晶嵌段和强氢键嵌段最适于提高嵌段共聚物的耐化学性能。此种方法在刚性嵌段共聚物中或弹性嵌段共聚物中都可以用。典型的例子，如：聚砜-尼龙 6 刚性嵌段共聚物和聚（对苯二甲酸丁二酯）-聚（四亚甲基醚）弹性嵌段共聚物。虽然，结晶性硬段所占的体积分数是决定耐化学能力大小的重要因素。当体积分数高到足够保证一定程度的两相共连续（Co-continuity）时，结果最好。

水解稳定性一般决定于某些化学键，在均聚物或小分子中的水解稳定性比嵌段共聚物的小。两相的有机硅嵌段共聚物即是一个例子。其嵌段由≡Si—O—C≡连接起来，这个链在嵌段共聚中的稳定性好的原因有三个方面：①链段的空间位阻；②这个键在聚合物主链上的浓度低；③硅氧烷嵌段的疏水性。

（6）透过性能　嵌段共聚物的透过性很大程度上取决于超分子结构。在单相嵌段共聚物的极端情况下，透过性的对数和嵌段体积分数之间呈线性关系，这是可以预计到的。但是，由于透过性与相连续性的密切关系，两相体系将偏离于这种线性关系。透过性与组成的关系一般呈 S 形曲线。

两相嵌段共聚物不需要化学交联或加入填料就可以制备出坚韧的薄膜。

（7）增容性能　两相嵌段共聚物有一个特性，就是可以与其嵌段组分相同的均聚物有部分相容性。这种现象可用来制备均聚物与嵌段共聚物的共混物。由于相间黏附力好和分散得细，这种共混物有很好的“力学”相容性。在这些共混物内，由于嵌段共聚物的第二链段的性质不同，完全相容（即相互溶解）是不可能的。这种部分相容性很有实用价值，比如均聚物通过与弹性嵌段共聚物共混以改善其抗冲击性能。例如，少量聚砜-聚（二甲基硅氧烷）嵌段共聚物与聚砜均聚物共混，可以大大改善后者的缺口抗冲击强度，这种部分相容性的另一个用途是将均聚物与含此均聚物链段和一个化学稳定性较好的链段的嵌段共聚物共混，可改善此均聚物的化学稳定性。例如，聚砜与聚砜-尼龙 6 嵌段共聚物的共混物。这种部分相容性还可以用于改善弹性体的加工性能，例如将苯乙烯-丁二烯嵌段共聚物加到聚丁二烯内。

两相嵌段共聚物也有一定的能力使相应的一对均聚物通过“乳化”或类胶束效应使

之部分相容，无论是溶液或固态，这种共混都可形成。当嵌段的相对分子质量比均聚物的相对分子质量高时，效果最佳。

两相嵌段共聚物也有表面活化性能。由含有水溶和油溶两种嵌段的共聚物，如环氧乙烷-环氧丙烷是很有用的非离子型洗涤剂。有机硅氧烷嵌段共聚物是非常有用的泡沫表面活化剂。同样，亲水-疏水的聚氨酯可以选择吸附类脂物（如胆固醇），因而，将来在生物学上可能是很重要的嵌段共聚物。

5.2.3.2 嵌段共聚物的应用

嵌段共聚改性已经得到了很多新型聚合物材料，这些材料大致可分为三类：弹性体、增韧热塑性树脂和表面活性剂。嵌段共聚物的品种很多，应用范围广泛，深受重视。

（1）嵌段共聚物弹性体　嵌段共聚物热塑性弹性体主要依赖于它的两相微相分离结构。工业上生产的两相嵌段共聚物弹性体有三种：苯乙烯/二烯类 $A_m—B_n—A_m$ 型或星型嵌段共聚物及其氢化衍生物，如壳牌化学公司的 Kratons 和 Philips（菲利普）石油公司的 Solprens；聚酯-聚醚 $\leftarrow A_m—B_n \rightarrow_n$ 方型嵌段共聚物，如 DuPont 公司的 Hytrels；亚氨酯-酯长 $\leftarrow A_m—B_n \rightarrow_n$ 方型嵌段共聚物，如 Upjohn 公司的 Pellethanes，Goodrich 公司的 Estanes 等。

工业弹性嵌段共聚物具有 $A_m—B_n—A_m$ 型或 $\leftarrow A_m—B_n \rightarrow_n$ 型形态结构能够形成物理网络，由于其具有热塑性弹性体的性能，使得它们有很多用途，如在汽车、机械、电子设备、封装材料、填隙料、制鞋等方面，都有很好的应用。与通用的化学交联的热固性橡胶相比，这些材料能够用类似热塑性塑料的加工方法，经济地加工成产品。由于它不需要硫化，因而可重复加工。除了由于加工经济与通用橡胶竞争外，还可与仅有柔性而无弹性的热塑性塑料相竞争。嵌段聚合物热塑性弹性体在实际应用时，可根据相应部件的特定要求进行选择，如汽车车厢内部用的柔性部件可用苯乙烯-二烯、氢化苯乙烯、酯-醚、亚胺酯-酯嵌段聚合物中的任何一种，但保险杠、发动机部位的管子除了应分别具备足够的力学结构特性、弹性好以外，还应具备耐油、耐热等性能。用于机械部件，如连接器、圆环、密封材料、油压机管、软管等的嵌段共聚物，其尺寸稳定性、压缩形变、弹性以及耐油、耐化学和磨损性能等，都必须满足要求。

嵌段共聚物弹性体作为胶黏剂使用时，可用溶液和熔融加工方法，不需要任何固化步骤就能产生高强度和高回弹性，如 Kratons 具有熔融加工性能好、弹性好、动态摩擦因数高等特点，在制鞋业等领域备受注目。由 PU 制成的线形弹性嵌段共聚物 Spandex 弹性纤维，在服装业有很多用途。

（2）热塑性树脂及热固性树脂的增韧　制成含有高体积分数的硬嵌段和低体积分数的软嵌段，可以改善硬、脆聚合物的抗冲击强度。无定形星型苯乙烯-丁二烯嵌段共聚物，含有 75%的 PS，这种材料的韧性与一般橡胶改性的 PS 相似，但是由于 PB 的微区很小，透明性好，可作为透明包装材料。

端环氧基硅油与聚醚胺的嵌段共聚物对环氧树脂进行增韧改性，其韧性得到明显改善。

（3）嵌段共聚物表面活性剂　工业上用的嵌段共聚物表面活性剂有两种：亲水嵌段

和疏水嵌段，例如聚环氧丙烷-聚环氧乙烷 $A_m—B_n$ 型或 $A_m—B_n—A_m$ 型嵌段共聚物。在不能应用通常的阴离子或阳离子表面活性剂时，嵌段共聚物非离子表面活性剂备受关注，可用于乳化水、非水体系及表面润湿。硅氧烷-环氧烷烃嵌段共聚物则是另一类表面活性剂，可作为 PU 的泡沫稳定剂。起稳定作用时环氧烷烃嵌段溶于亚胺酯连续相中，聚硅氧烷链段在气相-亚胺酯界面上，对泡沫的晶核作用和蜂窝增长过程进行控制，最终形成非常均匀的泡沫结构。

（4）其他应用　嵌段共聚物除了上述应用外，在分离膜材料、医用材料等领域的应用也得到了相当的发展。在“聚合物刷”的制备与应用研究、聚乳酸的嵌段共聚改性等方面的研究进展，也备受关注。

① 分离膜。嵌段共聚物作为分离膜，可用于气体分离、液体分离、脱盐、超过滤等。它的优点是薄膜强度大；膜的透过性、扩散性等可通过控制嵌段结构预先进行分子设计；硬嵌段耐温好，尺寸稳定性高。二甲基硅氧烷与聚砜形成的嵌段共聚物克服了聚砜气体透过性不好的缺欠。

②“聚合物刷”。“聚合物刷”（Polymer brush）是指聚合物分子链的一端连接于表面或界面而形成的特殊高分子结构。随着接枝密度的增加，“聚合物刷”内部的渗透压增大，迫使聚合物链呈伸展状态得以避免链与链之间的重叠，从而形成刷构象。聚合物刷可有效地改变材料表面的化学和物理性能，广泛应用于胶体稳定和润滑、智能表面、细胞吸附、生物材料及化学传感器等领域。目前，原子转移自由基聚合（ATRP）已经成功用于多种嵌段共聚物的制备及表面修饰。如聚苯乙烯-*b*-聚乙二醇（PS-*b*-PEG）两亲性嵌段共聚物刷已通过 ATRP 法被合成出来。

③ 聚乳酸的嵌段共聚改性。聚乳酸（Polylactic acid，PLA）是一种新型高分子材料，属于脂肪族聚酯。PLA 在自然环境条件下可完全生物降解，生成二氧化碳和水，对环境不会产生污染，同时还具有优良的生物相容性和吸收性，因此，广泛应用在包装材料、医药卫生等领域。除耐热性较差外，PLA 的拉伸强度、弯曲模量等物理机械性能与其他热塑性高分子材料相当，但它的亲水性差，抗冲击强度低，因而限制了其应用。对 PLA 进行嵌段共聚改性，可提高其亲水性和结晶性能等，并提高其韧性。常用的嵌段共聚材料有亲水性好的聚乙二醇（PEG）和药物通透性好的聚 ε-己内酯（PCL）等。关于高分子质量的 PLA-PEG-PLA 嵌段共聚物的研究表明，随着 PEG 含量的增加，共聚物的玻璃化转变温度 T_g 降低，伸长率增加。当 PEG 含量达到一定程度（如质量分数达到 7.7%）后，共聚物出现了屈服拉伸，克服了 PLA 的脆性。这种脆性向韧性的转变说明，用 PEG 改性的 PLA 是一种综合性能可调控的生物降解材料。PCL 是一种可生物降解的聚酯，T_g 低（-50℃），断裂伸长率高（≥60%），可用来改善 PLA 的性能。

④ 生物医用材料方面的应用。嵌段共聚物作为生物医用材料也取得了很好的应用效果，主要用于改善材料的血液相容性及人工皮肤等。嵌段共聚物抗凝血材料已有很多报道，如商品名为 Biomer 的聚醚氨酯（PEU）嵌段共聚物、聚丁二烯（PB）、聚二甲基硅氧烷（PDMS）作为 B 链段，与甲基丙烯酸 β-羟乙酯（HEMA）形成的 A_m-B_n-A_m 型亲疏三嵌段共聚物等，利用嵌段共聚物的微相亲疏水分离结构等作为抗凝血材料使用。将低模量高强度的嵌段热塑性弹性体染色，可制成在力学性能和颜色上与人的皮肤类似的人工皮肤。嵌段共聚物在医用材料中具有很大的应用潜力。

5.3 互穿聚合物网络

5.3.1 互穿聚合物网络的种类

由两种或多种互相贯穿的交联聚合物组成的共混物，其中至少有一种组分是紧邻在另一种组分存在下聚合或交联的，称作互穿聚合物网络（Interpenetrating Polymer Net-work，IPN）。它是 20 世纪 60 年代以来继接枝共聚、嵌段共聚等制备聚合物合金的又一途径。其特点是通过化学交联施加强迫互容作用，使聚合物链互相缠结形成相互贯穿的交联聚合物网络，达到抑制热力学上相分离的目的，增加两种组分间的相容性，形成比较精细的共混物结构。

IPN 可分为以下几类：

① 完全 IPN。两种聚合物均是交联网络。

② 半 IPN。一种聚合物是交联网络，另一种是线形的。

③ 乳液 IPN。又称 IEN，由两种线形弹性乳胶混合凝聚、交联制得。

④ 梯度 IPN。又称渐变 IPN，组成不均一的 IPN。

⑤ 热塑 IPN。两种靠物理交联达到某种程度双重连续相的聚合物共混物。

⑥“逆” IPN。由于最早合成的 IPN 是以弹性体为聚合物 I，塑料为聚合物Ⅱ，所以当以塑料为聚合物 I，而以弹性体为Ⅱ时就称为“逆” IPN，又称“反” IPN。

常见的 IPN：聚丙烯酸乙酯/聚苯乙烯 IPN，聚氨酯/环氧树脂 IPN，聚丁二烯/聚苯乙烯 IPN，聚二甲基硅氧烷/聚苯乙烯 IPN，丁苯橡胶/聚苯乙烯 IPN。

根据 IPN 的合成方法分为以下几种：

IPN
- LIPN(Latex IPN乳胶IPN)
- SIN(Simultaneous IPN,同时IPN)
- SIPN(Sequantial IPN,梯度IPN)
- FIPN(Foamed IPN,膨润IPN)

根据互穿网络中 A、B 组分的类型可分为以下三种：

Ⅰ种：A、B 均为热固性树脂，如聚酯/丙烯酸酯树脂、聚氨酯/聚酯、聚氨酯/丙烯酸酯树脂、聚氨酯/环氧树脂、聚氨酯/NBR、酚醛树脂/橡胶等。

Ⅱ种：A 为热固性树脂、B 为热塑性树脂，如硅烷树脂/聚酰胺等。

Ⅲ种：A 和 B 均为热塑性树脂，如 SEBS/聚酰胺、SEBS/PBT、SEBS/离子聚合物等。IPN 的模型如图 5－9 所示，其中图5-9（a）为分子状混合模型，图 5－9（b）为两种聚合物相容性较差，仅具有部分 IPN 构造的不均匀混合模型。事实上 IPN 具有微相分离结构的较多，处于图 5-9（a）和

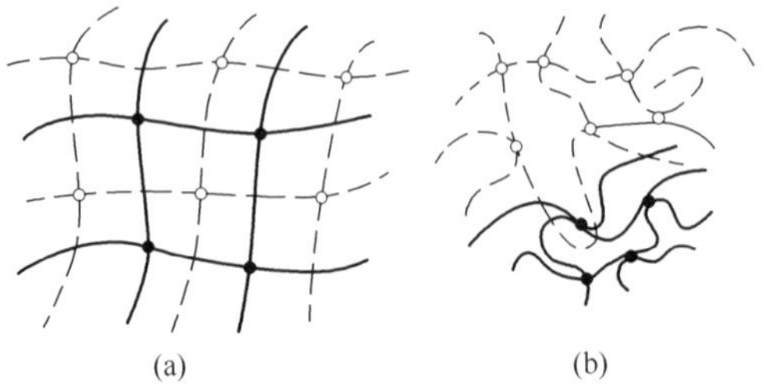

图 5-9　IPN 模型示意图
（a）分子状混合模型　（b）两种聚合物相容性较差，仅具有部分 IPN 构造的不均匀混合模型

图 5-9（b）之间。

5.3.2　互穿聚合物网络的制备

制备 IPN 的方法主要有三种：分步聚合法（SIPN）、同步聚合法（SIN）及乳液聚合法（LIPN）。

分步聚合法是先将单体（1）聚合形成具有一定交联度的聚合物（Ⅰ），然后将它置于单体（2）中充分溶胀，并加入单体（2）的引发剂、交联剂等，在适当的工艺条件下，使单体（2）聚合形成交联聚合物网络（Ⅱ）。由于单体（2）均匀分布于聚合物网络（1）中，在聚合物网络（2）形成的同时，必然会与聚合物（Ⅰ）有一定程度的互穿。虽然聚合物（Ⅰ）与聚合物（Ⅱ）分子链间无化学键形成，但它的确是一种永久的缠结。

同步聚合法较分步聚合法简便，它是将单体（1）和单体（2）同时加入反应器中，在两种单体的催化剂、引发剂、交联剂的存在下，在一定的反应条件下（如高速搅拌、加热等），使两种单体进行聚合反应，形成交联互穿网络。用此法制备 IPN，工艺上比较方便，但要求两种单体的聚合反应必须无相互干扰，而且具有大致相同的聚合温度和聚合速率。如环氧树脂/聚丙烯酸正丁酯 IPN 体系，环氧树脂由逐步聚合反应得到，聚丙烯酸正丁酯是由自由基加聚反应得到的，两者互不影响，在 130℃左右，二者分别进行聚合、交联，最终形成 IPN。两种方法形成互穿网络的示意图如图 5-10 所示。

上述两种方法制得的 IPN，成型加工比较难，需在聚合过程进行到一定程度，物料尚具有流动性时，迅速转移到成型模具中，置于高温下进一步固化成型。整个反应过程烦琐。乳液聚合法制备 IPN 则可克服上述缺点。

乳液聚合法是先将聚合物（Ⅰ）形成“种子”胶粒，然后将单体（2）及其引发剂、交联剂等加入其中，而无须加入乳化剂，使单体（2）在聚合物（Ⅰ）所构成的种子胶粒的表面进行聚合和交联。因此，乳液法制成的互穿聚合物网络（LIPN），其网络交联和互穿仅局限于胶粒范围，受热后仍具有较好的流动性。

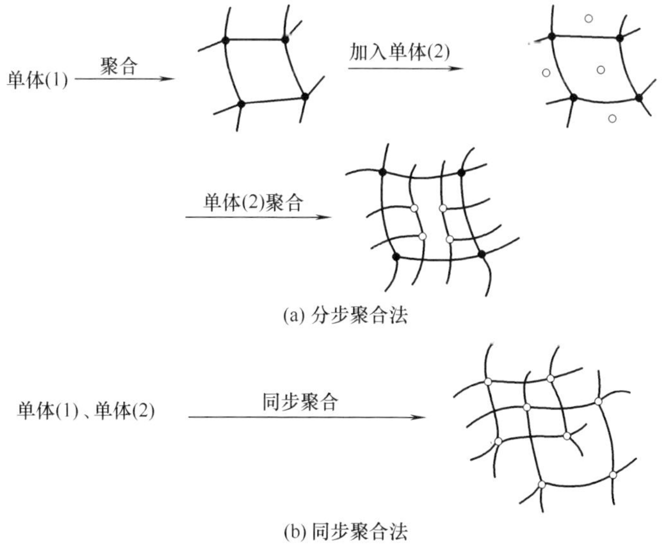

图 5-10　IPN 互穿网络示意图

5.3.3 互穿聚合物网络的应用

5.3.3.1 IPN弹性体的应用

将含硫EPDM分散在聚烯烃中，同以往的热塑性聚烯烃弹性体比较，发现前者的物理性能有所改善；PU/聚酯形成的IPN，其物理性能优良，尤其是其抗冲击性能得到了显著的改善。

5.3.3.2 有机硅树脂/热塑性聚合物IPN

有机硅树脂/热塑性聚合物IPN是美国于1983年以Rimplast商标投向市场的新材料，所用的热塑性聚合物为热塑性聚氨酯（TPU）、尼龙等，基体为尼龙的有机硅树脂/尼龙，属于半IPN，而有机硅树脂/TPU则为完全IPN，它们所形成的互穿聚合物网络，既保持了基体聚合物的性质，同时由于硅橡胶的介入，又具备摩擦因数小、较好的电性能以及较高的弹性回复能力。

在这种互穿聚合物网络中，TPU的IPN化程度对其力学性能有很大影响，表5-7中给出了TPU的IPN化程度对材料的力学性能的影响。当TPU中含19%的IPN结构具有较高的力学性能：模量、拉伸强度都随IPN化程度增加而增大，压缩永久变形及断裂伸长率减小。纯的TPU物性低于IPN化的TPU物性。

表5-7　TPU的IPN化程度对材料力学性能的影响

性能	种类		
	1	2	3
IPN化程度/%	0	12	19
硬度(JISA)	65	63	66
100%模量/MPa	1.9	1.7	2.3
300%模量/MPa	3.0	3.4	4.8
拉伸强度/MPa	14	21	27
伸长率/%	960	850	760
200%拉伸永久变形/%	15	8	8
压缩永久变形/%(70℃,20h,25%)	75	28	25

5.3.4 工业化互穿聚合物网络的发展方向

表5-8列出了几种有实用价值的工业化IPN，它们几乎都是Ⅱ型或Ⅲ型IPN，即热塑性与热固性聚合物、热塑性与热塑性聚合物形成的IPN。

表5-8　工业化IPN举例

No.	商品名	主要组成
1	Kraton IPN	SEBS/工程塑料
2	Rimplast	有机硅树脂/TPU,尼龙,SEBS
3	Hizh Cross	TPU/聚酯
4	MK树脂	TPE/聚烯烃

虽然可以预计Ⅰ型IPN可形成最牢固的IPN，但是由于两组分为热固性树脂，在实际

生产上还存在许多问题，因此，阻碍了它的实际应用及发展。基于Ⅲ型 IPN 优良的成型性和物理性能，期望将它作为一种新的聚合物共混物向通用性方向发展。

未来在 IPN 的合成、理化性能研究及结构分析等方面还有许多工作要做，使 IPN 的研究工作得以充实完善。到目前为止，有关 IPN 的研究范围主要涉及如下几个方面：热塑性 PE（TPE）、工程塑料、耐热材料、耐放射材料、富氧膜材料、医用材料（缓释药物、软接触眼镜）、半导体封装材料、防音材料及导电性高分子等。

5.4　化学改性研究进展（实例）

近年来，聚合物化学改性的研究已取得了很多成果，如有在聚合物材料的性能或功能的提升、增强与拓展方面的研究；有在改性实验方法方面的研究；有在改性机制方面的研究等。涉及的材料如聚氨酯弹性体、天然橡胶等不饱和环氧化橡胶、苯乙烯-异戊二烯-苯乙烯（SIS）弹性体、两亲性功能嵌段聚合物等。现将关于这方面的研究进展实例介绍如下：

（1）环氧化橡胶改性　朱丽倩对环氧化二烯类橡胶的 vitrimer（一类由动态共价键交联的网络状聚合物）制备与性能开展的研究中，以环氧化丁苯橡胶为基体，借助对羟基苯甲醛与对氨基苯酚的亲核加成反应及环氧基与羟基间的开环反应，制备了亚胺键交联的丁苯橡胶（SBR）vitrimer。基于亚胺键的动态交换赋予了材料固相回收再加工和化学回收解交联特性。同时在此交联体系基础上，以对乙酰氨基苯酚作为增强剂。实现了氢键和亚胺键双重可逆交联网络的一步简单构筑。氢键作为牺牲单元在不影响体系网络重排的条件下，显著提高了橡胶 vitrimer 的拉伸强度和断裂伸长率，并作为物理交联点，限制了材料在高温下的蠕变。

史晓芳针对改性环氧化氢化丁腈橡胶（EHNBR）的制备及应用开展研究，通过化学改性的方式，在氢化丁腈橡胶（HNBR）分子链上接枝咪唑环，制备出咪唑基氢化丁腈橡胶（A-HENBR、Y-HENBR 和 B-HENBR）。通过 DSC 测试发现，随着单体链长的增加，橡胶分子链的柔性增加，T_g 呈下降趋势。同时由于橡胶弹性体的极性增加，耐油性能优于 HNBR。实现了氢化丁腈橡胶的耐低温性能及耐油性能平衡。

（2）苯乙烯-异戊二烯-苯乙烯弹性体改性　近年来，苯乙烯-异戊二烯-苯乙烯（SIS）弹性体作为一种新型的热塑性弹性体，与苯乙烯-丁二烯-苯乙烯（SBS）相比，具有纯度高、力学性能优良、流体流动性大易改性等优势，成为众多下游产业产品的首选原料。SIS 能与多种增黏剂和增塑剂缔合、黏度低，即在相同浓度下，黏度为 SBS 的 1/3，天然橡胶或丁苯橡胶的 1/10。作为胶黏剂使用，涂布量少、易涂布操作。已被开发应用到包装胶带、双面胶带、女性卫生用品等方面。与其他热塑性弹性体相比，SIS 在断裂伸长率和拉伸强度方面表现突出，且具备与天然橡胶近似的应力-应变曲线。国内市场的 SIS 主要用于热熔压敏胶的生产，但 SIS 的分子链上存在不饱和双键，使其本身具有较弱的极性，使得其下游产品热熔压敏胶在极性材料表面的黏接效果欠佳；同时双键的存在也使得产品的耐老化性能较差，为此可以通过对 SIS 进行化学改性来改善这方面的性能。如硼氢化改性、磺化改性、自由基接枝改性、紫外光改性法、环氧化改性等。环氧化改性是指利用有机过氧酸的强氧化性氧化 SIS 中异戊二烯链节上的不饱和双键，使得不饱和双键的含量降低，一方面增大了 SIS 的抗氧化性能，另一方面双键消失的同时引入了具有极性的环氧基团，改善了弹性体的极性，优化了其与亲水材料表面的相容性。梁涛采用过氧甲酸氧化剂，制备环氧化 SIS，发现：环氧化 SIS 与普通 SIS 相比亲水性更好，并且拉伸性能、抗冲击性能和韧性都有明显提升。ZHAO 等将 SIS 甲苯溶液将 SIS 溶液在目标温度下，依次滴加所需量的甲酸和过氧化氢，对 SIS 进行环氧化制备 ESIS（环氧化 SIS），开发了可极性调制的热熔压敏胶，发现低温下环氧化度随环氧化时间呈线性增加，聚合物的极性随环氧化程度的增加而增加。在低环氧化程度下，环氧化 SIS 基胶黏剂的 180°剥离强度，随环氧化程度的增加而增加。

（3）两亲性功能嵌段聚合物改性　郭晓峰以可逆加成-断裂键转移（RAFT）聚合方法制备得到一系列两亲性功能嵌段聚合物，并利用自组装过程获得多种形貌结构的组装体，同时还具备刺激响应功能。即利用酸/碱可切换型 RAFT 试剂制备得到了具有 CO_2 刺激响应的两亲性梯度嵌段聚合物 PBzMA-*b*-P（DEAEMA-grad-NVP）-*b*-PNVP，该两亲性梯度嵌段聚合物可以在水溶液中自组装，所得的组装体结构中包含了疏水 PBzMA 内核，不同长度的梯度链段 P（DEAEMA-grad-NVP）构成的中间壳层，以及短链亲水 PNVP 所构成的外层，进而形成核-壳-冕结构的多组分胶束。随着 CO_2 气体的刺激，梯度链段中 PDEAEMA 逐渐质子化，并且由疏水单元转变为亲水单元，从而改变组装体内部的亲疏水平衡，形成特殊的非连续相分离结构。

孙冬苍研究了乙酸乙烯酯 VAC 和新壬酸乙烯酯 VV-9 的可逆加成-断裂链转移（RAFT）聚合，考察了 RAFT 链转移剂结构、单体（M）与 RAFT 链转移剂摩尔比以及引发剂偶氮二异丁腈（AIBN）的用量对 VAC 和 VV-9 聚合的影响。黄原酸酯类的 *S*-氰甲基乙基黄原酸酯（CMX）对 VAC 和 VV-9 的 RAFT 聚合具有良好的调控性能，制备的 VAC 的均聚物（PVAC）和 VV-9 的均聚物（PV9）的分子质量分布窄（$M_w/M_n = 1.29$，1.20）。以乙酸乙酯为溶剂，[M]/[CMX]/[AIBN] = 300/3/1（mole）时，合成了 PVAC、PV9 和 PVV 三种大分子链转移剂。利用上述大分子链转移剂合成了不同组成的 PV9-*b*-PVAC 和 PVV-*b*-PVAC 嵌段共聚物，对其进行醇解得到了两亲性嵌段共聚物 PV9-*b*-PVOH Ⅱ和 PVV-*b*-PVOH。将该两亲性嵌段共聚物用于 PVC、LDPE 和聚丙烯（PP）膜的亲水涂层。所得表面平滑的亲水性 PVC 膜的接触角随着两亲性聚合物亲水链段长度的增加而降低。

对于不饱和烯烃橡胶的极性化学改性以增加其极性、耐油性等；对于热塑性 TPU 的化学改性以增加其生物相容性、可回收再用；RAFT 法嵌段两亲共聚改性增加其自组装性、生物相容性等相关的研究实例还有很多。

未来，聚合物化学改性仍然是一个十分活跃的研究领域，新成果新技术将不断涌现，开发出赋予聚合物材料更高性能和更多功能的新产品。

习　题

1. 什么是接枝共聚物？接枝聚合的反应机制有哪些？
2. 简述接枝共聚的常用方法。
3. 什么是接枝效率？

4. 接枝共聚物具有怎样的应用意义，并举例说明。
5. 制备嵌段共聚物的方法有哪几种？并指出这些制备方法的特点。
6. 试分析嵌段聚合物的链段结构、链段化学性质对性能的影响。
7. 简述嵌段共聚物的主要品种及应用情况。
8. 什么是互穿聚合物网络（IPN），有何突出特点？制备 IPN 主要有哪些方法？

参考文献

[1] NOSHAY A，MCGRATH J E. Block copolymers，overview and critical survey[M]. New York：Academic Press，1977.
[2] SEYMOUR R B，CARRAHER C E. Polymer chemistry[M]. New York：Marcel Dekker，1981.
[3] 金关泰，金日光，汤宗汤，等. 热塑性弹性体[M]. 北京：化学工业出版社，1983.
[4] 浅井治海. 水リマ炼7レン下の制造と应用[M]. 东京：シ炼工ム シ炼，1988.
[5] 闫淑敏，马威，张淑芬. 接枝共聚法制备的新型生物基材料及其应[J]. 染料与染色，2015，52(1)：55-58.
[6] O'CONNELL D W，BIRKINSHAW C，O'DWYER T F. A chelating cellulose adsorbent for the removal of Cu（II）from aqueous solutions[J]. Applied Polymer Science，2006，99(6)：2888-2897.
[7] MA Z，LI Q，YUE Q. Synthesis and characterization of a novel super-absorbent based on wheat straw [J]. Biore source technology，2011，102(3)：2853-2858.
[8] SRIKULKIT K，LARPSURIYAKUL P. Process of dyeability modification and bleaching of cotton in a single bath[J]. Coloration Technology，2002，118(2)：79-84.
[9] 陈卓，范宏，洪涤. Fe^{2+}—H_2O_2 引发淀粉—二甲基二烯丙基氯化铵接枝共聚的研究 [J]. 高分子材料科学与工程，2002，18(4)：81-84.
[10] JOSEF P S J，HENRY M H. Process for the production of strain-free masses from crosslinked styrene-type polymers：US2539377[P]. 1948-01-12.
[11] MILLAR J R. Interpenetrating polymer networks. Styrene-divinylbenzene copolymers with two and three interpene trating networks，and their sulphonates[J]. Chemical Society，1960，263：1311.
[12] MUELLER K F，HEIBER S J. Gradient-IPN（interpenetrating polymer network）-modified hydrogel beads：their synthesis by diffusion-polycondensation and function as controlled drug delivery agents. [J]. Applied Polymer Science，1982，27(10)：4043-4064.
[13] PERNICE R，FRISCH K C，NAVARE R. RIM systems from interpenetrating polymer networks[J]. Cellular Plastics，1982，18(2)：121-128.
[14] 冯新德，张中岳，施良和，等. 高分子辞典[M]. 北京：中国石化出版社，1998.
[15] 杨木泉，毛骏，董志鑫，等. 两亲性 PS-b-PEG 嵌段共聚物刷的合成及响应行为[J]. 高等学校化学学报，2012，33(12)：2816-2821.
[16] RAVIV U，GIASSON S，KAMPF N，et al. Lubrication by charged polymers[J]. Nature，2003，425(6954)：163-165.
[17] HOWARTER J A，YOUNGBLOOD J P. Self-cleaning and anti-fog surfaces via stimuli-responsive polymer brushes[J]. Advanced Materials，2007，19(22)：3838-3843.
[18] 李宏静，刘伟区，魏振杰，等. 两亲性嵌段共聚物增韧环氧树脂[J]. 高分子材料科学与工程，2011，27(11)：61-64.

[19] 席陈彬，杨东，李静，等. 聚乙二醇-聚乳酸—聚甲基丙烯酸羟乙酯两亲性三嵌段聚合物的合成及其自组装研究［J］. 有机化学，2012，32(11)：2166-2170.

[20] MILNER S T. Polymer brushes[J]. Science，1991，251(4996)：905-914.

[21] 朱丽倩. 基于环氧化二烯类橡胶的 vitrimer 制备与性能开展的研究[D]. 杭州：浙江大学，2023.

[22] 史晓芳. 改性环氧化氢化丁腈橡胶的制备及应用研究[D]. 北京：北京化工大学，2024.

[23] 梁涛. 环氧化聚苯乙烯-异戊二烯-苯乙烯的制备，固化及其改性环氧树脂的研究[D]. 北京：北京化工大学，2011.

[24] ZHAO Z F，WANG Z Y，ZHANG C Q. Preparation and characterization of polarity-modulated SIS-based hot melt pressure-sensitive adhesives[J]. Journal of Adhesion Science and Technology，2014，28(11)：1090-1102.

[25] 郭晓峰. 两亲性功能嵌段聚合物自组装及在橡胶理想填料中的应用[D]. 北京：北京化工大学，2021.

[26] 孙冬苍. 两亲性聚合物的设计合成、性能及应用研究[D]. 北京：北京化工大学，2024.

第 6 章　聚合物表面改性

6.1　概述

在使用固体材料时，材料的各种性能不仅与本体性质有关，有时材料表面性能的影响因素也占有相当大的比重，例如当涉及吸附、黏接、接触、摩擦、表面电导、表面硬度等场合时，表面性能往往起关键作用。

聚合物材料存在着大量的表面和界面问题。如表面的黏接、耐蚀、染色、吸附、耐老化、耐磨、润滑、表面硬度、表面电阻以及由表面引起的对力学性能的影响等。

聚合物材料的表面不同于金属及无机非金属材料，对聚合物表面研究已成为一个独立的分支。聚合物表面有弱边界层（WBL 层），其表面能低、化学惰性、表面污染等影响表面的黏附、印刷以及其他应用。为了适应现代社会对材料多功能化的需求，常常要对聚合物表面进行改性处理，所谓聚合物表面改性（Surface Modification of Polymer 或 Surface Treatment of Polymer）是指用物理、化学、机械等方法对聚合物表面进行改性处理，根据具体使用或应用的需要，有针对性或目的性地改变聚合物表面的物理、化学及生物化学等性质或赋予其新的性能和功能，以满足现代新材料、新技术或新工艺发展的需要。对于聚合物改性与应用来说，聚合物表面改性或处理占有相当大的比重。对于改善或拓宽聚合物的应用领域是十分重要的手段。

聚合物表面改性仅针对材料的表面，而其内部本体性能不发生变化，其主要目的是赋予表面新的性能和新功能，聚合物制品实际应用中．有些性能只要求表面具有就可以，如：生物相容性、抗凝血性、阻隔性能、抗紫外光、抗辐射性、抗静电性、颜色性、表面

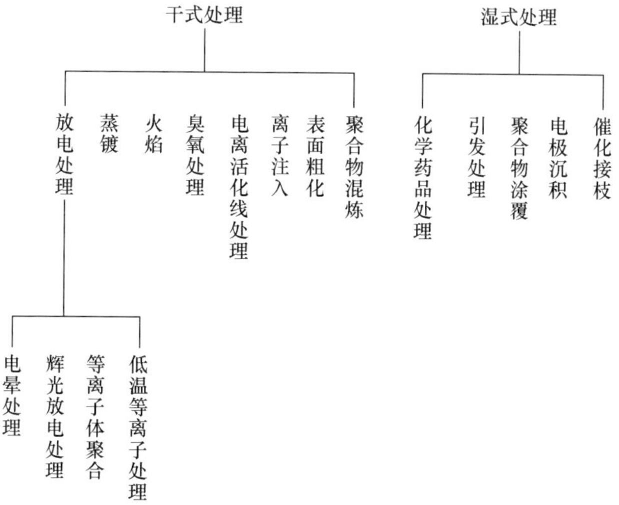

图 6-1　常用聚合物表面改性的处理方法

光泽度、表面硬度、耐划痕、耐磨性等，不要求制品本体也具有这些性能，这样在达到使用目的的同时，既能降低成本，又不破坏制品的本体性能。

聚合物表面改性的方法有化学改性和物理改性，按照改性过程体系的存在形态又分为干式改性和湿式改性，图 6-1 列出了常用聚合物表面改性的处理方法。

6.2 等离子体表面改性

6.2.1 基本概念

等离子体（Plasma）是正负带电粒子密度相等的导电气体，是由电子、离子、原子、分子或自由基以及光子等粒子组成的集合体。它与固态、液态、气态的物质存在形式属于同一层次的物质存在形式，又称为物质的第四态。等离子体宏观上是电中性的，其电离度范围从 $10^{-4}\sim1$。等离子体的状态主要取决于其组成、粒子密度和温度等。根据等离子体中粒子的温度，等离子体可分为热平衡等离子（Thermal Plasma）及非平衡态等离子体（Nonthermal equilibrium plasma）。理想情况下，热平衡等离子体中离子温度与电子温度相等，温度可高达 10^4K 以上，反应剧烈。在此温度下，一般的有机物和聚合物都被分解或裂解，难以生成聚合物，因此，热平衡等离子体反应都用于生成耐高温的无机物质。与此相反，非平衡态等离子体中，重粒子温度远远低于电子温度，电子温度高达 10^4K 以上，而离子、原子之类的“重粒子”温度却可低至 300~500K，一般可以在 133×10^2Pa 的低气压下形成。因此，非平衡态等离子体，又称低温等离子体（Cold plasma）能够生成稳定的聚合物，常被用于等离子体聚合反应及其他高分子材料表面改性等。

等离子体的产生方法有气体放电法、射线辐照法、燃烧法、激光法和冲击波法等形式。其中，高频或射频（RF）辉光放电（10~100MHz）（简称 RF 放电）等离子体和微波（MW）放电（超过 1GHz）等离子体尤为受到关注。RF 等离子体称为辉光等离子体，它对于聚合物表面改性的优势在于电力强度和放电效率较高，可对绝缘物质进行等离子体反应；在较高的气压下仍能维持稳定均匀的辉光放电，与放射线、电子束、电晕处理相比，处理深度涉及表面，对聚合物体相无影响。另外，作为一种干式处理工艺，可省去湿法工艺中的烘干、废水处理等工序，省能源，无公害。

微波辉光放电的能量高，常用于对金属或无机材料的处理。加之，微波系统的造价高，磁场控制系统复杂，实际应用较少。

RF 等离子体可在钟罩型或圆形反应器中产生，无电极射频放电器、内电极射频放电器可采用电容耦合或电感耦合。

等离子体聚合物改性与外部参数（功率、电压、频率等）和等离子体种类或性质有关。

影响等离子体反应的参数很多，各参数之间又相互联系。因此，不可能用一个简单的参数来描述等离子体参数对等离子体反应的影响。

迄今为止，各种工艺过程都清楚地表明了等离子体参数在等离子体化学反应中的重要地位。等离子体中存在的电子、离子、中性粒子相互作用十分复杂，强烈地依赖于各个微观参数与宏观参数；而等离子体-固体表面相互作用又使等离子体聚合等工艺进一步复杂化，为此，控制等离子体参数实现等离子体聚合等反应的可控性至关重要。

等离子体性质及其反应与等离子体工艺参数（等离子体过程参数）和等离子体自身参数（等离子体基本参数）有关。等离子体工艺参数又称作等离子体外部参数，包括放电功率、单体流速、反应室压力、几何因子（气体的入口、电极形态、反应器尺寸等）和基材温度等，这些参数容易测得。等离子体自身参数包括：电子密度、电子能量分布、气体密度和气体分子在等离子体中的滞留时间，它们直接影响等离子体的性质，这些参数较难测量。

等离子体的过程参数决定等离子体的基本参数，在实际的等离子体反应中，往往由等离子体的过程参数来实现对等离子体基本参数的控制。

在等离子体反应室固定并且几何参数、放电频率和基材的温度也一定的条件下，可以认为控制等离子体的基本参数取决于放电功率、单体流量以及反应室中气体的压力。

6.2.2　等离子体表面改性方法

等离子体高分子材料表面改性所涉及的化学反应大致可分为等离子体化学气相沉积（PCVD）、等离子体刻蚀或化学蒸发、等离子体表面反应。RF 辉光放电等离子体高分子材料表面改性通常采用以下方法。

（1）利用非聚合性气体（无机气体）　如 Ar、H_2、O_2、N_2、空气等的等离子体进行表面反应。参加表面反应的有激发态原子、分子、自由基和离子以及光子等，通过表面反应有可能在聚合物表面引入特定的官能团，产生表面刻蚀，形成交联结构层或自由基。这种方法由于是直接将材料暴露于非聚合性气体（如氩、氮、氧等）中，对聚合物材料表面进行处理，因此，通常也把这种方法简称为“等离子体直接处理”。

（2）利用有机气体单体进行等离子体聚合　等离子体聚合（Plasma polymerization）是指在有机物蒸气中生成等离子体，所形成的气相自由基吸附到固体表面形成表面自由基，再与气相单体或等离子体中形成的单体衍生物在表面发生聚合反应，从而可以形成大相对分子质量的聚合物薄膜。这种方法是通过等离子体聚合反应在聚合物表面形成新的很薄的聚合物薄膜，也可简称为等离子聚合。等离了体聚合与常规的聚合方法相比较，其特点和优势如下：

① 等离子体聚合并不严格要求单体具有不饱和单元或两种以上官能团，从而将单体的种类拓宽至甲烷、乙烷、有机胺等饱和有机物。

② 等离子体聚合物膜为无针孔的薄膜，具有高度交联的网状结构，对基体的黏着性很好。这种聚合膜的化学稳定性、热稳定性及机械强度良好。

③ 等离子体聚合物膜的交联度以及物理、化学特性，可以通过控制聚合参数而加以控制。

④ 聚合过程中不用使用溶剂，作为“干法”工艺技术，运作起来方便、灵活。

（3）等离子体引发聚合或表面接枝　首先用非聚合气体对高分子材料表面进行等离子体处理，使表面形成活性自由基［这一点已被许多实验所证实，表面自由基可用电子顺磁共振（ESR）测定］，然后利用活性自由基引发功能性单体使之在表面聚合或接枝到表面。等离子体引发表面接枝通常有 3 种方法：

① 表面经等离子体处理后，接触气化了的单体进行接枝聚合，即气相法。此法由于

单体浓度低，与材料表面活性点接触机会少，接枝率低。

② 材料表面经等离子体处理后，不与空气接触，直接进入液态单体内进行接枝聚合，即脱气液相法。该法可提高接枝率，但同时产生均聚物而影响效果。

③ 材料表面经等离子体处理后，接触大气形成过氧化物，再进入溶液单体内，过氧化物受热分解成活性自由基，即常压液相法。另外，等离子体接枝聚合还可以采用“同时照射法”，即先使单体吸附于材料表面，再暴露于等离子体中，在处理过程中进行接枝。

6.2.3 等离子体表面改性机制

6.2.3.1 射频等离子体中的反应活性种

在外加电场的作用下，气体中少量的自由电子被加速获得较高的能量，这些高能电子与气体分子或原子发生弹性及非弹性碰撞，电子-分子（或原子）的弹性碰撞只改变粒子的动能，只有非弹性碰撞增加分子或原子的内能，使之发生激发、电离和碎裂等反应。分子内能的变化取决于碰撞电子的动能，等离子体电子的能量分布近似服从 Maxwell 分布。其中最大的电子能量可超过 10eV（$1eV \approx 1.602177 \times 10^{-19}J$），能量超过 leV 的电子可将束缚态电子由基态激励到高能态，当束缚态电子获得足够高的能量时就会产生电离。等离子体中各种粒子的作用可大致描述如下。

（1）电子　在气相中对化学键的裂解作用远大于离子。电子除了电离和裂解单体分子，还起激发分子的作用，使分子由基态变为激发态。电子的激发作用产生亚稳中性体或光发射。

（2）离子　RF 辉光等离子体的电离度一般比较小。等离子体中离子和电子与中性粒子相比仅占很小的一部分。离子占气体分子总量的千分之一到万分之一。然而，离子有足够的能量轰击带有偏压的表面。因为在表面区域附近场强变得非常大，将底材置上偏压后，就有足够能量的离子撞击底材表面，使表面上的化学键断裂，表面上的活性点增多，因此，沉积速率随偏压的增加而增加。

（3）激发态的中性体　辉光中的光是由光电子从激发态回落到较低能级时发射出来的。分子光发射损失的能量足以裂解化学键，所以，在光未发射之前，这一激发态的中性体与单体分子碰撞，分子的化学键将被断裂。典型的激发态中性体也被称为亚稳态中性体。它的能量通常要大于大多数有机物质的电离能，有足够的能量使化学键断裂。

（4）光子　光诱导聚合是一个可行的方法。但它的沉积速率要比等离子体聚合小一个数量级。光子-分子的碰撞可使化学键断裂，产生可聚合的活性粒子。然而，气相中的分子密度很低，光子与分子的碰撞概率小，所以光子对等离子体聚合所起的作用很小。

（5）自由基　由辉光放电等离子体中电子碰撞，破坏共价键或产生激发态的中性分子，激发态的中性分子是通过非弹性碰撞或电离使共价键断裂而形成的。在等离子体气相中，自由基的粒子数占全部活性粒子的绝大多数。

等离子体表面处理能有效地使高分子材料表面层中产生大量自由基，只要与高分子材料短时间接触，这种作用即很明显。

射频辉光放电等离子体提供的能量足以发生各种等离子体化学反应。

等离子体聚合与常规的高分子聚合反应有着显著的不同。首先，只有具备某些特殊结构（如不饱和键、双官能团等）的单体才能进行常规聚合反应，而等离子体聚合对单体结构的要求却不那么苛刻，绝大多数有机物，包括饱和烷烃都能在等离子体条件下发生聚合反应。其次，常规聚合通过特定反应生成的聚合物具有明显的重复结构单元，聚合物性质与其结构单元有密切关系，可以由单体结构计算聚合物的化学组成；等离子体中反应极为复杂，等离子体聚合产物的结构为三维交联的复杂网络结构，无明显的重复结构单元，化学组成受反应条件影响，与单体结构没有确定关系。通过等离子体聚合可在基底表面形成具有上述特性的覆盖层（Coating），覆盖层不仅自身为三维交联的网络结构，与基底间也有化学键相连，其性质不同于沉积和接枝等过程的产物。

6.2.3.2 等离子体与聚合物化学反应原理

等离子体对聚合物表面作用有许多理论解释，如表面分子链降解理论、氧化理论、氢键理论、交联理论以及表面介电体理论等。究竟哪一种理论更切合实际，还需要进一步研究讨论。目前以氧化理论、氢键理论和介电体理论更易为人们所接受。

等离子体与聚合物的化学反应原理根据等离子体的类型可分成非聚合型等离子体和聚合型等离子体。下面将分别讨论。

（1）非反应型等离子体作用机制　氢气、惰性气体等离子体和高分子材料接触，理论上是不参与表面的任何反应，只是将能量转移给表层分子，使之活化产生链自由基，自由基又进行相互反应生成表面交联层。利用这种非反应型等离子体的技术称为CASING（Crosslinked by Actived Species of Inert Gases）技术。

（2）反应型等离子体反应机制　反应型等离子体在气相中不发生聚合反应，但参与表面上的化学反应，表面的化学组成也发生相应的变化。以氧等离子体为例对此进行说明：

$$O_2 \longrightarrow 2O\cdot$$
$$RH + O\cdot \longrightarrow R\cdot + HO\cdot$$
$$RH \longrightarrow R_1\cdot + R_2\cdot$$
$$R\cdot + O_2 \longrightarrow ROO\cdot$$
$$ROO\cdot + RH \longrightarrow ROOH + R\cdot$$
$$ROOH \longrightarrow RO\cdot + HO\cdot$$

上述过程反复进行的结果是，在高分子材料表面上引入大量的含氧基团，如—COOH，—CO—，—OH，—OCOO—等，从而发生化学反应，达到表面改性目的。

（3）聚合型等离子体作用机制　等离子体聚合的反应机理主要以基体表面聚合理论为代表，认为吸附在基体表面上的单体或其他饱和的有机化合物被等离子体碰撞，发生能量转移而被激活，单体发生解离带有活性基。这些活化单体成为活性中心使聚合进行下去，最终在基体的表面形成聚合物薄膜达到表面改性的目的。

6.2.4 等离子体处理在聚合物表面改性中的应用

等离子体表面处理在高分子材料改性中的应用，主要表现在以下几个方面。

（1）表面亲、疏水性改性　一般高分子材料经NH_4、O_2、CO、Ar、N_2、H_2等气体等离子体处理后，与空气接触，会在表面引入—COOH，—CO—，—NH_2，—OH等基团，使表面亲水性增加，处理时间越长，与水的接触角越低，而经含氟单体如CF_4、CH_2F_2等气体等离子体处理，则可氟化高分子材料表面，增加其憎水性。Hsieh 等研究发现，未处理 PET 膜与水接触角是 73.1°。Ar 等离子体处理 5min，放置 1d 后测量，与水接触角降至 33.7°，随放置时间的延长，接触角缓慢上升，显示出处理效果随时间衰退。放置 10d 后接触角升至 41.3°。Ya-sunori 等研究 N_2 等离子体处理 LDPE 时也发现，表面极性基团在处理后 20d 左右基本消失。Andre 等研究 O_2 等离子体处理 4-羟基丁酸-4-羟基戊酸共聚物膜表面，也发现其后退接触角经 60d 后由处理后的 20°恢复到 70°。接触角的衰退被认为是由于高分子链的运动，等离子体表面处理引入的极性基团会随之转移到聚合物本体中。Hsieh 等发现，如果将 PET 膜浸入与之有较强作用的有机溶剂中浸泡，使处理效果稳定，这是因为溶剂诱导的分子链排降低了链的可动性。同时，处理效果不但随时间延长而衰退，也会随温度升高而衰退。Yukihiro 等研究了 O_2 等离子体处理 6 种合成高分子膜表面，然后在 80~140℃热处理，发现等离子体处理后表面张力增大，润湿性增大，随后的热处理则加快了等离子体处理效果的衰退。化学分析电子能谱（ESCA）检测和润湿实验的结果表明，等离子体处理 PET、尼龙-6 等材料表面的结果是—COOH、—OH 基团浓度及表面张力随热处理急剧下降；而聚酰亚胺和聚苯硫醚虽然表面张力也下降，但表面—COOH 及—OH 基团浓度变化不大。这也从另一个角度说明化合物分子链本身运动程度的难易也是影响处理效果衰退快慢的一个重要因素。

一个有趣的现象是，等离子体处理过程中，高分子材料表面会出现一些小分子物质。Hsieh 等认为这是由高分子本体中低聚物渗出所致。但也不排除处理过程中表面分子链断裂或者活性种间相互反应的可能性。事实上，Shahidzadeh 等用毛细管电泳离子分析技术（CIA）研究了 NH_3 等离子体处理聚丙烯表面生成的小分子物质，确定为反丁烯二酸及羟基丁二酸。这种小分子极性物质向周围环境的扩散，也会在短期内对表面润湿性衰退有贡献。

高分子材料表面粗糙度和微观形态也会影响其润湿性。这种等离子体对表面的物理刻蚀引起的润湿性变化也会随着分子链的运动而缓慢衰退。

（2）增加黏接性　等离子体处理能很容易在高分子材料表面引入极性基团或活性点，它们或者与被黏接材料、黏合剂面形成化学键，或者增加了与黏合材料、黏合剂之间的范德瓦耳斯力（又称范德华力），达到改善黏接的目的。这种处理不受材料质地的限制，不破坏材料本体力学性能，远远优于一般的化学处理方法。等离子体处理能显著改善高分子膜之间的黏接性和纤维增强复合材料的力学性能。如果增强纤维与基底黏接性能不好，则不但没有一个良好的黏接界面来传递应力，反而会产生应力集中源，使复合材料力学性能变差。用等离子体处理超高分子质量聚乙烯（UHMWPE）纤维，其与环氧树脂黏接强度可提高 4 倍以上。Hild 用 Ar、N_2、H_2O 等离子体处理 PE 纤维，发现增加了与 PMMA 的黏接。提高了其韧度指数（Toughness Index）及断裂强度。Woods 等也发现等离子体处理高强 PE 纤维提高了纤维-环氧树脂复合材料的屈服强度。

Johan 等研究了纤维素纤维，气相色谱、XPS、SEM 测试分析表明处理表面并不均匀，但仍然在表面有效地引入了酸（碱）基团，提高了纤维与 PS、PVC、PP 等组成的复合材料的力学性能和玻璃化转变温度。Sheu 等研究了 NH_3、O_2、H_2O 等离子体处理 Kevlar-49 纤维，处理后改善了与环氧树脂的黏接性，而且纤维/环氧树脂界面剪切应力显著增加，增幅为 43%~83%。

关于增强黏接的机制，Toshio 等研究了等离子体处理 PP 膜表面的—OH、—CO、—COOH 等基团浓度与黏接强度的关系后发现，表面—COOH 基团浓度是影响黏接性能的最重要的因素。Ogawa 等研究了 O_2 等离子体处理 LDPE 膜与 PET 膜在 100℃ 热压黏接的剥离强度与表面基团的关系，证实了表面—COOH 浓度是影响黏接性能的最重要的因素。Toshio 等还研究了 O_2 等离子体处理 PP 表面，改善与聚酯的黏接性。拉伸实验发现，在低压 O_2 等离子体处理情况下，黏接强度只与表面含氧基团有关；随氧压增大，表面粗糙度对黏接的影响逐渐成为一个重要因素。Sheu 等研究了等离子体处理 Kevlar-49 纤维，改善与环氧树脂黏接界面性中则提出黏接性增强是由于处理中引入的新官能团与环氧树脂形成共价键的原因。

关于黏接强度随时间与温度的衰减问题。Della 等研究了空气等离子体处理 PE 纤维改善与环氧树脂黏接强度及时间、温度效应。发现与未处理样品相比，纤维-环氧树脂黏接强度提高 4 倍左右；放置 6 个月后，或在 120℃ 保持 2h 后，其黏接强度略有降低。Comyn 等研究了用 O_2、Ar、NH_3 及空气等离子体处理 PEEK，希望增强其与环氧树脂的黏接，发现样品在实验室放置 90d，黏接性能没有明显损失，这说明黏接本身对处理效果有固定作用。

用等离子体处理高分子材料，还能显著改善其与金属的黏接。Conley 等发现含氟气体（CF_4 等）等离子体处理热塑性聚合物如 PC、ABS 等，能增强与铝板的黏接。Guezenoc 等用氧化性气体（O_2、H_2O 等）处理 PP，真空下热压到低碳钢上，与未处理热压样品相比，剪切强度大大提高。

NH_3 等离子体处理 PP 后，其与铝片的黏接强度是 N_2 等离子体处理的 2 倍多。通过表面的酸碱性质，研究了 NH_3 离子体处理的时间效应，利用接触角计算得出的黏附力与剥离实验结果一致。O_2 等离子体处理聚酰亚胺膜，发现随处理温度降低，与铜的剥离强度增大；较高温度下延长处理时间，对黏接性能也有正面影响。XPS 分析表明，表面含氧基团与剥离强度成正比。

（3）改善印染性能　等离子体表面处理一方面能增强被处理材料表面粗糙度，破坏其非晶区甚至晶区，使处埋材料表面结构松散，微隙增大，增加对印染/油墨分子的可及区；另一方面，表面引入的极性基团，使处理表面易于以范德华力、氢键或化学键吸附染料/油墨分子，从而改善材料的印染性能。

Makismov 等发现，低温等离子体处理，增强了 PET 纤维对分散染料的吸附。Vladimirtseva 等用低温等离子体处理亚麻类织物，然后用热水泡洗，所得织物的印染性能良好，同时力学性能没有受损。Toshio 等发现真空度 133Pa 下，低温等离子体处理羊毛织物能提高其匀染性。Thomas 等发现，染色前用空气等离子体处理，减少了含 Cr 染料的用量和废水中的卤代有机污染物。Takaslli 等发现低温等离子体处理能提高聚酯染色的色牢度。Mishra 等用 NH_3 等离子体处理聚酰胺纤维，用酸性染料将其染色，能提高色牢度和上色率。

（4）在微电子工业中的应用　等离子体技术在微电子工业中，主要用作集成电路制备中硅片表面高分子覆层的刻蚀、去除；改善聚合物电子元件表面电性能；增加高分子绝缘膜与线路板的黏接性能等。Thuy 用 O_2、Ar、碳氟混合气体等离子体，选择性刻蚀集成电路表面残留的聚酰亚胺覆层。

Belhardt 等在氧化刻蚀硅片后，用 O_2 等离子体去除硅片表面的氟代烃高聚物，发现高聚物完全去除，而硅片未受损失。

Kokubo 用惰性气体等离子体（Ar、Kr、Xe、N_2 等）处理全氟烷基乙烯基醚高聚物薄膜，其电阻由 1014Ω · cm 降至 109～1080Ω · cm。Binder 等发现用等离子体处理，能提高高分子电容器击穿强度。

在印刷电路制备中用 O_2-CF_4 混合气体等离子体处理高分子绝缘层，能提高它与线路板的黏接，用 CF_4 含量 40%（体积分数）的混合气体比单独用 O_2 等离子体处理效果更好。另外，将包覆在电极上的憎水高分子膜用等离子体处理后，表面可牢固地粘上一层固体电解质，形成一种稳定的电化学传感器。

（5）在生物医用材料上的应用　等离子体处理高分子材料，选择性地在表面引入新的基团，通过改变表面湿润性、表面电位、表面能、极性分量和色散分量以及表面微结构等，达到改善高分子材料表面生物相容性的目的。

Terlingen 等指出，通过采用不同的等离子体处理方式可获得不同的化学组成表面。例如，用 CF_4 等离子体处理可获得氟化表面或类似聚四氟乙烯的表面，适用于用作特定场合的生物医用材料。

等离子体处理高分子材料在生物医用高分子材料中的主要应用如下。

① 提高抗凝血性能：对应用于临床的生物医用材料来说，抗凝血性能十分重要；而对于植入体内与血液相接触的医用材料来说，其抗凝血性能更是至关重要。很多医用材料就是因为抗凝血性不足，而限制了其在临床及生物医学领域的应用。从第一代血液相容性生物医用材料问世，至今已逾 50 年，但目前仍没有能完全符合临床要求的抗凝血医用材料。近 20 年来国内外的一些研究小组开始尝试利用等离子体技术对医用高分子材料表面进行改性，期望在保持材料原有的优异力学性能的基础上，赋予材料良好的抗凝血性能。如采用等离子体表面磺酸化技术在高分子材料表面引入了磺酸基，从而提高了材料的抗凝血性能；利用等离子体技术实现肝素在医用高分子材料表面高活性的固定；将等离子体技术与紫外接枝联用，在医用高分子材料表面固定具有抗凝血性能的生物大分子。a. 如用全氟代烃等离子体处理 PET 膜，发现处理后膜吸附白蛋白的保留时间延长，抗凝血性增强。而且用等离子体修饰，无毒、无副作用。b. 空气等离子体处理医用 PVC 管也能改善表面的抗凝血性。

② 改善细胞亲和性：组织相容性是生物相容性要求中的一项重要内容，三维可降解组织工程支架的细胞亲和性决定了组织工程支架材料的可利用性，为了提高这类生物高分子材料的细胞亲和性以及生物相容性，常常需要对聚合物表面进行改性处理，现有的大多数组织工程医用高分子材料属于“生物惰性材料”，不能为种子细胞的附着和生长提供良好的生物界面。为了使材料具有良好的细胞亲和性，也需要对材料进行表面改性。与其他表面改性方法相比，等离子体改性法既能较容易地在材料表面引入特定的官能团或其他高分子链，又可避免因加工而使支架材料表面改性效果降低或丧失。王秀芬课题组等研究了不同气体等离子体对改性医用高分子材料表面的细胞亲和性的影响。大量的科学实验结果表明，各种含氮等离子体（气态酰胺、胺基化合物及氨气）处理后，能在材料表面引入氨基，促进了细胞的黏附和生长。材料表面氨基的数量和密度对于细胞的黏附有重要影响。但是简单的等离子体表面处理只能在短时间内赋予材料一定的细胞相容性，由于等离

子体处理效果的时效性，在材料表面引入的功能基团会逐渐向表面内运动和翻转。为了获得持久的表面改性效果，大多采用等离子体聚合和等离子体接枝对医用高分子材料进行表面修饰。此外，近来也有课题组采用等离子体化学气相沉积对医用高分子材料进行表面修饰以提高材料的细胞亲和性。

③ 增强抗菌性：随着大量的人工器官、部件被植入到人体，如何更加有效地抑制人工器官或部件植入体内可能引起的感染，降低感染死亡率至关重要。而人工瓣膜心内膜炎，对于瓣膜置换病人的生命威胁极大。预防生物材料感染的研究以往多集中于细菌污染、细菌的毒力、侵入途径、病人的抵抗力等方面。相关的研究表明，引起这种感染的初始动因就是细菌黏附在材料表面。表皮葡萄球菌是最常见和最严重的人工心脏瓣膜感染致病菌。研究人员发现以氩等离子体对医用硅橡胶反复进行处理，可明显降低细菌的黏附和生长。西南交通大学黄楠等人在不同工作条件下，使用乙炔对人工心瓣膜用聚对苯二甲酸乙二醇酯进行等离子体浸没离子束沉积，提高材料表面的亲水性，对改性后的材料进行细菌的动态黏附实验研究，发现其抗细菌黏附能力有显著的提高。Liu 等用不同的等离子体气体（CO_2、O_2、NH_3、Ar 等）处理一些热塑性高分子材料（PE、PP、PS、PVC 等）表面，引入含 O、N 基团，而在改性的表面引入 Fe 离子覆层，与未处理样品相比，对细菌的吸附速率和容量的抑制都明显提高。

④ 形成阻隔膜：聚合物中的一些增塑剂、填充剂、抗氧化剂、引发剂和残余单体会对人体造成危害。采用等离子体聚合或等离子体接枝可在医用高分子表面形成一层阻隔膜，从而降低有害物质的渗透性，阻止聚合物中低分子质量添加剂的泄漏。一些研究者用此方法制备出具有阻隔效果的抗渗漏型生物材料，如通过等离子体聚合膜，成功地降低了增塑剂从聚氯乙烯（PVC）中迁移、渗出到血液中的量，采用四甲基二硅氧烷等离子体聚合物镀膜，也可阻止 PVC 管的浸出物。通过等离子体聚合在高分子微胶囊表面形成阻隔膜，形成的聚合膜作为一道“限速屏障”，可以控制药物释放速度。这相当于在微胶囊表面加上一件“外衣”，但不会影响材料本身的性能。

⑤ 等离子体灭菌：低温等离子体杀菌消毒技术的特点表现为以下几个方面：与高压蒸汽灭菌、干热灭菌相比，灭菌时间短；与化学灭菌相比，操作温度低；能够广泛应用于多种材料和物品的灭菌；产生的各种活性粒子能够在数毫秒内消失，所以无须通风，不会对操作人员构成伤害，安全可靠。当然，等离子体方法所导致的材料表面化学性质的变化也使得该方法具有一定的复杂性。通过等离子体辐照医用高分子材料，往往可将材料的前期处理和杀菌消毒一步实现，为人工脏器移植、组织材料培养提供了新的方案。

（6）其他应用　Shunsuke 等报道等离子体处理气体分离膜可提高其气体分离系数。一种高分子分离膜，在 80℃时 He 透过速率$>1\times10^{-4}cm^3/(cm^2\cdot s\cdot cmHg)$①，He/$N_2$ 分离系数为 83，经 NH_3 等离子体处理后，其分离系数达到 306。

Tadahiro 报道等离子体处理制备光学防反射膜。Ar 等离子体处理 PET，其水接触角≤30°。然后在其表面沉积一层氟化镁，所得膜具有良好的防反射性能和耐久性、抗划性，可广泛用于制备液晶显示装置、镜片及透镜等。

Akovali 等报道等离子体处理 PET，能提高它与 PVC 的共混相容性。

① 1cmHg = 1333Pa。——编者注

低温等离子体应用于无机粉体的表面改性，被认为是偶联剂技术的新发展。经等离子体处理后，粉体的表面结合、表面性质以及粉体在基质中的分散性和粉体与基质的界面结合等方面均发生较大变化。

等离子体增强电化学表面陶瓷化（PECC）是一种新型的表面改性技术，它是在液体介质中采用等离子体弧光放电增强的阳极氧化处理工艺。由于等离子体弧光放电具有较高的能量密度，可以加速在阳极上发生的化学反应，在基体与外来陶瓷膜层物料间形成气相搅拌，使之充分混合、反应、烧结，从而获得陶瓷化涂层。PECC 工艺过程阳极上电化学反应速率、外来相沉积速率及反应烧结量均可进行合理有效的控制，经 PECC 工艺制备的陶瓷化涂层，其相组成和化学成分可控，使膜的均匀性、对基体形状尺寸允许程度及膜层性能等均有较好的保证。

等离子体处理作为一种新的表面改性手段，能快速、高效、无污染地改变各类高分子材料表面性能。不但改善了特定环境下高分子材料的适用性能，也拓宽了常规高分子材料的适用范围，因此，引起众多研究者的兴趣。今后，在探索不同条件下等离子体处理高分子材料表面，以改善材料的使用性能的同时，需要加强研究和建立高分子材料表面等离子体相互作用模型，为定量设计和等离子体可控技术提供理论依据，今后还需要进一步进行下去。

6.3 表面化学改性

6.3.1 碱洗含氟聚合物

含氟聚合物如氟化乙烯-丙烯共聚物（FEP）和聚四氟乙烯（PTFE）等，它们具有优良的化学稳定性、耐热性、电性能以及抗水汽的穿透性，在化学、电子工业和医用器件等领域应用广泛，但是它们的润湿性和黏合性差，使应用受到限制。为此，需要对它们进行改性处理。用化学改性法处理时，其方法为：用液氨中的钠-氨络合物或钠-萘络合物/四氢呋喃（THF）溶液处理含氟高聚物。具体步骤为：

将 1∶1（mol）的钠∶萘/THF 溶液，在装有搅拌器及干燥管的三口瓶中反应 2h 直至溶液完全呈暗棕色。

将含氟聚合物在此溶液中浸泡 1~5min，密封，使聚合物表面变黑（深度约 1μm），取出用丙酮洗，除去过量的有机物，继而用蒸馏水洗净。经上述化学改性处理的聚合物表面的润湿性、黏合性都有显著提高。例如，上述处理后的 Teflon 与环氧黏合剂黏接时，拉伸强度可达 7.7~14.0MPa，材料的本体结构无变化，材料的体电阻、面电阻和介电损耗等均无变化。需要指出的是该方法尚存在以下不足：①处理材料表面变黑，影响有色导线的着色。②面电阻在高湿下略有下降。③处理后的表面在阳光、加热下黏接性能降低。

6.3.2 酸洗聚烯烃、丙烯腈-丁二烯-苯乙烯共聚物和其他聚合物

工业中用铬酸洗液作为 PE、PP 等聚烯烃和 ABS 等在镀金属前的清洗液，也可以用来处理聚苯醚、PEO、PS、聚醚等。所用的铬酸配方为：

$K_2Cr_2O_7/H_2O/$浓 $H_2SO_4(d:1.84)=4.4:7.1:88.5$（质量比）或 $CrO_3/H_2SO_4/H_3PO_4$ 等

铬酸清洗液主要是清除无定形或胶态区。在清洗过的表面上可能形成极复杂的树根状空穴，具体形状与被清洗表面的结晶形态有关。某些表面还可能氧化。此法处理后的聚合物表面的润湿性和黏接性均大大提高，其原因可能是聚合物表面形成的复杂几何形状起主要作用，而表面引入的极性基团的作用不如前者。酸洗过程中，铬酸的作用如下：

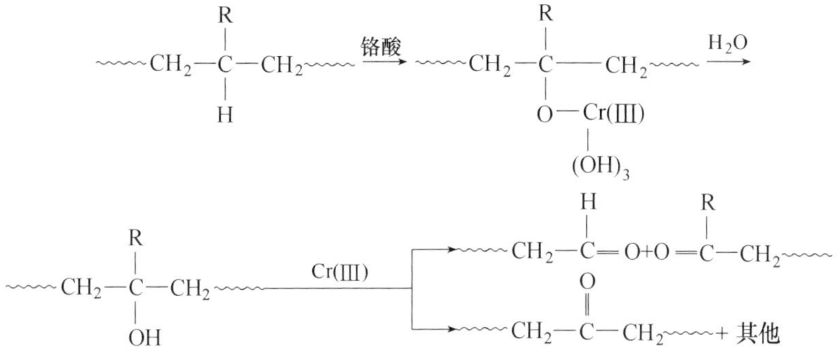

PP、PE 在酸洗过程中酸洗速率的大小为 PP（140μg/cm^2·h）>支链 PE（98μg/cm^2·h）>线形 PE（75μg/cm^2·h）

在 ABS 表面，铬酸主要腐蚀丁二烯橡胶粒子，在表面产生许多空穴，造成大量的机械固着点，有利于喷镀金属。

6.3.3　碘处理

用 I_2/KI 水溶液，在 20～80℃时处理尼龙，处理后可制成可镀金属级的产品，处理的尼龙表面比较光滑。X 射线衍射分析表明，处理后的表面结晶形态发生变化：由 α 型（N—H 基平躺在表面上）转变为 γ 型（N—H 基团垂直于表面上），这种结晶变化只发生在 40℃以下，高于 80℃，α 晶型继续存在。金属镀层在 α 晶型的表面结合性很差。

6.3.4　其他化学处理

用于处理聚烯烃和硫化橡胶表面的化学方法还有很多，如 $KClO_3$-H_2SO_4，$KMnO_4$-H_2SO_4，HNO_3，甲基苯磺酸，发烟硫酸、硫、碳沥青和叠氮，烷基过氧化物，过硫酸盐，氟气以及臭氧等。主要用于提高表面的润湿性和黏接性。

一般认为，H_2SO_4 只能使润湿性和黏接性发生中等程度的变化；发烟硫酸在聚烯烃表面上引入磺酸基，它可以与其他试剂反应得到进一步改性；硝酸首先腐蚀无定形区，使结晶形态暴露；硫、碳质沥青和重氮可进行 C—C 的插入反应；氟气可发生去氢、氟化反应、C═C 双键的生成并引起聚烯烃表面发生交联反应；臭氧能氧化聚烯烃表面、产生羟基、酮、醛和羧酸基。

此外，用氧化法处理聚烯烃、腈基橡胶和丁基橡胶；胺碱用于处理 PET 和 PC；亚胺烷撑取代反应也用于处理 PC，烷基锆催化剂用于处理 PET 等。

用化学法处理聚酯可得到吸湿性良好的聚酯毛巾。其具体做法是将聚酯毛巾放入碱性处理液中，加热、淋洗，用乙酸酸化至 pH=5.0，再用精制的聚酰胺处理一定时间，最后可得到吸湿性良好的聚酯毛巾。

6.4 光接枝聚合改性

光接枝聚合具有突出的特点，既能获得不同于本体性能的表面特性，又可保持本体性能。在20世纪50年代末60年代初，应用较多的是射线或电子束高能辐射，在纤维素、羊毛、橡胶等材料的表面接上一层烯类单体的均聚物。由于高能辐射能穿透被接枝物，因而接枝层的厚度可以从很薄的表面层进入本体较厚的深度，这样本体性能会受到影响。紫外光因其较低的工业成本以及选择性，使得紫外光接枝受到重视。选择性是指众多聚烯烃材料不吸收长波紫外光（300~400nm），因此，在引发剂引发反应时不会影响本体性能。紫外光应用于聚合物表面改性最早可追溯到1883年，当纤维素暴露于紫外光和可见光时，能观察到发生了化学变化。有关用紫外光进行接枝聚合改性聚合物表面的工作始于1957年Oster的报道。但直到20世纪80年代后，才涌现出大量的有关表面接枝改性文献。其应用领域也已从最初的简单表面改性，发展到表面高性能化、表面功能化、接枝成型方法等高新技术领域，显示了这种方法在聚合物表面改性方面的重要性和广阔应用前景。

6.4.1 表面光接枝的化学原理

生成表面接枝聚合物的首要条件是生成表面引发中心——表面自由基。依据产生方式的不同，可分为3种方法。

6.4.1.1 含光敏基聚合物辐照分解法

对于一些含光敏基（如羰基），特别是侧链含光敏基的聚合物，当紫外光照射其表面时，会发生NorrishI型反应，产生表面自由基：

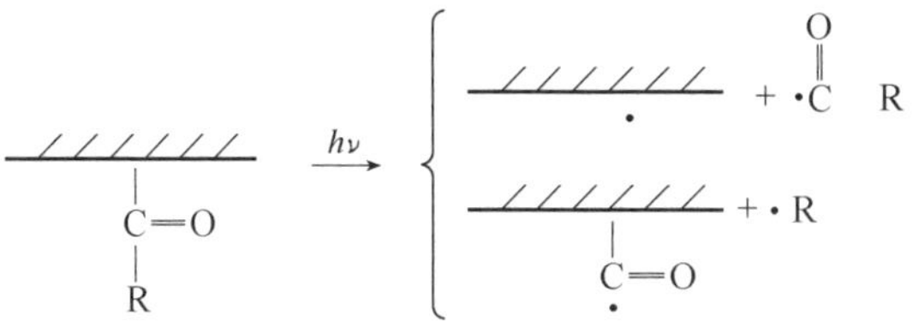

(6-1)

(6-2)

这些自由基能引发乙烯基单体聚合，可同时生成接枝共聚物和均聚物：

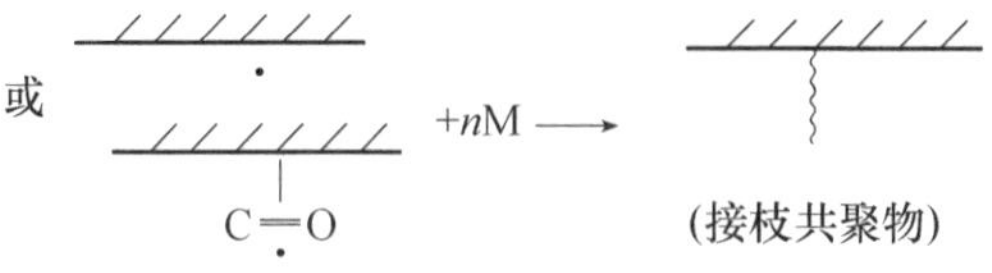

(6-3)

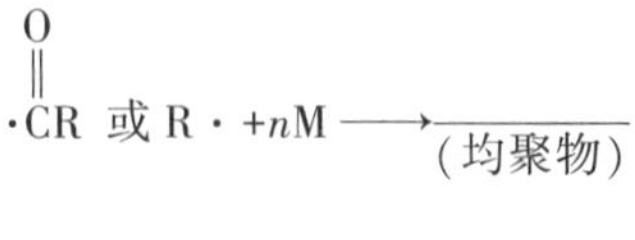

(6-4)

6.4.1.2 自由基转移法

安息香类引发剂在紫外光照射下发生均裂，产生两种自由基：

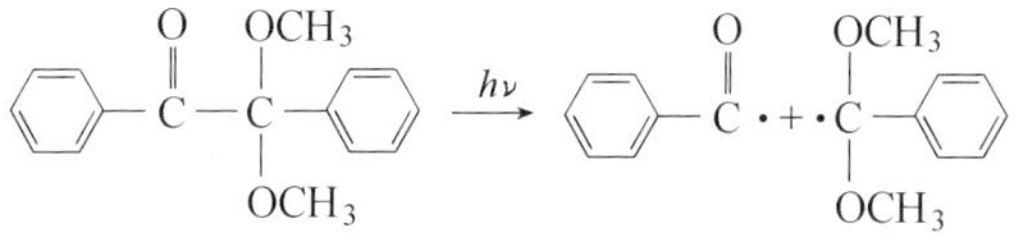

(Ⅰ)　(6-5)

在单体浓度很低的条件下，两个自由基均会向聚合物表面或大分子链转移，产生表面自由基，引发烯类单体聚合而生成表面接枝链：

(6-6)

该体系的缺点是小分子自由基，如式（6-1）能引发均聚合，故表面接枝链和均聚链能同时生成。在特定条件下，如单体浓度很低，表面自由基浓度很大时，也是一种有效的表面接枝体系。

6.4.1.3　氢提取反应法

芳香酮及衍生物在吸收紫外光后被激发到单线态 S，然后迅速系间蹿跃到三线态 T，当有聚合物表面为氢给予体时，该羰基夺取氢而被还原成烃基，同时也生成了一个表面自由基：

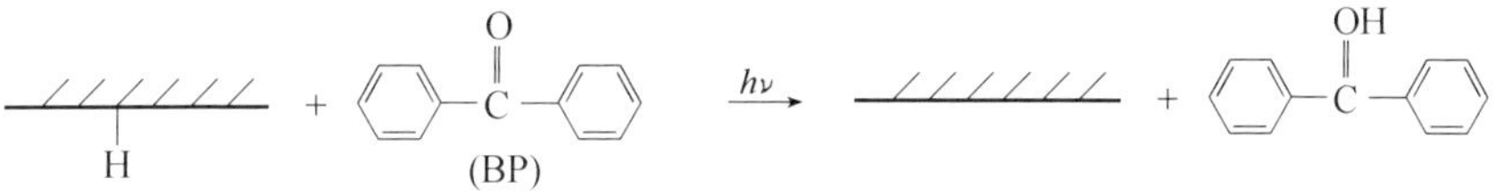

(6-7)

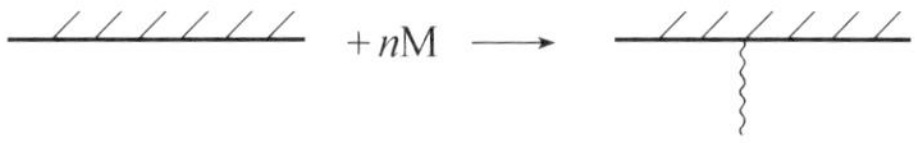

(6-8)

该体系优点是：①光还原反应可以定量进行，一个 BP 分子可以夺取一个 H 产生一表面自由基，容易控制。②表面自由基的活性远远高于呫吶醇自由基，因此接枝率高。③因为引发反应起自光敏剂和 C—H 键的反应，故该方法可适用于所有有机材料的表面接枝。

6.4.2　接枝方法

6.4.2.1　液相接枝和气相接枝

利用紫外光把单体接枝到聚合物表面的方法可分为气相接枝和液相接枝两类。

（1）气相法　聚合物和反应溶液放在充有惰性气氛的密闭容器中，加热使溶液蒸发，从而在弥漫着溶剂、单体和引发剂的气氛中进行光反应。该体系的优点是：①单体和光敏剂以蒸气形式存在，自屏蔽效应小。②样品表面的单体浓度极低，故接枝效率高。缺点是反应慢，辐射时间长。

（2）液相法　把光敏剂、单体或其他助剂配在一起制成溶液，直接将聚合物样品置于溶液中进行光接枝聚合，也可先将光敏剂涂到样品上，再放入溶液中。1977 年，Tazke 等发明了一种特殊的液相表面接枝方法，较好地解决了溶液的自屏蔽问题，缺点是均聚物难以避免，难以实现连续化作业。还有一种是瑞典皇家工学院 Randy 等针对条状薄膜和纤维开发的一种连续液相法。此方法一方面先将膜或纤维预浸过含有单体和敏化剂的溶液，让敏化剂附着在聚合物表面；另一方面又通过氮气鼓入单体和敏化剂，这样既加快了反应速度，又提高了反应效率，可望有工业应用前景。

6.4.2.2 添加或不添加敏化剂

从是否添加敏化剂来划分可分两类：

（1）不加敏化剂　先将聚合物表面氧化生成一层过氧化物，随后在不加敏化剂的情况下再利用紫外光照射，利用过氧化物分解出的自由基和单体加成聚合，将希望的单体接枝到聚合物表面。中国科学院化学研究所的胡兴洲等利用此方法，把光稳定剂 MTMP 接枝到经表面热氧化后的聚丙烯（PP）和聚乙烯（PE）膜上，改善了膜的稳定性。

（2）添加敏化剂　敏化剂既可以预先经处理引入到聚合物表面，也可在光照的同时发挥作用。制备含敏化剂的聚合物的方法，一种是把聚合物放入充满敏化剂蒸汽的容器中，可通过温度来调节吸附的含量，用抽提后称重的方法来测量被吸附的敏化剂的含量。另一种方法是把敏化剂溶在某种易挥发的溶剂中，将聚合物放入该溶液中浸泡，而后取出干燥。为使敏化剂能很好地附着在聚合物表面，可在敏化剂的溶液中加入某些聚合物，如乙酸乙烯酯等。然后再将覆有敏化剂的聚合物放在单体溶液中进行光接枝反应。

当单体被接枝到聚合物表面后，是通过化学键与聚合物表面进行连接，而不仅是附着在表面上，所以在反应完毕后，还需证实单体是以何种方式与聚合物表面连接。可先采用能溶解单体及均聚物的溶剂抽提接枝后的聚合物，如果是通过化学键结合，接枝物则不会被溶剂抽提掉。Y. Ogiwara 将接枝百分率为 293%的低密度聚乙烯（LDPE）膜抽提 24h 后所得接枝百分率 290%，这就证明接枝物是通过化学键与聚合物结合的，而非物理附着。

此外，还可采用红外光谱（衰减全反射红外光谱 ATR）或化学分析电子能谱（ESCA）检测接枝后的聚合物表面是否含有单体的结构。ESCA 和 ATR 对被测物表面的探测深度不同，前者在 10nm 左右，后者为 10μm 左右。

6.4.3 表面光接枝改性的应用

在高聚物表面接枝聚合不同的单体，可使高聚物的性能得到很大改善，使材料的实用性得到提高，从而获得更广泛的应用。

6.4.3.1 薄膜的表面改性

（1）工业包装膜　目前的 PE、PP、PVC、PET 等工业包装膜，在实际使用中均存在难印刷和难黏接这两个问题。一般在印刷之前要进行电晕处理，有时还要涂以特种底漆，然后使用昂贵的特种印刷油墨，因而成本很高，且印刷质量也不好。表面光接枝法可以将强极性的亲水基团引入薄膜的表面，并且由于接枝链与基体薄膜以化学键相连，该新的表面具有持久性，从根本上改变之前的塑料薄膜印刷技术。

（2）农膜　国内农膜主要以聚乙烯棚、地膜为主，无雾滴 PE 棚膜是国家确定的大力发展的棚膜品种之一。用无雾滴棚膜替代普通棚膜可提高产量 15%，因此其经济和社会效益是巨大的。目前国内的无雾滴棚膜的有效期仅有 3~4 个月，至多 6~8 个月，而国外如日本的有效期可达两年，所以差距较大，目前还无其他替代产品和技术。如果采用光接枝法，则可在薄膜表面与亲水性大的单体接枝形成亲水层，而膜的本体性能不变，这样将得到具有永久效果的防雾滴棚膜。另外，光接枝也可用来合成具有防雾、保温、生物降解、除草等性能的多功能地膜。

（3）食品包装膜　对食品包装而言，除了表面或里层印刷、黏接、热封等必须考虑和解决的问题外，对氧、水汽和香味的阻隔性是最为主要的指标。PE 和 PP 对水汽的阻隔性优良，但对氧的阻隔性差；PET、NYLON 对氧有较高的隔离性，但对水较差；PVDC 对氧、水均具有良好的阻隔性，但成膜性及单独成膜强度差，成本高；聚乙烯醇（PVOH）薄膜是最好的隔氧性薄膜，但因其溶解于水而难通过蒸煮消毒这一关。理想的性能组合可由表面光接枝法实现。一种路线是把具有特殊阻隔性能的聚合物接枝于价廉的 PE 和 PP 膜上；另一种方法是利用光接枝层合技术制备复合膜，例如将 PVOH 夹于两 PE 膜之间，可制成既隔氧又隔水的高档食品包装膜。

此外，食品或水果保鲜包装中的一种产品是防雾化、防结露保鲜袋。利用表面光接枝可制得内表面完全亲水和吸水，而外表面憎水的保鲜袋来满足这种用途。

（4）复合膜　是塑料薄膜的一种发展趋势。复合膜是指通过特殊方法把具有不同材质的薄膜层合在一起的多层膜。但该制造工艺所面临的难题是塑料薄膜的惰性表面难于黏接，而光接枝法可以从根本上解决该问题。最近文献曾报道过“光接枝固化技术”，该技术可用于制备复合膜，主要原理是首先把待固化反应液涂于两层待层合薄膜之间并压紧、压匀。在紫外光照射下，涂层中的光敏剂将首先与两薄膜的表面氢作用产生大量自由基；这些表面自由基随后引发反应液的聚合并固化。该固化技术的优点如下：①因基膜与固化黏合剂间以化学键相连，故产生无界面黏接，大大提高了剥离强度。②将传统的先改性后复合的两步法合并成一步工艺，可大大降低生产投资。③由于两基体薄膜是以表面接枝固化的原理而黏接的，只要薄膜表面含 C—H 键即可被层合，而对极性相配无要求。

6.4.3.2　纤维的表面改性

有机纤维的主要市场是复合材料和服装行业。在复合材料的制备中，增强纤维与基体材料的界面性能往往是最主要的研究课题之一。诸多处理方法中，表面光接枝法是最简单且成本最低的方法之一。短纤维填充橡胶的制品中改进纤维与橡胶的黏接性也是表面光接枝法能达到的目标之一。

PET、PE 和 PP 都有纤维产品，目前只有 PET 已用作布料，而 PE、PP 均因染色问题不能商业化，如果能采用表面改性法解决此问题，则它们的价格将比 PET 要便宜得多。瑞典皇家工学院利用连续法对纤维进行表面光接枝反应，将接枝物接枝到高强度 PE 上，用酸性染料酸橙染色，其染色度增加了 3~4 倍；而丙烯酰胺 PET 纤维体系，用直接染料染色，染色吸收增加了 5.1 倍，既可改善 PET 的吸水率，又可增加花色品种。

6.4.3.3　塑料、橡胶制品的表面改性

导致有机材料使用寿命短的主要原因有两个，一个是紫外光，另一个是氧气，因此稳定材料的重要手段之一是加入紫外光稳定剂。通常是以一定比例将紫外光稳定剂用机械混入母料中。该方法的缺点是，需使用的光稳定剂量大，影响本体性能。因此，材料表面接枝上一层光吸收剂是一种经济且有效的最佳方法。另外有关研究发现，有机材料的内部老化程度与氧气的渗透速度直接相关，因此，在塑料或橡胶的表面接枝一层致密的隔氧聚合物，会大大延长制品的使用寿命。该方法也可以用于塑料或橡胶制品的包装容器，如生产汽车所用的塑料油箱可以在其内表面接枝一层憎油聚合物，提高它的憎油渗透性。塑料和橡胶制品的商标、图案的印刷以及塑料零件间的黏接都与其表面性能有关，表面光接枝可以很好地实现这些性能。

6.4.3.4 特种材料的表面改性

在感光和音像材料中，聚酯薄膜经常被用作基片，改进其与其他专用树脂的黏接性，改良抗静电性是该用途涉及的研究课题之一。表面光接枝不仅可通过引入强极性基团而消除静电问题。而且可以引入特定的反应性基团改进其与无机或有机树脂的黏接，还可赋予薄膜新的功能。

氟塑料和硅橡胶是极惰性的高聚物，因而也是热、化学稳定性的高聚物。这使得它们成为在某些特定场合无法被别的材料取代的特种材料。但这种惰性也带来一系列的难题，如难印刷、难黏接等。最近几年，这两类材料因其在人体内的稳定性而被选为最佳生物用途材料，但生物相容性又要求材料的表面具有强的亲水性，或具有某些反应基团，以便把生物活性基团引入表面。因此在这两类材料的表面引上一层极性或活性表面将会大大开拓它们的用途，促进生物、分离材料和技术的发展。

6.4.4 表面光接枝的最新进展

自20世纪80年代以来，表面光接枝聚合主要用于上文所述的表面改性。进入20世纪90年代以来，表面光接枝的应用已向更高层次即材料的表面高性能化或表面功能化方向发展。

以生物用途为目的的材料表面功能化是迄今研究的热点之一。一种途径是通过光接枝可将具疏水性表面的聚合物改为亲水性，以改善其生物相容性；另一种途径是把一些具有生物活性的官能团通过间接或直接的方法接枝到聚合物材料的表面。如Tseng等在涂有二甲基二氯硅烷的玻璃上光接枝4-叠氮基-乙硝基蛋白质（ANP-蛋白质），接枝蛋白质的表面可以减少表面引起的血栓形成，提高血液相容性。Garnett报道了在PP、PVC、PS基体高聚物上光接枝对硝基苯乙烯，然后使硝基转变为异硫氰酸根，以吸附胰蛋白酶的方法。Pashova等曾报道了甲基丙烯酸缩水甘油酯与甲基丙烯酸2-羟乙酯光接枝到聚丙烯腈上，然后固定青霉素酶的方法。

传统的大分子反应试剂和催化剂是依靠大分子骨架上的反应催化基团。后来已有人在尝试利用聚合物纤维、薄膜作为载体，来制备大分子试剂和催化剂。Arai、Kubata等曾用气相接枝在PE膜上光接枝乙烯基吡啶、乙烯基咪唑等碱性基团，并测试了它们吸收Cu^{2+}的络合物对H_2O_2分解的催化行为，以及对酯解的催化效率。Bellobono等曾报道了通过合成微孔聚丙烯膜，在沸石BX上固定碱金属，用于控制碱金属同乙醇的反应。Kubota等还研究了在PE表面光接枝丙烯酸，然后使其转变为过氧酸的路线，分布在薄膜上的过氧基团的稳定性明显优于其他聚集形式。

其他一些用表面光接枝法合成的功能高分子，包括有能够吸附金属离子含大量表面配位体的功能膜和纤维；能够测量湿度的功能膜检测器；能够对水进行抽提分离的聚乙烯凝胶膜；具有温敏作用的PE为载体的水凝胶等。

曾有文献报道论证了远紫外光（250~300nm）在光接枝聚合中的决定作用；通过把自由基活性聚合引入表面接枝聚合，以及实践了“光控制自枝化增长模型”，成功地对表面接枝聚合进行了控制，因此，可将羟基、羧基、酰基、环氧基、苯基、乙烯基、硅氧烷基等很方便地引入到有机材料表面；可以对接枝层的厚度进行控制；可以在氟塑料、硅橡胶、聚酰亚胺、聚碳酸酯这些高惰性材料表面上实施光接枝表面改性。在应用技术方面曾

有人 发明了"本体表面光接枝"工艺。该工艺使表面改性速度增加了近百倍，例如，可将 PE、PVC 薄膜在几秒钟内改变为能完全为水湿润的表面。另外，利用层合技术可以把表面光 接枝变成一种新的聚合物成型的方法。

在聚合物表面光接枝方面有两个基础性的问题有待认识和探索，问题一：表面光接枝聚合是二维聚合还是三维聚合？目前普遍认为它是一种二维聚合，那么显然，传统的向三个方向增长的聚合模式在这里是不适用的，或有待修正的。因此需要进行系统、细致的研究，对二维聚合的机制、特点、反应过程进行表征和探索。问题二：表面接枝聚合物的直接表征方法薄弱，带有衰减全反射附件的傅里叶红外光谱 ATR-FTIR，X 射线光电子能谱 XPS 等测试表征手段，仅能定性或半定量地给出聚合物表面的一些化学信息，而针对聚合反应、聚合物链增长的跟踪、测量方法及手段尚没有跟上，要想解释和弄清这些问题还有待聚合物化学家、物理学家，仪器分析、仪器设备等方面的专家共同努力。

总之，表面光接枝聚合在很多领域的应用前景，对聚合物科学家和科技工作者的研究热情都极具吸引力，其研究与应用方兴未艾，迄今始终是国内外高分子学术界关注的热点之一。

6.5 难黏聚合物表面改性

聚乙烯、聚丙烯等聚烯烃和聚四氟乙烯类含氟高分子材料，通常称为难黏高分子材料或难黏塑料，这类材料表面惰性高，若不经特殊的表面处理，很难用普通的黏合剂黏接。

聚烯烃类塑料具有性能优良、成本低廉的优点，其薄膜、片材及各种制品在日常生活中得到大量的应用。氟塑料具有优异的化学稳定性、卓越的介电性能和极低的摩擦因数以及自润滑作用，在一些特殊的领域具有重要的用途。在这类材料的使用过程中，不可避免地会遇到同种材料之间或与其他材料的黏接问题。因此，人们对这类难黏高分子材料的难黏原因及处理方法进行了深入的研究。

难黏高分子材料的难黏原因是多方面的。其一，难黏高分子材料的表面能低，临界表面张力只有 $(31\sim34)\times10^{-5}$N/cm，因而其水接触角大，印墨、黏合剂不能充分润湿基材，从而不能很好地黏附在基材上。其二，聚烯烃、氟塑料等均属于非极性高分子材料，如聚乙烯分子上没有任何极性基团，属于非极性高分子；聚丙烯分子中的甲基是非常弱的极性基团，基本上也属于非极性高分子；而聚四氟乙烯等氟塑料，因结构高度对称，也属于非极性高分子。印墨、黏合剂吸附在非极性高分子表面，只能形成较弱的色散力，因而黏附性能较差。其三，这些材料结晶度高，化学稳定性好，溶胀和溶解都要比非结晶高分子困难，当溶剂性黏合剂（或油墨、溶剂）涂在难黏材料表面，很难发生高聚物分子链成链或互相扩散、缠结，不能形成较强的黏附力。其四，材料表面存在弱边界层，这种弱边界层来自聚合及加工过程中所带入的杂质、聚合物本身的低分子成分、加入的各种助剂以及储运过程中所带入的污染等，这种弱边界层的存在造成了材料表面黏附性差，不利于印刷、复合和黏接等后加工过程。基于上述原因，人们采取了多种高分子材料表面改性方法：

① 在聚烯烃等难黏高分子材料表面的分子链上引入极性基团。

② 提高材料的表面能。

③ 提高制品表面的粗糙度。

④ 消除制品表面的弱边界层。

难黏高分子材料的表面处理方法常有如下几种。

（1）化学处理法　是聚烯烃表面处理中应用较多的一大类方法。其中包括过硫酸盐法、铬酸法、氯磺化法、氯酸钾法、白磷法、高锰酸钾法等近 10 种之多。其原理在于处理液的强氧化作用使塑料表面的分子被氧化，从而在材料表面引入羰基、羧基、乙炔基等极性基团，同时弱界面层因溶于处理液而被破坏，甚至分子链发生断裂，形成密密麻麻的凹穴，增加表面的粗糙程度，改善材料的黏附性。

化学处理法处理效果好，不需要特殊设备，用起来容易。但是由于其处理时间长，速度慢，制品容易着色，处理后需要中和、水洗及干燥等，污染性大，目前已趋于淘汰。

（2）气体热氧化法　聚烯烃材料表面经空气、氧气、臭氧之类气体氧化后，其黏接性、印刷性以及涂覆性能均得到改善，其中臭氧法有较高的使用价值，它与空气或氧气氧化法不同，基体上不受聚烯烃材料中抗氧剂的影响。

在热空气中添加某种促进剂，对聚烯烃的处理效果也不错，如添加某些含氮络合物、二元羧酸，以及有机过氧化物等，据报道其剥离强度可达到 0.408~0.784MPa。

气体氧化法工艺简单，处理效果明显，没有公害，特别适用于聚烯烃的表面处理。但此法要求与材料尺寸相当的鼓风设备或类似加热设备，故使它的应用受到一定的限制。

（3）火焰处理法　就是采用一定配比的混合气体，在特别的灯头上烧，使其火焰与聚烯烃表面直接接触的一种表面处理方法。

火焰法也能将烃基、羰基、羧基等含氧极性基团和不饱和双键引入聚烯烃材料的表面，消除薄弱界面层，因而明显改善其黏接效果。是目前较流行的表面处理方法。

火焰处理法成本低廉，对设备要求不高。影响火焰处理效果的主要因素有灯头形式，燃烧温度，处理时间，燃烧气体配比等。工艺影响因素较多，操作过程要求严格，稍有不慎就可能导致基材变形，甚至烧坏制品。所以，目前主要用于较厚的聚烯烃制品的表面处理。

（4）电晕处理　也称火花处理，是将 2~100kV、2~10kHz 的高频高压施加于放电电极上，以产生大量的等离子气体及臭氧，与聚烯烃表面分子直接或间接作用，使其表面分子链上产生羰基和含氮基团等极性基团，表面张力明显提高，加之糙化其表面，从而改善表面的黏附性，达到表面预处理的目的。

电晕处理具有处理时间短、速度快、操作简单、控制容易等优点，因此，被广泛应用于聚烯烃薄膜印刷，复合和黏接前的表面预处理。但是电晕预处理后的效果不稳定，因此，处理后最好立即印刷、复合、黏接。

影响电晕处理效果的因素有处理电压、频率，电极间距及温度，印刷性和黏接力随时间的增加而提高，随温度升高而提高，实际操作中，通过采取降低牵引速率，趁热处理等方法，以改善效果。

（5）低温等离子体技术　低温等离子体是低气压放电（辉光、电晕、高频、微波）产生的电离气体。在电场作用下，气体中的自由电子从电场获得能量，成为高能量电子，这些高能量电子与气体中的分子原子碰撞，如果电子的能量大于分子或原子的激发能，就会产生激发分子或激发原子、自由基、离子和具有不同能量的辐射线，低温等离子体中等活性粒子具有的能量一般接近或超过碳碳键或其他含碳键的键能，因此，能与导入系统的气体或固体表面发生物理或化学的相互作用。如采用反应型的氧等离子体，可能与高分子表面发生化学反应，引入大量的含氮基团，改变其表面活性，即使是采用非反应型等离子体，也可能通过表面交联与蚀刻作用引起的表面物理变化而明显地改善聚合物的接触角和表面能。

例如，采用低温等离子体处理氟塑料可以取得较好的效果，处理后的氟塑料接触角大大降低，黏接剪切强度提高 2~10 倍。而微波等离子体法可以方便地利用家用微波炉在实验室中进行等离子体处理。

（6）力化学处理

① 力化学处理的原理：力化学处理法是基于聚合物的力化学反应原理而进行的。聚合物在受到外力（如粉碎、振动研磨、塑炼、挤动等）作用时，会产生化学反应，称为聚合物的力化学反应。这种反应有两类：一类是在外力作用下高分子键产生断裂而发生化学反应，包括力降解、力化学交联、力化学接枝和嵌段共聚等；另一类是应力活化聚合反应。力化学黏接主要是基于第一类化学反应。这类力引发反应的历程与热引发反应历程一样，有链引发、链增长、链终止 3 个阶段。首先是应力的作用使分子链断裂成大分子游离基，然后通过游离基的进一步反应而形成线性支化或交联的聚合物，或降解成低相对分子质量的聚合物。反应链可以向不同方向增长，这取决于受外力作用的聚合物特性，周围介质，能够与游离基反应的杂质、温度、反应容器的结构特点等。例如，两种惰性聚合物受外力作用，当一种聚合物中有链转移中心时，另一种惰性聚合物可接枝到第一种聚合物上去，如果两种聚合物都有链转移中心，则可生成接枝和交联产物的混合物。

在力化学黏接中，对涂有胶的被黏聚合物表面进行摩擦，通过力化学作用，使聚合物表面产生力降解而形成大分子自由基，它与黏合剂分子可能形成一定数量的共价键，产生牢固的界面结合，从而大大提高了接头的胶结强度，这已为电子自旋共振谱（ESR）和全反射红外光谱（ATR-IR）研究所证实。

② 力化学黏接的工艺及其参数：力化学黏接工艺包括：将黏合剂（常用普通环氧胶）涂在已脱脂的聚合物表面，然后进行力化学处理，再按黏合剂的固化工艺进行固化。这里的力化学处理是用砂纸或直接往胶中混入适量的磨料粒子，对被黏接表面进行研磨，两个被黏表面可以单面研磨（如对于聚合物-金属黏接体系），然后再合拢固化。也可以先将两者合拢后同时一起研磨再固化（适合于聚合物-聚合物黏接体系）。

力化学处理所需的设备并不复杂，采用普通固体表面机械加工设备即可，如抛光机、刷子、磁性研磨机等。

力化学处理的工艺参数（包括压力、转速和时间等）对黏接强度有很大影响。对于不同的黏合剂-被黏物体系，其处理工艺参数不尽相同，需通过实验来优化确定。一般研磨处理的压力为 0.2~0.6MPa，转速为 0.6~1.0m/s，时间为 10~30s。

（7）钠-萘法处理聚四氟乙烯　目前对聚四氟乙烯的表面处理方法已有很多。如①在碱金属的氨溶液中浸蚀。②在钠-萘溶液中浸蚀。③用四烷基铵阴离子盐电化学还原。④在高温下用碱金属蒸汽处理。⑤用碱金属或高温处理。⑥在熔融的醋酸钾中处理。⑦用电子束照射。⑧PTFE 表面金属溅射。⑨在氖或氦惰性气体中辉光放电等。其中钠-萘溶液处理的方法最简单、有效而廉价。

当钠-萘溶液与 PTFE 接触时，钠能破坏 C—F 键，扯掉表面上的部分氟原子，使表面脱氟形成咖啡色的碳化层。红外光谱表明，表面引入了烃基、羰基和不饱和键等极性基团，使表面能增大，接触角变小，浸润性提高，由难黏变为可黏材料。

（8）涂覆法处理聚丙烯　为了进一步改善聚丙烯薄膜的黏接性、印刷性以及热封性，国外开发了一种新技术，即在聚丙烯薄膜上涂上一层极薄的涂覆物质，它是一种结晶度较低、含极性基团的热塑性物质，从而形成一个所谓的过渡层，来改善其薄膜表面的特性。比较常用的涂覆材料是氯化等规聚丙烯（CPP）。可根据加工机械和涂覆使用目的，选择溶液和熔融两种方式，涂层厚度以 1～50μm 为宜。涂覆的薄膜与印刷纸、橡胶以及塑料薄膜等材料用热压的方法进行层合加工，其黏接牢度十分理想，用普通油墨施行印刷，能得到满意的印刷品。

（9）聚烯烃材料表面改性剂　其研究是聚烯烃材料表面预处理方法中最新的研究方向。其改性机理同上述其他使材料表面发生化学变化的处理方法明显不同，只需借助混炼机，在成型加工前混入聚烯烃树脂，成型后这类改性剂能迁移到制品表面，有效地改变制品的印刷、黏接、复合等性能。

添加改性剂的主要目的是借助改性剂使制品表面带上各种功能基或极性化，改善制品表面对油墨的亲和性，摒弃烦琐的预处理操作，以期降低成本，提高经济效益。从结构上考虑改性剂分子必须具备下列特点。

① 分子中必须有二类基团。一类基团是亲油墨、涂料、黏合剂的基团，如烃基、羧基、羰基、胺基等；另一类基团是亲聚烯烃类树脂的基团，如长链烷基、聚氧乙烯基等，而且和聚烯烃树脂的亲和性必须适中，因为亲和力太大，不利于改性剂在成型过程中向表面迁移，太小则在制品表面形成薄弱界面层，容易随同油漆、涂料一道剥离而失去改性效果。

② 为使改性剂不在制品表面形成薄弱界面层，此类物质必须是具有一定相对分子质量的高分子化合物。

在成型加工过程中，聚烯烃材料表面改性剂同聚烯烃树脂用混炼机混合，由于表面张力的作用，大分子链上的极性基团向树脂表面迁移，并在制品表面富集，从而聚烯烃材料表面的极性、接触角、表面能发生很大的变化，有利于油墨的黏附和材料之间的黏接。而长链烷基则可能同聚烯烃树脂形成共结晶（即物理交联点），相当于将迁移至表面的极性基团“锚”在树脂结构中，不形成弱界面层，随油墨、黏合剂脱落。

因此，人们有可能依靠适当的分子设计，使聚烯烃表面存在各种不同的功能基，从而达到预期的表面改性目的，如防污、抗静电、防电晕等。

综上所述，利用以上各种表面处理方法，改善聚合物表面极性，降低接触角，提高表面能等，提高难黏聚合物的黏接性能，使其不再难黏。

6.6　偶联剂在表面改性中的应用

偶联剂是一种同时具有能分别与无机物和有机物反应的两种性质不同的官能团的低分子化合物，是一种能增进无机物和有机物之间黏合性能的助剂，可理解为这两种材料之间的结合剂。偶联剂的种类很多，按化学结构可分为：有机硅烷类、钛酸酯类、含磷化合物类、胺类和络合物类等。偶联剂用在黏合方面能促进黏合剂与被黏物牢固地黏接起来，黏合强度有显著提高，而且还能提高胶层的耐水性和耐久性。偶联剂在复合材料方面，如玻璃纤维增强塑料（FRP），能增强玻璃纤维与树脂的结合能力。此外，对金属箔与塑料薄膜（如聚乙烯或聚丙烯）的复合，偶联剂也有重要用途。

1947 年 Wiff 等对烷基氯硅烷处理玻璃纤维表面进行研究，发现用含有能与树脂反应的基团硅烷处理玻璃纤维，制成聚酯玻璃钢，其强度可提高两倍以上。他们认为，用烷基氯硅烷水解产物处理玻璃表面，能与树脂产生化学键。这是第一次从分子角度解释表面处理剂在界面中的状态。此后，有许多研究者从事偶联剂反应机理的研究，证实偶联剂的两种基团分别与无机物和树脂生成了化学键。同时，玻璃纤维增强塑料的发展又促进了各种偶联剂的合成和生产。

偶联剂分子结构最大的特点是分子中含有化学性质不同的两个基团，一个基团的性质亲无机物，易于与无机物表面起化学反应；另一个基团亲有机物，能与合成树脂起化学反应，生成化学键。或者能互相融合在一起。

6.6.1 偶联剂的种类

6.6.1.1 硅烷偶联剂

硅烷偶联剂是偶联剂中品种最多、用量最大的偶联剂。通常是在同一个硅原子上含有两种具有不同反应活性基团的低分子化合物，可用 $RSiX_3$ 的形式表示。式中 X 代表能够水解的烷氧基，如甲氧基、乙氰基及氯等，它可与具有亲水性表面的无机填料，如玻璃纤维、硅酸盐、二氧化硅等发生化学反应，生成 Si—O—Si 化学键；R 是具有反应活性的有机基，如乙烯基、氨基、甲基丙烯酸酯基、硫醇基等。在催化剂作用下，它与有机聚合物发生反应，变成聚合物的有效部分。因此，硅烷偶联剂在两种物质界面处起着架桥作用。对热固性树脂而言，其临界表面张力和溶解度参数与复合材料的强度密切相关。每一种树脂和每一种偶联剂都有一定的表面张力，假定树脂的表面张力为 γ_c，偶联剂的表面张力为 γ，要获得较好的偶联效果，则既要考虑偶联剂的有机反应基团与树脂容易生成化学键，又要考虑选择其表面张力 γ 等于或稍大于树脂的表面张力 γ_c。

硅烷偶联剂的 X 基对无机表面的作用机制有以下几个：

① 与无机表面的 SiOM（M 代表玻璃或金属原子）形成化学结合。

② 与无机表面产生物理吸附。

③ 玻璃表面的硅醇与硅烷偶联剂形成氢键。

④ 无机表面的氢氧基与硅烷偶联剂形成可逆平衡的化学反应。

下面介绍几种常见的硅烷偶联剂：

① γ-缩水甘油基丙基三甲氧基硅烷，其结构式为：

$$CH_2=CHCH_2OCH_2CH_2CH_2Si(OCH_3)_3$$

它是一种淡黄色透明液体，适用于作氯醚橡胶的偶联剂，可提高填充白炭黑的硫黄硫化丁苯橡胶、三元乙丙橡胶的物理机械性能。

② 乙烯基三乙酰氧基硅烷：它是一种无色透明液体，具有酯味。溶于甲醇、乙醇、异丙醇、甲苯、丙酮等有机溶剂。在空气中遇水蒸气缓慢水解，生成相应的硅醇。由于含

乙烯基，它是不饱和型偶联剂，是有机硅偶联剂的重要品种。用于玻璃纤维的处理，提高与树脂、橡胶的黏接性，并适于作顺丁橡胶、二元乙丙橡胶或三元乙丙橡胶的偶联剂。

③ 乙烯基三甲氧基硅烷：它是具有酸味的无色透明液体，遇水缓慢水解，形成相应的硅醇，反应温和，常用作玻璃纤维表面处理剂。本品可与乙烯、丙烯、丁烯等单体共聚，或与相应的树脂接枝共聚，形成特种用途的改性高分子化合物。本品是硅橡胶与金属黏接的良好促进剂。

④ γ-氨基丙基三乙氧基硅烷，结构式为：

$$H_2NCH_2CH_2CH_2Si(OC_2Hs)_3$$

它是一种透明淡黄色液体，可溶于水。用于三元乙丙橡胶、氯丁橡胶、丁腈橡胶和聚氨酯橡胶的偶联剂。

⑤ 乙烯基三叔丁基过氧硅烷：结构式为：

$$CH_2—CH—Si—[OOC(CH_3)_3]_3$$

它是一种无色或微黄色透明液体。遇热分解，遇水易分解，是一种不稳定的过氧硅烷。使用时不得将本品单独加热到100℃以上。放置后有少许沉淀，使用时稍加振荡，本品应避光保存在阴凉干燥处。

本品适用于各种聚合物与金属或某些无机物的偶合黏接，也适用于两种聚合物的偶合黏接。它最普遍的使用方法有两种：直接混炼法与涂布法。前一方法是把2～3份本品直接混入到高聚物中，混炼均匀后压延成片状物与被黏物紧密压合，在150℃下硫化40min或在180℃硫化20min。后一种方法是把含本品的40%甲苯溶液用甲苯稀释到2%～20%。首先对被黏物进行磨光和溶剂脱蜡预处理，再将含本品的溶剂涂刷在被黏物的黏接表面上，待溶剂挥发后，压合紧实，升温硫化。

以上为常用的低分子硅烷偶联剂。此外，还有高分子偶联剂，如硅烷化聚丁二烯化合物，分子内部乙烯基含量很高。这种偶联剂可以在无机物表面形成均一的高分子层，对树脂基具有更好的相容性。硅烷偶联剂主要有以下作用：改进树脂的润湿性；改进树脂的相容性；树脂与偶联剂的有机反应基形成化学结合；增强树脂与玻璃纤维间的摩擦力；树脂与玻璃界面间可能形成中间变形层；硅烷偶联剂可防止水对界面的浸润。

6.6.1.2 有机硅过氧化物偶联剂

早在数十年前，美国的联碳公司偶尔发现有机硅过氧化物有非凡的黏接能力，致使此种材料得到大力开发和利用。有机硅过氧化物偶联剂分子式可用 $R_nSi(OOR)_{4-n}$（$n=1$～3）的通式表示。由于有机硅过氧化物偶联剂中含有过氧基团，它受热后很容易分解成具有高反应能力的自由基，它不仅可以作为有机物与无机物之间的偶联剂，尚可使两种相同或不同的有机物进行偶联，还能与无极性的有机物偶联，这就很好地解决了普通有机硅偶联剂存在的问题。更可贵之处还在于，有机硅过氧化物偶联剂固化速度快，黏接强度高，从而扩大了有机硅过氧化物偶联剂的使用范围。

有机硅过氧化物偶联剂主要用于那些自黏性欠佳，其他材料难于黏接的有机物，如硅橡胶、氟橡胶、氟硅橡胶、乙丙橡胶，与不锈钢、碳素钢、黄铜、铝合金、尼龙布、涤纶布、EVA薄膜的黏接，都有上佳的黏接强度。

6.6.1.3 钛酸酯偶联剂

钛酸酯偶联剂的偶联反应机制与硅烷偶联剂的机制相似。通过烷氧基与无机物亲水表面发生化学键合，其余基团与高分子基体发生化学亲和，从而产生无机物与高分子基体之间的偶联作用。下面介绍一些钛酸酯偶联剂。

① 二油酰基钛酸亚乙酯：它是一种红棕色油状液体。主要用于乙丙橡胶炭黑填充体系，丁腈橡胶和氯丁橡胶白炭黑填充体系中均具有一定的偶联效果，能提高胶料的拉伸强度、撕裂力和伸长率，也能明显改善胶料的老化性能。

② 三异硬脂酰基钛酸异丙酯：它是一种红棕色油状液体。由于它的独特结构，应用于高分子复合材料时，可保证材料具有优良的拉伸强度、良好的弹性和抗冲击性能及理想的加工成型特性。它加入乙丙橡胶、丁腈橡胶、氯丁橡胶和天然橡胶白炭黑填充体系中有偶联效果，能提高胶料的拉伸强度、撕裂力和伸长率，也能明显改善胶料的老化性能。

6.6.2　偶联剂的应用

硅烷偶联剂一般要用乙醇和水配制成 0.5%~2%的稀溶液。也可单独用溶剂溶解，但要先配成 0.1%的乙酸水溶液，以改善溶解性和促进水解。配制好的偶联剂溶液可以直接涂于被黏物的清洁表面，干燥后即可上胶或刷涂料。以颗粒状或粉状填料则可在搅拌下，加入偶联剂溶液浸渍，然后用离心分离机或压滤机将溶液过滤，将填料加热干燥粉碎。对制造增强复合材料或玻璃钢，可以用连续法先将玻璃纤维或玻璃布浸偶联剂，然后干燥、浸树脂、干燥，再加热层压而成玻璃钢板。以上可称为表面预处理法，都是先将无机材料或被黏物的表面用偶联剂溶液预处理，然后才与有机树脂接触、压合、黏接、成型。

作为黏接用，也可以将偶联剂直接掺混入树脂或黏合剂中，其用量要大一些，为树脂的 1%~5%。这时就依靠分子的扩散作用迁移到界面处而起偶联作用。此法对无机物或被黏物不需要预处理，简化了工艺，故也有应用价值。

硅烷偶联剂的应用比较广泛，如作为表面处理剂，改善室温固化硅橡胶与金属的黏接；增强酚醛树脂黏接砂轮；用于环氧树脂包封云母电容；水电站工程中环氧树脂与水泥的耐久性黏接；氟橡胶与金属的黏接，密封玻璃纤维增强尼龙制造耐冲击的织布梭子；作单组分硅橡胶的交联剂。环氧树脂在增强复合材料、印制线路板材、涂料、黏合剂等方面得到了很好的应用。加入硅烷偶联剂，不仅提高黏接效果，还可以改善耐热性、耐湿效果和电绝缘性能。提高聚乙烯与铝材夹心构造的剥离强度，提高橡胶补强剂的补强效果等，都是成功的应用。

钛酸酯偶联剂的用法和硅烷偶联剂类似。除一般偶联剂的应用外，特别是在磁性复合材料、磁记录材料方面的应用，有高填充性、耐热性，提高磁性粒子与树脂的黏接性、弹性、磁性的稳定性等优点。用于导电性复合材料或涂料中时，利用铜粉作导电基质，可以提高易分散性、耐湿性、致密性与导电性。加入 PVC、ABS、PS、PE、PC、聚砜、聚酰胺、聚酰亚胺等树脂中，可降低燃烧时的发烟性。用于涂料中，可改善颜料分散效果，减少溶剂用量，改善涂料色泽及耐腐蚀性。用于绝缘电缆包皮可以改善其耐潮湿环境的性能以及耐磨性，并可增大碳酸钙填料的配合量。

在许多领域，硅烷处理显示出了与现有工艺相当或比现有工艺更好的防腐效果。最优硅烷的选择依赖于清洗工序是否形成了富铝或富锌的表面。若要获得更好的抗腐蚀效果，需要添加一种抗腐蚀色料在漆中，而硅烷只起到增强漆的黏接力的作用。对有些金属而言不涂漆的硅烷处理相对于现有的处理方法有明显优势，用处理热浸电镀钢在抑制白锈的效果上比铬酸盐工艺好，而且，硅烷增强漆与金属间的黏接力，故涂漆前不必除去。

含有机官能团与不含有机官能团的硅烷抗金属腐蚀技术是近年来金属表面防腐工程中的重要进展，很明显，这些硅烷偶联剂处理工艺是替代铬酸盐工艺的很有前景的技术。预计偶联剂的应用将越来越广泛。

6.7 表面改性研究进展（实例）

迄今，表面改性的研究取得了诸多成果，有实验方法的研究，也有材料性能的研究，涉及高新技术的研究报告为数不少。举例如下。

在实验方法方面，陈昌仪研究了用于介质阻挡放电的谐振变换器的电流波形对表面改性效果的影响。介质阻挡放电（DBD）是等离子体表面改性技术中常用的放电形式，在大气压下可以产生低温等离子体，因此，在工业中广泛应用。电压源谐振变换器是工业中最常见的介质阻挡放电电源，其功率、频率和处理时间等参数是影响材料表面改性效果的重要因素，已经被大量研究。除此之外，电流波形与材料表面处理效果有何关系却尚未被提及。该文对应用于 DBD 表面改性的谐振变换器电流波形进行了研究。研究谐振变换器电流波形在聚合物表面改性中的效果，必须保证电流波形可以调节，同时负载功率、频率保持不变，即频率一定时，电流波形与功率解耦。因此，本文首先对工作在连续电流模式和断续电流模式的电压源谐振变换器进行了时域解析，根据相应系统参数设计了两台样机，通过仿真和实验分析并验证了电流波形的调节方法及其与功率的耦合特性。在此基础上，进行了电流波形对聚合物表面改性效果影响的研究。

在高新技术领域，任锐锐依据仿生学原理，研究了聚合物表面改性及其摩擦学性能。自然界中植物叶片表面具有不同的微纳结构，可以导致植物具备不同的生物学性能。该项研究从仿生学的角度出发，利用流涎-转印工艺制备了聚乙烯醇（PVA）、磺化聚醚醚酮（SPEEK）及磺化聚醚醚酮/聚四氟蜡（SPEEK/PFW）3 种不同材料的光滑薄膜及不同植物叶片的仿生织构薄膜，考察了薄膜的分子结构、热性能及力学性能。系统研究了 3 种光滑薄膜及其对应的仿生织构薄膜，在干摩擦条件下的摩擦学性能。对于不同种类的薄膜，又分别研究了载荷、转速对薄膜摩擦学性能的影响。借助 X 射线光电子能谱仪（XPS）、场发射扫描电镜（SEM）、光学显微镜（OM）、三维轮廓仪等测试仪器，对磨痕处的成分、形貌进行了综合的考察。分析其测试结果，得到了仿生织构薄膜的减磨机理。制备的仿生织构薄膜表面的微观结构与植物叶片的一致。研究了仿生织构化对聚合物薄膜的分子结构和热性能的影响，通过红外光谱（FTIR）和热重（TGA）分析，证明仿生织构化对聚合物自身的分子结构和热性能并没有产生影响。

此外，石润泽等进行了表面改性介孔生物玻璃-碳纤维/聚醚醚酮三元复合材料力学性能与体外生物活性的研究，也属于高新技术的范畴。

这样的实例还有很多。

展望未来，聚合物表面改性仍然是一个活跃的研究领域，新成果将不断涌现出来，开发出新产品，或赋予材料更高更新的性能。

习　　题

1. 试述聚合物表面改性的必要性及其意义。

2. 哪些种类的等离子体适合于聚合物表面改性？等离子体处理聚合物表面，可以明显改善哪些性能？

3. 简述几种常用的聚合物材料表面化学改性方法，并综述各种方法的特点。

4. 简述光接枝的原理。气相接枝与液相接枝各有何特点？

5. 为了提高聚合物材料表面的黏接性，可以采取哪些方法？

6. 偶联剂有哪些常用类型？

参考文献

[1] 吴S. 高聚物的界面与粘合[M]. 潘强余，吴敦汉，译. 北京：纺织工业出版社，1987.

[2] 筏义人. 高分子表面的基础和应用[M]. 北京：化学工业出版社，1990.

[3] 赵化侨. 等离子体化学与工艺[M]. 合肥：中国科学技术大学出版社，1993.

[4] YUAN S, MARCHANTR E. Surface modification of polyethylene by functionalized plasma polymers[J]. Polymer Preprint, 1993, 34(1): 665.

[5] GOLANDERC G, RUTLAND M W, Cho D L. Structure and surface properties of diaminocyclohexane Plasma PolymerFilms[J]. J Appl PolymSci, 1993, 49(1): 39-51.

[6] YASUDA H, WANG C R. Plasma polymerization investigated by the substrate temperature dependence [J]. Journal of Polymer Science: Polymer Chemistry Edition, 1985, 23(1): 87-106.

[7] BOENIG H V. Fundamentals of Plasma Chemistry and Technology[M]. Pennsylvania: Technomic Publishing Co. Inc, 1988.

[8] SCHRAM D C, BISSCHOPS T H T, KROESEN G M W. Plasma surface modification and plasma chemistry[J]. Plasma Physics, 1987, 29(10A): 1353-1364.

[9] 张开. 高分子界面科学[M]. 北京：中国石化出版社，1997.

[10] 叶先科，张开. 低温等离子体改性聚合物膜的原理[J]. 高分子通报，1991，2：76.

[11] OGITAT, PONOMAREVA N. Surface structure of low density polyethylene film exposed to air plasma [J]. Macromolecular Science Chemistry, 1985, 22(8): 1135-1150.

[12] 朴东旭，陈雪芹. 高分子材料表面的等离子体改性[J]. 现代化工，1985(3)：20.

[13] 克拉克 D T，费斯特 W J. 聚合物表面[M]. 北京：化学工业出版社，1985.

[14] 梁红军，後晓淮. 用低温等离子体处理方法改性高分子材料表面[J]. 化学通报，1999(6)：1.

[15] XIAO G, HUAB J, YANG J S. Environmental effects on the bondability of O_2 plasma treated polyolefins [J]. Materials Science, 1994, 13(4): 280-282.

[16] MISHRAG K, TRIPATHY M. Effect of Cold Ammonia Gas Plasma Irradiation on Surface Modification, Wetting, Dyeability and Tensile Properties of Polypropylene Fibers[C]. Book of Papers, National Technical Conference of AATCC, 1992: 23-30.

[17] PIGLOWSKI J, GANCARZ I. Influence of plasma modification on biological properties of polyethylene tereph-thalate[J]. Biomaterials, 1994, 15(11): 909.

[18] HSIEHY L, WUM P. Residualreactivity for surfacegrafting of acrylicacid on argon glow discharged poly (ethyl-ene terephthalate) (PET) films[J]. Appl. Polym. Sci., 1991, 43(11): 2067.

[19] TAHARA M, CUONGN K, NAKASHIMA Y. Improvementin adhesion of polyethylene by glow dischargeplasma[J]. Surface and Coatings Technology, 2003, 174: 826-830.

[20] BAUER M, SCHNEIDERH A, MULHAUPT R. Modification of isotactic poly (propylene) by oxygen and helium plasma with reference to thermoG oxidative stability[J]. Macromolecular Chemistry and Physics, 1996, 197(1): 61-82.

[21] HSIEH Y L, TIMM D A, WUM P. Solventand glow discharge induced surface wetting and morphol ogical changes of poly (ethylene terephthalate) (PET)[J]. Journal of Applied Polymer Science, 1989, 38(9): 1719.

[22] ANDERSON A M. Biomedical material research in Japan[J]. J Biomed Mater Res, 1982, 16: 721-733.

[23] 高尚林，牟其伍，袁超庭. UHMWGPE 纤维/环氧树脂界面破坏机理[J]. 高分子材料科学与工程，1992，8(5)：61-65.

[24] HILDD N, SCHWARTZP J. Plasma treated ultra high strength polyethylene fibres improved fracture toughness of poly (methylmethacrylate)[J]. Mater. Med, 1993, 4(3): 481-493.

[25] WOODS D W, WARDI M. Study of the oxygen treatment of high modulus polyethylenefibres[J]. Surface and Interface Analysis, 1993, 20(5): 385.

[26] JOHAN F, PAUL G, SCHREIBER H P J. Plasma modification of cellulose fibers: Effects on some polymer composite properties[J]. Appl. Polym. Sci., 1994, 5(2): 285-295.

[27] SHEU G S, SHYUS S. Surface properties and interfacial adhesion studies of aramidfibres modified by gas plasmas[J]. Compos. Sci. Technol, 1994, 52(4): 489-497.

[28] DELLA V C, FAMBRI L. AIR-plasma treated polyethy lenefibres: effect of timeand temperature ageing on fibre surface properties and on fibre matrix adhesion[J]. J. Mater. Sci., 1994, 29(15): 3919.

[29] COMYN J, MASCIA L. Plasma treatment of polyethere the rketone (PEEK) for adhesive bonding[J]. Int. J. Adhes., 1996, 16(2): 97.

[30] CONLEY D J. Method for improving adhesion of aluminum layers to thermoplastics and article: US5275882 [P]. 1994-01-04.

[31] GUEZENOC H, SEGUI Y. Adhesion characteristics of plasma treated polypropy lene to MildSteel[J]. J. AdG hes. Sci. Technol., 1993, 7(9): 953.

[32] TATOULIAN M. Comparison of the efficiency of N_2 and NH_3 plasma treatments to improve the adhesion of PP films to in situ deposited Al coatings. Study of ageing phenomena in terms of acid-base properties [J]. Int. J. Adhes., 1995, 15(3): 177-184.

[33] ROZOVSKIS G, VINKEVICIUS J. Plasma surface modification of polyimide for improving adhesion to electroless copper coatings[J]. J. Adhes. Sci. Technol, 1996, 10(5): 399-406.

[34] 中前胜彦. プラズマ处理の挙动[J]. 日本ゴム协会誌，1994，67(7)：477.

[35] 稲垣训宏. 高分子材料のプラズマ处理と最近の动向加工[J]. 日本ゴム协会誌，1994，67(97)：469.

[36] TOSHIO N, MITSUHIKO S. Uniform dying of wollfabric: JP7028292[P]. 1993-09-07.

[37] TAKASHI H, MASAO S. Method for improving fastness of coated fabric: JP9268792[P]. 1993-11-09.

[38] THUY BICH T. Method of etching antireflection coating: EP93304120[P]. 1993-10-22.

[39] REINHARDT K, DIVINCENZO B. An Effective in Situ O_2 High Density Plasma Clean[C]. MRS Proceedings. Cambridge University Press, 1993, 315: 267.

[40] KOKUBO Y. Fluoroplastic article and its production: JP19398394[P]. 1996-03-05.

[41] 小川俊夫，河原博幸，丹野智明．プラズマ処理によるポリプロピレンシGトへの涂膜の付着性向上[J]．日本接着学会誌，1993，29：11.

[42] NONKA J. Method of surface treating insulating film：JP3858394[P]．1995-02-06.

[43] TERLINGEN J G A，GERRITSEN H F C. Introduction of functional groups on polyethylene surfaces by a carbon dioxide plasma treatment[J]．Journal of Applied Polymer Science，1995，57(8)：969-982.

[44] PIGLOWSKI J，GANCAR Z A. Influence of plasma modification on biological properties of poly（ethylene terephthalate）[J]．Biomaterials，1994，15(11)：909-916.

[45] WANG YLQ. Surface modification of biocarrier by plasma oxidation ferric ions coating techniq ueto enhance bacterial adhesion[J]．Journal of Environmental Science & Health PartA Environmental Science & Engineering & Toxic & Hazardous Substance Control，1996，A31(4)：869.

[46] SHUNSUKE N，YOSHIHIOR K. Manufacture of gas separation membrane：JP35539191[P]．1993-06-15.

[47] 中前胜彦．プラズマ処理の挙动[J]．日本ゴム协会誌，1994，67(7)：477.

[48] 温贵安，章文贡．无机粉体的低温等离子体表面改性[J]．材料导报，1999，13(2)：40-42.

[49] 左洪波，郝相君．一种新型表面改性技术：等离子体增强电化学表面陶瓷化（PECC）[J]．中国表面工程，1999，12(2)：38-40.

[50] 王秀芬，朱鹤荪．二氧化硫等离子体处理聚乙烯膜表面及抗凝血性能[J]．北京理工大学学报，1999，19(2)：250-255.

[51] 王秀芬，汪浩．等离子体引发聚乙烯表面肝素化及其生物相容性[J]．北京理工大学学报，1999，19(3)：384-389.

[52] 马晓星，王秀芬，张立群．NH_3 等离子体处理的 PET 表面接枝氨基酸的研究[J]．北京化工大学学报，2007，34(3)：290-292.

[53] BENDERLY A A. Treatment of Teflon to promote bondability[J]．Journal of Applied Polymer Science，1962，6(20)：221-225.

[54] 黏接前塑料表面处理的标准推荐方法[S]．D2093G2069 ASTM，1976.

[55] MORRIS C E M. Adhesive bonding of polyethylene[J]．Journal of Applied Polymer Science，1970，14(9)：2171.

[56] LUCKENBACH R. Method of altering the surface of a solid synthetic polymer：US4803256[P]．1989-02-07.

[57] CALDWELL J R，JACKSON W J. Surface treatment of polycarbonate films with amines[C]．Journal of Polymer Science PartC：Polymer Symposia. Wiley Subscription Services，Inc. AWiley Company，1968，24(1)：15.

[58] LEWIS P R，WARD R J. Polishing thinning and etching of polycarbonate[J]．Journal of Colloidand Interface Science，1974，47(3)：661-671.

[59] TROTT G F. Surface modification of polymer structures by animidoalky lene substitution reaction. I. Polycarbonate[J]．Journal of Applied Polymer Science，1974，18(5)：1411-1422.

[60] 吴人洁，陈传正．高聚物的表面与界面[M]．北京：科学出版社，1998.

[61] OSTER G，OSTER G K，MOROSON H. Ultraviolet induced crosslinking andgrafting of solid high polymers[J]．Jour Gnal of Polymer Science，1959，34(127)：671-684.

[62] 白功健，胡兴洲．聚合物的表面光接枝改性[J]．高分子通报，1995(1)：27.

[63] 杨万泰，尹梅贞．表面光接枝原理，方法及应用前景[J]．高分子通报，1999(1)：60.

[64] ALLMEAR K，HULT A，RARNBY B. Surface modification of polymers. I. Vapour phase photografting with acrylic acid[J]．Journal of Polymer Science PartA：Polymer Chemistry，1988，26(8)：2099-2111.

[65] TAZUKE S, KIMURA H. Surface photografting Modification of polypropylene film surface by graft polymerization of acrylamide[J]. Die Makromolekulare Chemie, 1978, 179(11): 2603-2612.
[66] ZHANG P Y, RÅNBY B. Surface modification by continuous graft copolymerization. I. Photoinitiated graft copolymerization onto polyethylenetapefilm surface[J]. Journal of Applied Polymer Science, 1990, 40(9G10): 1647.
[67] 何明波，胡兴洲. 预氧化聚烯烃膜的表面光接枝聚合[J]. 高分子学报，1989，1(3)：275-279.
[68] BELLOBONO I R, TOLUSSO F, SELLI E. Photochemical grafting of acrylated azodyes onto polymeric surfaces. IV. Grafting of 4-(N-ethyl, N-2-acryloxyethyl) amino, 4′-nitro, azoben zeneonto polyamide and polypropylene fibers[J]. Journal of Applied Polymer Science, 1981, 26(2): 619.
[69] OGIWARA Y, TAKUMI M, KUBOTA H. Photo induced graft in gofacry lamideonto polyethy lene film by mean soft wostep method[J]. Journal of Applied Polymer Science, 1982, 27(10): 3743.
[70] OGIWARA Y, KANDA M, TAKUMI M. Photosensitized grafting on polyolefin films in vapor and liquid phases[J]. Journal of Polymer Science Part C Polymer Letters, 1981, 19(9): 457-462.
[71] PASHOVA V S, GEORGIEV G S, DAKOV V A. Photoinitiated graft copolymerization of glycidyl methacrylate and 2-hydroxyethylmethacrylateonto polyacrylonitrileand application of thesynthesized graft copolymersin penicillin - amidase immobilization [J]. Journal of Applied Polymer Science, 2003, 51(5): 807.
[72] ARAI K, OGIWARA Y. Grafted chain as spacer for an insoluble polymer ligand. II. Two-step polymerization using tetraethylthiuram disulfide as an initiator [J]. Journal of Applied Polymer Science, 1988, 36(7): 1651-1658.
[73] KUBOTA H, NAGAOKA N, KATAKAI R. Temperature-responsive characteristics of N-isopropylacrylamide-grafted polymerfilms prepared by photografting[J]. Journal of Applied Polymer Science, 1994, 51(5): 925.
[74] YANG W Y, RÅNBYB. Bulksurface photografting process and its applications. II. Principalfactors affecting surface photografting[J]. Journal of Applied Polymer Science, 1996, 62(3): 533-543.
[75] 何炜德. 聚烯烃塑料的表面性能及其表面预处理技术[J]. 现代塑料加工应用，1989(4)：40-43.
[76] 梁春林，张开. 电晕放电技术改善聚烯烃表面的黏合性[J]. 黏接，1991(2)：14-19.
[77] 刘学恕，金杰. 低温等离子体对 F24 表面处理的研究[J]. 化学与黏合，1995(1)：1-5.
[78] 马立群. 难黏高分子材料的表面处理技术[J]. 化学与黏合，1999(1)：23.
[79] 钱凤珍. 聚烯烃表面改性剂[J]. 塑料科技，1990(5)：50-55.
[80] 季铁正，林德宽. 力化学处理——一种用于黏接难黏塑料的新方法[J]. 黏接，1995(2)：1-5.
[81] 赵光贤. 橡胶助剂的多功能化与复配[J]. 橡胶工业，1999(6)：376-378.
[82] PORTER W. ERICHSON. Historical background of the interface studies and theories[J]. Journal of Adhesion, 1970, 2(3): 131-146.
[83] ISHIDA H, KOENIG J L. Fourier transform infrared spectros copicstudy of the silane coupling agent/poroussilicain terface[J]. Journal of Colloid & Interface Science, 1978, 64(3): 555.
[84] CLARK H A. Bonding of silane coupling agents in glass reinforced plastics[J]. Modern Plastics, 1963, 40: 133.
[85] 杜禧. 浅谈有机硅过氧化物偶联剂[J]. 特种橡胶制品，1998，19(6)：16-19.
[86] PLUEDDENMANN E P. 硅烷和钛酸酯偶联剂[M]. 梁发思，译. 上海：科学技术文献出版社，1987.
[87] 傅德生. 硅烷偶联剂在金属上的应用[J]. 表面技术，1999，28(4)：37-40.

［88］ 陈昌仪. 介质阻挡放电聚合物表面改性的谐振变换器电流波形研究［D］. 杭州：浙江大学，2017.
［89］ 任锐锐. 聚合物表面改性及其摩擦学性能研究［D］. 西安：陕西科技大学，2019.
［90］ 石润泽，桑鲁骁，李浩，等. 表面改性介孔生物玻璃-碳纤维/聚醚醚酮三元复合材料力学性能与体外生物活性［J］. 复合材料学报，2025，42(5)：2833-2841.

附录　英文缩写与中文名对照表

（仅收录本教材中使用的英文缩写）

类别	英文缩写	中文名	相关缩写与中文名
通用塑料	PE	聚乙烯	HDPE：高密度聚乙烯 LDPE：低密度聚乙烯 LLDPE：线性低密度聚乙烯 mLLDPE：茂金属催化 LLDPE UHMWPE：超高分子量聚乙烯
	PP	聚丙烯	PP-H：均聚 PP PP-B：嵌段共聚 PP PP-R：无规共聚 PP
	PS	聚苯乙烯	HIPS：高抗冲聚苯乙烯
	PVC	聚氯乙烯	HPV C：高聚合度 PVC
	ABS	丙烯腈-丁二烯-苯乙烯共聚物	—
	PMMA	聚甲基丙烯酸甲酯	—
增韧剂（部分弹性体增韧剂见“橡胶及热塑性弹性体”）	MBS	甲基丙烯酸甲酯-苯乙烯-聚丁二烯共聚物	—
	ACR	丙烯酸酯类共聚物	—
	CPE	氯化聚乙烯	—
	EVA	乙烯-乙酸乙烯共聚物	—
	POE	乙烯-1-辛烯共聚物	—
工程塑料	PA	聚酰胺	—
	PC	聚碳酸酯	—
	PPO	聚苯醚	—
	POM	聚甲醛	—
	PET	聚对苯二甲酸乙二醇酯	—
	PBT	聚对苯二甲酸丁二醇酯	—
高性能工程塑料	PPS	聚苯硫醚	—
	PI	聚酰亚胺	PEI：聚醚酰亚胺 PAI：聚酰胺-酰亚胺
	LCP	液晶聚合物	—
	PES	聚苯醚砜	—
	PAR	聚芳酯	—
	PEK	聚醚酮	PEEK：聚醚醚酮 PPESK：聚醚砜酮
其他塑料及功能聚合物	PBA	聚丙烯酸丁酯	—
	PLA	聚乳酸	—

续表

类别	英文缩写	中文名	相关缩写与中文名
其他塑料及功能聚合物	PTFE	聚四氟乙烯	—
	FEP	氟化乙烯-丙烯共聚物	—
	SAN	苯乙烯-丙烯腈共聚物	—
	PVP	聚乙烯吡咯烷酮	—
	CPP	氯化等规聚丙烯	—
其他塑料助剂	DOP	邻苯二甲酸二辛酯	—
	TPP	亚磷酸三苯酯	—
	DSDP	焦磷酸二氢二钠	—
	TAIC	三烯丙基异三聚氰酸酯	—
复合材料	FRTP	热塑性树脂基纤维增强复合材料（又称纤维增强热塑性塑料）	—
	GFRTP	玻璃纤维增强热塑性塑料	—
橡胶及热塑性弹性体	NR	天然橡胶	—
	BR	顺丁橡胶	PB：聚丁二烯
	SBR	丁苯橡胶	—
	EPDM	三元乙丙橡胶	EPR：乙丙橡胶
	NBR	丁腈橡胶	—
	CR	氯丁橡胶	—
	IIR	丁基橡胶	—
	ACM	丙烯酸酯橡胶	—
	ECO	氯醚橡胶	—
	TPU	热塑性聚氨酯	PU：聚氨酯
	SBS	苯乙烯-丁二烯-苯乙烯嵌段共聚物	SEBS：氢化 SBS
	SIS	苯乙烯-异戊二烯-苯乙烯嵌段共聚物	
	TPV	热塑性动态硫化橡胶	—
接枝、嵌段共聚及互穿聚合物网络	PBO	过氧化苯甲酰	—
	AIBN	偶氮二异丁腈	—
	MAH	马来酸酐	PE-g-MA：马来酸酐接枝 PE（其他可以类推）
	GMA	甲基丙烯酸缩水甘油酯	—
	AA	丙烯酸	MAA 甲基丙烯酸
	CAN	硝酸铈铵	—
	KPS	过硫酸钾	—
	MAPTAC	甲基丙烯酰丙基三甲基氯化铵	—
	DPE	1,1-二苯基乙烯	—
	PDMS	聚二甲基硅氧烷	—
	PCL	聚 e-己内酯	—

续表

类别	英文缩写	中文名	相关缩写与中文名
接枝、嵌段共聚及互穿聚合物网络	PEG	聚乙二醇	—
	ATRP	原子转移自由基聚合	—
	IPN	互穿聚合物网络	—
表面改性	PCVD	等离子体化学气相沉积	—
	PECC	等离子体增强电化学表面陶瓷化	—